吉奥·庞蒂
建筑思想及作品

头像，彩饰边框水彩画，1942 年

吉奥·庞蒂建筑思想及作品

[意] 莉萨·利奇特拉·庞蒂 著

李春青 柴纪阳 刘奕彤 阚丽莹 译

中国建筑工业出版社

致谢

非常感谢我的写作女神尼维斯·恰尔迪（Nives Ciardi），感谢我著名的好姐妹乔瓦娜·罗塞利（Giovanna Rosselli），感谢思想非常活跃的研究学者文森佐·菲多曼佐（Vincenzo Fidomanzo），还有为了整理本书资料而做出特别贡献的马可·罗马内利（Marco Romanelli）以及独具慧眼的《住宅》（Domus）杂志监督者玛丽安娜·洛伦兹（Marianne Lorenz）。

首先，当我为撰写本书收集吉奥·庞蒂作品资料的过程中，还有很多朋友向我提供了慷慨的帮助，尽管还有一件设计作品尚在收集过程之中，但我还是要对他们的无私帮助表示衷心的感谢。他们分别是米兰的安吉拉·巴戈齐（Angela Baguzzi）、玛丽亚特雷莎·加利（Mariateresa Galli）、维尔纳·塔利亚蒂（Virna Tagliatti）；丹佛的齐莱·巴赫（Cile Bach）和珍妮·温德尔（Jeanne Winder）；还有纽约的玛丽安·莫纳卡·洛贾（Marianne Lamonaca Loggia）。

我还要特别感谢阿图罗·卡洛·昆塔瓦莱（Arturo Carlo Quintavalle）和他在帕尔马大学项目部的信息与档案研究中心（CSAC，Universita di Parma），感谢埃琳娜·玛基尼（Elena Maggini）和她的狄多西亚陶瓷博物馆（Museo delle Porcellane di Doccia）以及《住宅》杂志的档案馆。感谢所有这些多年来一直帮助我的人，无论他们是否能够真的感受到我的谢意。

L.L.P.

作者注释

人们记录整理吉奥·庞蒂的作品的各种文本众多，在所有这些记叙文本的痕迹消失之前，我们试图把这些文献资料系统整理出来，并把这作为一条可以解读庞蒂设计思想的有效途径。

因为从这些文献中，我们可以让今天的读者开始建立起时间的概念，把庞蒂设计作品的过去和现在联系起来。

本书所采用的所有摄影图片资料几乎全部来自吉奥·庞蒂工作室。

我在记录庞蒂作品的过程中，采用了一种按照时间顺序记录的方式，即每10年划分一个时间段；从表面上看，这不是一种属于庞蒂的表达方式。但是不管作品的规模如何变化，由于我更加注重整个作品集的过程性和完整性，时间顺序还是一个不错的选择。而这样所形成的全书的整体性却是属于庞蒂式的。

在庞蒂的作品集中，我也记录了《住宅》（Domus）杂志和《风格》（Stile）杂志的历史，因为它们向我们展示了一幅庞蒂与他同时代人的人际关系图表。

本书的结尾列出了关于不同作品的注释和参考文献。注释中用到的缩写词语和重要机构都列在了本书的第270页。

L.L.P.

致路易吉（Luigi）、马泰奥（Matteo）和塞尔瓦托（Salvatore）

马斯莫·肯匹格力（Massimo Campigli），庞蒂一家，帆布油画，1934 年

有机玻璃上的绘画，1979 年

目　录

吉奥·庞蒂, 写字桌, 1953 年。

这是我的一件杰作: 我称它为我的跳马, 我认为它是一件既简洁又不古板的家具

吉奥·庞蒂作品列表

作品按字母顺序每10年一组进行排列

1920 年代

铝制桌子，第四届蒙扎三年展（4th MonzaTriennale），1930 年，第 40 页；

家具设计，1926 年，第 43 页；

一家银行的立面图，1926 年，第 42 页；

为谢约拉公寓（Schejola）设计的胡桃木家具，米兰，1929 年，第 44 页；

兰达乔大街 9 号住宅（Via Randaccio），米兰，1925 年，第 35 页；

"手"，理查德 – 吉诺里工厂（Richard-Ginori），1925 ~ 1935 年，第 46 页；

为威尼尼（Venini）和法国昆庭公司（Christofle）设计的物品，第 16 届威尼斯双年展，1928 年，第 41 页；

印刷工业亭，米兰商品交易会（Milan Trade Fair），1927 年，第 40 页；

瓷器和陶器，为理查德 – 吉诺里工厂（Richard-Ginori）设计，1923 ~ 1930 年，第 26 ~ 31 页；

理查德 – 吉诺里工厂（Richard-Ginori）的展台，米兰商品交易会，1928 年，第 40 页；

"圆形大厅（Rotunda）"，第十六届威尼斯双年展，1928 年，第 45 页；

布耶别墅（Bouilhet），嘉尔西（Garches），1926 年，第 36 页。

1930 年代

"协议"，绘画，1933 年，第 51 页；

"女骑士"，油画，1931 年，第 51 页；

"一座理想的小住宅"，1939 年，第 105 页；

"城镇里的公寓住宅"，1931 年，第 55 页；

博莱蒂小教堂（Borletti Chapel），纪念公墓，米兰，1931 年，第 52 页；

布雷达（Breda）电气火车，ETR 200（ElettroTreno Rapido 200，意大利语，即意大利 200 系列的快速电动火车），1933 年，第 60 页；

拉波特住宅（Laporte），米兰，1936 年，第 80 页；

马蒙特住宅（Marmont），米兰，1934 年，第 65 页；

拉斯尼住宅（Rasini），米兰，1933 年，第 63 页；

费拉里奥酒店（Ferrario Tavern）的陶瓷面板，米兰，1932 年，第 60 页；

康提尼 – 博纳卡斯家具（Contini-Bonacossi），佛罗伦萨，1931 年，第 50 页；

"达夫妮（Dafne）"盘子，理查德 – 吉诺里工厂（Richard-Ginori），1930 ~ 1935 年，第 73 页；

布鲁扎诺区（Bruzzano）的日间托儿所，米兰，1934 年，第 84 页；

课桌设计，1930 年，第 99 页；

"典型住宅"，米兰，1931 ~ 1936 年，第 56 页；

《住宅》杂志，1930 年代的封面，第 108 页；

《住宅》杂志，1930 年代的页面，第 109 页；

EIAR 大厦（意大利广播公司新总部，现在是 RAI 大厦），米兰，1939 年，第 106 页；

真丝绣花面料，为维托里·奥法拉利（Vittorio Ferrari）设计，米兰，1930 年和 1933 年，第 54 页；

第一蒙特卡蒂尼大厦（Montecatini Building），米兰，1936 年，第 87 页；

克虏伯餐具（Krubpp），第六届米兰三年展（6th Milan Triennale），1936 年，第 75 页

外交部，罗马，1939 年，第 102 页；

为丰塔纳公司（Fontana firm）设计的家具，米兰，1930 年，第 48 页；

"亚得里亚（Adriatic）海滨酒店"，1938 年，第 98 页；

"林中酒店"，卡普里岛（Capri），1938 年，第 96 页；

1 号住宅，多梅尼基诺大街（Via Domenichino），米兰，1930 年，第 53 页；

菲尔斯滕贝格（Fürstenberg）宫殿的室内空间，维也纳，1936 年，第 77 页；

意大利锡马工厂（Italcima），米兰，1935 年，第 64 页；

"比空气还轻"的展厅，航空展览会，米兰，1934 年，第 64 页；

利维亚诺大楼（Liviano），帕多瓦（Padua），1937 年，第 92 页；

埃塞俄比亚的首都亚的斯·亚贝巴（Addis Ababa）总体规划，1936 年，第 100 页；

费拉尼亚公司（Ferrania）办公大楼的董事长办公室，罗马，1936 年，第 76 页；

在"E42"展览会上的"水与光之宫殿"，罗马，1939 年，第 107 页；

"利多里奥宫殿（Palazzo del Littorio）"，罗马，1934 年，第 70 页；

马尔佐托宫殿（Palazzo Marzotto），米兰，1939 年，第 106 页；

陶质花瓶和瓷质烟灰缸，1930 年，第 74 页；

波齐公寓（Pozzi apartment），米兰，1933 年，第 94 页；

数学学院，新大学校园，罗马，1934 年，第 67 ~ 69 页；

马焦雷医院（Ospedale Maggiore）的院旗，米兰，1935 年，第 72 页；

用胡桃木和青铜制成的镶嵌工艺桌，1930 年，第 47 页；

"利托里亚塔"（Torre Littoria），米兰，1933 年，第 61 页；

天主教出版社举办的世界博览会，梵蒂冈城，1936 年，第 78 页

老森皮奥尼车站（Sempione）的城市发展计划，米兰，1937 ~ 1948 年，第 101 页；

万泽蒂家具（Vanzetti），米兰，1938 年，第 85 页；

马尔凯萨诺别墅（Marchesano），博尔迪盖拉（Bordighera），1938 年，第 95 页；

马尔佐托别墅（Marzotto），瓦尔达尼奥（Valdagno），1936 年，第 84 页；

特塔鲁别墅（Tataru），罗马尼亚，1939 年，第 104 页。

无形的实体：
吉奥·庞蒂

吉奥·庞蒂的设计作品既具有实体性的特征，又同时清晰地表现出非实体性的特性。因此，他的作品中充满了矛盾，在矛盾最尖锐之处释放出大量的能量，从而使他的作品在实际上已经失去了原有的实体属性。他的全部作品一直都在努力摒弃线性发展和整体体块组合的做法，因为这些做法会误导他，并使他的设计过程变得缺乏连贯性。在很大程度上，他推动开展了一次运动，或者说是提出了一种思维运作的方式，并且他开展的运动已经开始打开了创造力的源泉。他试图表达透明的平面与实体，去照亮虚实转换的瞬间，并使那些苍白而优美的建筑形式变得更加辉煌，同时还具备一种幻化的流动感。因此，他一直在尝试表达建筑的非实体性，目的是使建筑更加具体化，并且赋予建筑本身一种在感性和理论上的密度和深度，从而创造出一种前所未有的活力。即使我们只是简单地看一下 20 世纪吉奥·庞蒂为理查德·吉诺里工厂设计制作的陶瓷作品，就可以发现庞蒂能够利用不可感知的光线来创造空间深度和强度，而这正是光辉之源。庞蒂仿佛已经能够自由操控这种光线反射，并能够用光线凝聚起那些让人感知不到的东西。同样的事情也发生在 1929 年，吉奥·庞蒂为谢约拉公寓（Schejola）设计了家具和生活用品，庞蒂特意通过设计减轻了家具和生活用品的质量和体积，简化了它们的形式和细部节点，从而创造出一种仿佛是飘浮在空气中的印象，令人感到它们似乎已经融入了周围的环境之中。因此，吉奥·庞蒂在设计中一直频繁地使用镜子，从而使虚空的空间不断地进行交叉与出现，促使空间不断消融在环境当中。由此，他让我们觉得他设计的桌椅、扶手椅和壁橱的腿变得也越来越细，越来越轻巧了。这种能够赋予设计作品轻盈印象的能力，后来成为庞蒂式意象的特征。

在他为理查德—吉诺里工厂（Richard–Ginori）设计的瓷器和珐琅器中，我们可以在镀金表面上看到，他引入了通透而透明的材质，散发出了淡淡的水波之色，从而使它们成为整个活动的视觉焦点，成为明亮而迷人的发光体和反光区。在这些暗光浮动的造型上，这些设计作品的姿态既生动活泼，又富有魅力，不仅充满了诱惑感，而且也在不断地运动与变化着。有时，人们会把这些作品悬挂在空中，这会引发庞蒂的女人和青年朋友们的本能冲动，显得既透明又梦幻。由于这些作品的形态完全飘浮在空中，我们看不到有任何支撑，并且它们不断舞动盘旋，沿着这些瓷碗、花瓶、糖果盒和墨水瓶等设计作品的边缘都展现出饱满而性感的曲线，尽展其奢华的内涵。

庞蒂的作品还表现出另外一种令人激动的心跳感，正是这种心跳感促使米兰建筑师都有喜爱表现形式的梦想。为了塑造形式，建筑师不得不将无形的空间表现为有形的物质，也就是说，在未知的设计领域，建筑师在不断地追求转型与突变。因此，我们逐渐能够理解，早在 1934 年的《意大利的信》（L'Italia letteraia）一文中，为何 E·珀西科（E. Persico）会宣布庞蒂与"新世纪风格（novecentista）以及卡洛·卡拉（Carlo Carrà）和乔治·德基里科（Giorgio de Chirico）的作品有共同之处"了。显然，庞蒂不仅探索了古典主义精神，而且也学习了古典主义全面而强烈地热爱与追求艺术的特点，这都可以推动设计思想的不断成长与发展。结果，庞蒂的这种设计思想导致了建筑风格的改变，解放了那些被严格定义的设计潮流，也就是说，无论是未来主义和超自然主义的艺术倾向，还是新古典主义和装饰艺术的设计倾向，都将回归到秩序和理性主义。每一个人为了利用古典主义的这种活力，都试图反对艺术或建筑语言，反对戏剧或设计语言。正是因为这个原因，当那些看得见的可塑形式之源诱惑人们的时候，每一个人都允许自己被吸引，而不顾这些形式能否可以唤起文化所追求的连贯性。

并且，吉奥·庞蒂与卡拉和德基里科也有着密切的联系，因为他们都喜欢"过度图像化"的倾向。那是一种事情做过了的倾向，其中会附带一种过度追求图像化的风险，还会超越幻想的约束。他们的作品会让人联想到一串葡萄，因为它长着丰富多彩的枝茎，这种设计语言本身就像葡萄一样非常多产，从而其成果也会获得大丰收。我们可以说，这些艺术家喜欢构思建设一个由图像或实体组成的群岛，人们会觉得其中的每一个岛屿都既坚固又易碎，但同时又显得变化万千，因为这个理念可以保护那些永久处于突变状态的物品。

《住宅》杂志曾经于 1928 年出版了庞蒂的"意大利式住宅"理论，我们可以在这一理论结晶中再次看到庞蒂设计这些群岛的方式。他在这些群岛中清晰地画出了海岸地平线，从而使他能在未来的航程中把准方向。在此，我们认识到一座住宅的理念既像是"一块美丽的水晶，又像是一个挂满钟乳石的洞穴"。因此，它是那么完美，那么开放，又是按照自然事物的偶发性而不断地生长着，不断地展示着自己的表现力和想象力。在这里，我们再次发现了透明性或是非实体性的主题，我们越来越觉得应该相信这一主题。庞蒂引入非实体性的概念，目的就是要给国内严格的规范限制赋予一种本质，即要以"良好品质"作为设计最重要的标准。因为，无论是在轻盈和抽象的现代建筑中，还是在古老和优雅的古代建筑中，我们都可以发现这种"品质"。并且，庞蒂的作品和思想都清晰地凝结在《住宅》和《风格》这两本杂志中，同时又汇聚在我们日常使用的诸多物品的材料中。庞蒂总是善于依靠那些几乎无形的材料来实现设计的连贯性，例如玻璃和光线就是很好的实例，我们应该记住庞蒂思想的这种无限生命力。在庞蒂提出的"具有家具装饰的窗户"理念中，他的思想变成了装饰形象，而这个"家具之窗"的理念也成为了庞蒂式建筑的特征之一。在这个理念中，明亮而透明的非实体性转变成了物质性的形态，促成了变换的形体和组合多样的色彩，这就是居住功能的本质。庞蒂渴望建筑具有开放性，这进一步强化了其设计作品的轻巧性特点，并且这种追求也同样渗透到他的所有作品之中。庞蒂思考建筑的窗户，思考追寻光和风的方法，顿悟后形成了自己的设计理念。我们可以从庞蒂所有的室内设计作品中再次发现他的这些理念，从 1930 年设计的范塞蒂住宅（Casa Vanzetti）到 1955年设计迪亚曼蒂纳别墅（Villa la Diamantina，）都是如此，当然还有 1930 年设计的法拉利面料（Ferrari），例如其中有一种名字叫作"在窗口的莫罗西（Morosi）"的平纹皱丝织品塔夫绸，甚至还包括他在 1960 年设计的"发光图片"，其中也同样蕴含了他的设计理念。同样，庞蒂唤起了设计的另一个深度，开启了建筑设计

中的未知环境，即他在研究运用光线的反射。米兰建筑师设计的建筑虽然千变万化，典型特征也包括光反射，但他们都是步庞蒂的后尘而开始使用光线的。实际上，在庞蒂的室内设计作品中，人们总是能发现一个与镜子主题相关联的"熠熠发光的空间"。庞蒂正在寻找一种能够被分割和反转的图形或铝质轮廓，它能够在一个物体中表现绘画等多种能量流，就像拉·帕沃尼咖啡机（La Pavoni，1948 年）一样，我们在咖啡机中发现，反射的倒影可以与从垂直到水平的锅体完美结合，从而使咖啡机的工业表皮与它的活泼表面达到和谐统一。毫无疑问，庞蒂式的设计方法在汇聚光线方面都非常成功，例如在他的灯具设计和玻璃器皿设计中就是如此，灯具中的透明性被实体化而变成了阻隔光线的空间，而在玻璃器皿中的透明性却变成了完全的透明。

虽然庞蒂的作品数量众多，变化多样，但是在他的印象中，将无形与轻重进行实体性转化确实发挥了重要作用，我们可以从上面提到的几个参考实例中解读到这一点。然而，他给"非实体性"赋予了实体性和重量，或者说是给透明性赋予了确定性，这种做法引入了一种含糊不清的游戏，这其实是矛盾的辩证法。这里的一切都是开放的，并且庞蒂作品中的这种歧义性注定会产生敌对反应。尽管如此，歧义性和矛盾性一直是庞蒂最突出的特点，无论是在理性纯粹主义还是在传统保守主义的外衣下，庞蒂只是想借此打破建筑思想的绝对性和权威性。由于在很多场合中人们总是"谴责"他，导致他的地位非常新奇，事实上，这种新奇性不是来自抽象的线性错觉，而是来自一种我们既不知道也不认识的流动性。这种流动性在古代和现代都起着指导作用，它与我们的日常经验息息相关，并且也会根据混乱的事物不断发生改变。从这个意义上说，人们可能会指责他，说他的设计作品具有不确定性，但是尽管如此，这种批评依然非常适合他的综合推理，因为他确定了一种多元化的概念，这是从犹豫不决与优柔寡断当中滋长出来的概念。因此，一旦根据情况确立了目标，那么他就会释放这种多元化的含义。

事实上，如果可能的话，我们应该采用隐喻来"定义"他的

设计操作方式，因为这种隐喻是一种不想划清界限的说法。在这种说法中，富有设计想象力的设计过程可以形成一种有形的"整体"。因此，庞蒂在"混杂的状态"中进行设计，无论设计什么，他的边界都是模糊的，他会从一种语言到另一种语言，从图形到设计，从建筑到文化机构，从工艺生产到工业生产，从陶瓷到家具……仿佛他正在穿过一处挤满了人的景观，或是正在玩一个万花筒。当我们从万花筒中再次看到菱形或六角形的光线时，就标记着塔兰托大教堂（1970年）的落成。庞蒂这样做是有原因的，他是为了融合相同的图案和材料，从而产生出大量的形态。庞蒂通过这种多样化的叙事表达超越了自己，使自己在反射与混响中跳舞，一会儿上升，一会儿又下降，这是因为他正在确定自己的设计特点。

庞蒂的另一个独特的设计要素就是流体的方法，我们可以在倍耐力摩天大厦（1956年）的水流式形体的喷body过程中清晰地看到这一点。这种建筑实体拔地而起，流体本身就是其特征。于是，建筑借助玻璃反射成为一面"镜子"，从而使建筑的实体消失了。该建筑的流线型造型把它理性的六面体形式在顶部展现出来，使我们可以看到其具象的形态与静态的品质，同时，庞蒂还为这座非实体性的塔楼赋予了进一步的形式。在某种程度上，庞蒂唤起了这座就像是天空中悬挂着面纱的建筑，使其展现出了虚幻而又无法感知的形态：那是一些令人感到兴奋的透明体，这个透明体的内部或背后充满了形体感和富有生命力的运动。

这种虚空的非实体性能量带来了富有激情的主题，而庞蒂已经将它展现在1952～1954年设计的"金刚石椎体"汽车的车身底盘上了，那是一款阿尔法·罗密欧（Alfa Romeo）牌的汽车，汽车对空气的速度感和穿透力保证了设计的本质。庞蒂用这种虚空的非实体性能量，撼动了人们在汽车造型设计中仅仅满足于追求装饰的做法，即改变了人们通常采用那种典型的美国式巴洛克风格的做法；同时他还在设计中充分表现了汽车的形式和功能，从而让形式和功能展露无遗，让汽车显得既明亮又开敞。他在汽车的内部和外部空间之间建立起了流动联系。他不仅通过改进车

轮加强汽车的流动性，而且还通过展示透明性实现这一点。庞蒂采用这种同样微妙而激动人心的设计理念，促成了"超轻椅"（1957年）的诞生，那是一把富有韧性但又很结实的椅子，已经摆脱了重量与荷载的束缚。事实上，由于这种设计理念具有非凡的还原性，从而使它变得非常令人注目，因为它促成了材料和功能的融合，展现了设计最基本的性质。

我们正在谈论的"超轻椅"是一件物品，它不再扮演家具的角色，而是变成一种具有非物质性的物品，目的是庞蒂试图颠覆椅子固有的功能。1990年，庞蒂为"理想标准"（Ideal Standard）品牌设计了卫生洁具，我们正在讨论它们的轻度和密度，这是在卫生洁具中和造型同样重要的两个衡量因素。由于这些卫生洁具表面光滑又明亮，形式也发生了突变，因此其表面变得更加不透明，功能性也更加模糊了。如果这些产品可以唤回人们那种肤浅或简单消费的话，那么以下这些实例都可以证明这个焦点的模糊性。这样的实例包括很多，例如萨巴蒂尼餐具（Sabattini，1956年）具有令人惊讶的华丽外观，德波利瓷釉（De Poli，1956年）中画有动物的形象，以及卢卡诺公寓（Lucano，1952年）在图解设计上爆发性的发展等。

在这些产品中出现的人物和形象，揭示出庞蒂具有一种深切的童心和过度的幻想，其程度还不是非常过分。从表面上看，这些人物和形象是用作装饰，但实际上它们是在努力追求解放和刺激，因为庞蒂不仅调查了令人震惊的去实体化的设计过程，同时也厘清了艺术设计和建筑设计中的去中心化的事实。

我们仍然需要强调的是，吉奥·庞蒂所采用的设计变换过程建立起一种连贯性的形象，其基础是来自一种单一的根源。由于是以时空连续的经验为基础进行设计，这使他后来又发现一个主题，因此这种极端的异同共存的状态会引发一系列的联想和回忆。在米兰建筑师的设计工作中，这种时空连续的经验与"神圣"思想中的不合理因素有关，也就是说，我们应该在道德和伦理的领域分类解读这种非理性的精神。庞蒂非常信仰这种原始和最初的动机，由此他离开了理性，离开了理性主义，也离开了线性思维，

并且在一种不可言说的概念指导下开展自己的设计工作。在这个过程中，庞蒂发现了他在过去每一刻都经常使用的图像，同时自己还要认清设计创造力的整体感。他通过行动努力进行设计，给每一个可塑的真实物体赋予生命，使它们拥有一个形体、一个名字和一张总是与众不同的面孔。从这个角度来看，这种设计增长不可能是规律性的，也不可能是重复的，而只会出现各种各样的类型，并让人觉得其意义非常重大。因此，每一件物品或家具类商品、建筑作品或产品都将会显示这个秘密。庞蒂与奇里科（Chirico）一起，再次召唤起这些视觉之谜和环境之谜，这是一种完全不同的形式创作过程。正是以这种恐怖的虚幻理念为基础，很显然庞蒂的设计作品给人们带来了痛苦。他在作品中持续表现出多样性和歧义性，这确实令人非常不安，因为我们无法用常规的普通分类法来理解它们。它们是不和谐的，因为它们太过于原始了。但是，正是由于庞蒂借助这种固有的原始力量，他才能绘制出那么多令人感到不安的设计作品，当然这些作品也充满了问题性和实验性。

杰曼诺·塞兰特（Germano Celant）

吉奥·庞蒂，1923 年

生平记录

尽管本书的所有内容都表明，它是一本关于意大利建筑师庞蒂的书，但它的内容不仅仅只是对应它的主题，也关注它所表达的"建筑实体"的"形式"。同时，它也是一本庞蒂式的具有简洁的"英文"版式的书籍，因为其中融入了他女儿作为一位艺术评论家的言辞和观点。

它还是一次对吉奥·庞蒂的"致敬"。这种敬意也是一次"忘我的"批判与分析，是很自然的。这也是庞蒂自己所采用的一种过程。

吉奥·庞蒂"通过欣赏"进行工作。于是，人们立刻会把"欣赏"翻译成"推广"。推广是设计的一个方面，源于人们对当下的关注。你欣赏这位艺术家吗？那么请买他的画。你欣赏这位诗人吗？那么出版他的诗。你欣赏这位建筑师吗？那么就给他建设房屋的机会。这就是吉奥·庞蒂的工作方式，并且他有两本杂志——《住宅》和《风格》，杂志的内容由各种建议和邀请组成，他通过自己的眼光和经历来编辑，并为任何正在阅读的读者做好服务。他希望驱动任何的可能性，希望带来更多的独创性。

他的杂志就像是一个游戏，通过偶然的机遇因爱而生，然后就变成了其他人商业投机的战场。庞蒂每日必做的工作之一就是监督自己的杂志，关于这一点他从来没有停止过。这两本杂志与各种展览一起，都是庞蒂最喜欢阅读和参观的地方。作为一名"教师或者是非教师"的身份，我曾经经历过他运行或不运行一本杂志的方式，爱德华多·珀西科（Edoardo Persico）在 1933 年曾经说，"吉奥·庞蒂是一位与世隔绝的发明家，因为对他来说，艺术史不是一个连续发展的过程，而是由一系列的多样性组成"。吉奥·庞蒂也曾经这样说："我们向前行，但我们没有进步。"

庞蒂总是宣称自己受到了珀西科的"启发"。也许这其实是一个双向交互的过程。因为珀西科在"戏剧"作品中发现了庞蒂的"分离"作品的价值。这正是他们的形式"碰撞"的过程，从而也形成了他们彼此相互珍惜的感慨。

吉奥·庞蒂"通过这种相互碰撞"进行工作。碰撞与共存，这既不是群体之间的辩论或战斗，也根本不是对乌托邦的追求或者革命。他为了那些比他年轻的现代建筑的"英雄们"，在整个碰撞的"运动"一直保持中立，从而受到了人们的尊敬。

他总是把帕拉第奥当作自己的第一任导师。谁是流行建筑风格的导师们？"塞利奥（Serlio）、帕拉第奥（Palladio）和维特鲁威（Vitruvius）"，我们是被他们这些著名建筑师逗乐的且不明真相的孩子，因此我们必须要回答这个问题。当吉奥·庞蒂假装解释他的设计作品时，他以同样的方式假装自己有这样的导师，并且就像创造建筑一样，他会以同样的方式编造出自己的设计理由。因此，他会喜欢谁呢？

有时，他对导师的"尊敬"会掩盖一个事实，即设计是一种以差异性为基础的秘密的隔离状态。最终，庞蒂真正喜欢的建筑仅仅只有法国的朗香教堂、印度昌迪加尔的规划（Chandigarh）和艾哈迈达巴德文化中心（Ahmedabad），这都是由受人尊敬的建筑师勒·柯布西耶设计的。他所喜欢的勒·柯布西耶是一位"热情奔放"、"思想解放"的人，也是一位"很在乎模数"的人。吉奥·庞蒂通过自己精神上的亲和力，还喜欢他那个时代很多的独立建筑师，如阿尔托（Aalto）、沙里宁（Saarinen）和尼迈耶（Niemeyer），无论他是否曾经提到过这些建筑师，但这都不影响庞蒂喜欢他们。

在吉奥·庞蒂生命的最后几年里，他回首自己的过去，用娱乐甚至是赞美的眼光总结自己，说自己具有很强的独立性。他对现实有很多奇思妙想，并把它们都放进自己的设计作品中。他最爱的格言是："在文化中，一切都属于当代"，这一论断同样也适用于他。现在我们也正在这本书中漫游，可以感受到这种思想的并存与共鸣。但是，在现实中有一支时间之箭，也有一个最后的终点或顶点，它会超越所有的先例。他认为在最初时就需要描述这个顶点，就像在晚年一定会获得幸福一样，此时他的作品所展示的魅力、纯净与独立性，已经远远超出了设计作品本身，这一切都在发生作用吗？塔兰托（Taranto）大教堂与吉奥·庞蒂非常相似，建筑仿佛已经消失在壮观的风格之中，并升到了天空。同样，在庞蒂最后的室内空间设计作品中，除了壮观的景象，其他的一切事物都似乎消失殆尽。

吉奥·庞蒂工作起来不分昼夜，每天的时间按照 60 个小时计算。从早晨开始最初的 10 个小时里，一般他会写 30 封信，其实也可以说是绘制 30 封信，因为他不允许自己使用电话，也许是因为讲话不利于清楚地表达他的想法。这些信件是写给他的朋友和合作者的，这是庞蒂叫醒他们的一种方式；从这些信中，他的朋友或合作者们会发现某个设计项目突然一夜之间完全改变了，庞蒂已经设计出了另一种方案，并且至少还有 8 个或 9 个漂亮的变形设计方案，需要他们赶紧关注并推进设计。从庞蒂的工作室到家的路很近，只需要经过非常有限的几个门洞和台阶，从而也就分开了他夜间和白天的设计工作。在接下来的大约 40 个小时里，吉奥·庞蒂会一直在他的工作室大厅里工作，那是一个巨大的旧车库，在工作室设立的初期，绘图员可以把他们的小摩托车直接开到桌子上。工作室的屋顶由很多拱形屋面构成，屋面下的桌子比墙面的数量还要多，同时，设计大厅既开放又空旷，中间还有很多小房间，是设计用于私密性会谈的。吉奥·庞蒂过去常在这里进行项目方案的设计工作，从早上 3 点钟起可以一直画到深夜，他的双手总是沾满了黑色的石墨和墨水。他甚至经常没有洗手就去吃饭，因为他更急于享受色彩和形状的视觉盛宴，而不是贪恋味觉满足。每次吃完饭后，他会接着集中小睡 5 ~ 10 分钟，用来恢复体力和精力，然后就到了晚上时间。他的晚上时间大约是 10 小时左右，通常他的睡梦中总是灯火辉煌，因为在美丽的夜晚他总是点亮所有的房间，因为晚上时间他也会继续做设计，直到累了才睡觉。并且，他常习惯于一个人安静地画图，因此夜晚中陪伴他的只有那些其他房间窗口的明亮灯光。即使在生命的最后一段时间里，当他不再去工作室工作的时候，他依然会在家里给自己留出一间空荡荡的屋子，他可以在里面继续做设计，夜以继日地做设计，只为自己而设计。

他曾经旅行过很多地方，但是从来没有离开过设计。他会在旅行的飞机上写信，就写在意大利航空公司或 TWA 航空公司那薄薄的邮件信纸上，他在办公室有"很多"信件，即他会利用每一张信纸写信，但他给每个人写信的时候只写一行字的内容，因此，5 张信纸就可以写给 50 个人。当到达旅行目的地时，他会把这些信件切成细条并分发出去。在他所绘制的汽车设计方案中，他在膝盖部位的上面安装了一块可以放下来的木板，这样，他心爱的雪铁龙汽车就可以更好地为他舒适的旅程服务啦。当感到困意时，他就把雪铁龙汽车转换成一辆 12 座的菲亚特小型巴士车，让自己可以好好休息。就是这样，他希望把旅行转变成一种多重的人机对话过程，但是最终没有获得成功。

虽然最后一次旅行路程很短，即使只有一辆车，他和亲爱的助理内里（Neri）坐在前座，他的女儿们与合作者坐在后座。他们是艺术的朝圣者，一直到到巴黎，路上看了勒·柯布西耶喜欢的一座小教堂，在回来的路上重新发现拉·图雷特（La Tourette），参观巴黎和布耶特（Bouilhets）。旅游几乎是他与广阔的外部世界进行交流的唯一方式，通过汽车窗口可以看到令人兴奋的天空，或者只是在回到建筑设计工作前，在一块长满草地的岸边小坐片刻。

现在，我们可以看到庞蒂职业生涯的长度和广度。他一生中总共工作了 60 年，他的建筑作品遍布世界 13 个国家，他有 24 年或 25 年的教学生涯，还做了 50 年的杂志编辑。他在杂志中写过 560 篇专题文章，他还写过 2500 封口述信件，绘制了 2000 封图文信件，为 120 个企业做了设计，画了近 1000 张建筑草图……这是一个巨大的工程，所有这些成果都是他一个人完成的。他从来没有停止过工作。他既不着急，也不很努力，既没有电脑，也没有设计委托任务。他就像艺术家那样喜欢处于一种隔离的状态。他也与其他人合作，但总是特立独行，最终都会通过自己的手段到达自己想要的最后终点。

他在自己的工作中具有非常独立的自主性，在产品设计和建筑设计时如此，在"设计一切事物"时都是如此。也许正是由于这个原因，他从不亲自"设计"他的两本杂志《住宅》和《风格》，而是交给珀西科和帕加诺（Pagano）进行"设计"［摘自意大利建筑设计杂志《美屋》（Casabella）］。也许这正是他的杂志表现其热情好客的地方，因为这里是一个开放的领域，就是他的"杂志项目"。因此，《住宅》和《风格》杂志表现出一种生动的混乱状态，因此，今天这两本杂志已经成为有启示作用的档案文件。在《住宅》杂志中，从 1928 年到 1940 年，当卓越的新古典主义与"新出现的流派"之间存在一种紧张的矛盾关系时，杂志逐渐进入了另一种层次的思考。在《风格》杂志中，从 1941 年到 1947 年，在战后重建需要大批量生产服务的过程中，艺术的独特性和创造力之间也同样存在一种紧张的矛盾关系。而从 1948 年到 1979 年，庞蒂将《住宅》杂志这块领地向世界各地的杰出人才张开了双臂。

庞蒂的杂志都表达了他对"信息"的思考。他不关心专利权，不关心优先权，有时甚至不会思考要签下自己工作的合同。对他来说最重要的是，我们应该立即将信息提供给每个人，并且应该由投稿者设计编排杂志的页面，以便于他们在其中自由地表达自己的创造力。吉奥·庞蒂允许人们利用他的杂志进行竞争，那些称他为"调解人"的人已经忘掉了这一点。因为他对调解并不感兴趣，他喜欢竞争和论战。调解是那些将调解人看作是一位谦逊人物的人所使用的一个词语，是在与敌对党派进行英勇战斗时才会遇到的一个词语。但是，吉奥·庞蒂并不倡导"快乐媒体"的做法，他想让人们注意到不同观点的人才。尽管他在表达热情时显得很直率，但实际上他的热情是非常苛刻的。

当他提到意大利时也同样如此。当每一个人都谈论意大利时，当没有人再谈论意大利时，或是人们再次把意大利挂在嘴边时，他都会一直谈论意大利。他根本没有注意是否自己在特立独行，而且根本也不关心这一点。

"意大利"就是他说"万岁"的方式，就是他说"让我们做"的方式，就是他说"美丽"的方式，也是他说"我们应该去做"的方式，甚至是他说"为什么，到底是为什么？"的方式［"与西班牙决斗"，其意思就是"西班牙伤害了我"，这是他伟大的西班牙朋友约瑟·安东尼奥·科德尔奇（José Antonio Coderch）所用的一种表达方式］。《意大利住宅》（La casa, all'italiana）是庞蒂的

吉奥·庞蒂, 加拉加斯（Caracas）, 1954 年

第一本著作，它是一本献给意大利的小册子，其内容与艺术紧密相连。虽然《意大利住宅》是一本小册子，但实际上它是一本论文集，其中的文章多摘自1928～1933年的《住宅》杂志，因为这本书记载了他追求品质的斗争，并成为其道德准则的标志。书中出现了"文明"这个词，接下来就是"艺术"一词。"文明"是历史用艺术创造而成的。吉奥·庞蒂爱上了"意大利艺术家"，他就是这样称呼他们的，正是这些不同年龄段的、不可预测的艺术家构成了令人兴奋的意大利。他专门为此写了一本书，书名是《疯狂的意大利》（Mad about Italy），最终这本书没有正式出版。同时，他也爱上了这个"充满文明的"意大利，更准确地说，这里是由美丽的住宅、学校、教堂、机场、车站、村庄、产品、报纸、机器、展览……所构成。从1941年到1947年，在《风格》杂志的这段重要岁月里，意大利只有"用自己的文明才能拯救自己"，吉奥·庞蒂刚刚正在问一个问题："这对意大利有帮助吗？"他会一直持续问下去，这是当他说起每一项重建计划和每一次改革（例如在建筑教学中）时都经常会问的问题。

令庞蒂喜出望外的是，在50年代，他听说格罗皮乌斯提出了一个令人意想不到的联盟："也许意大利注定要阐明现代生活的各种因素，因为我们必须依靠这些因素找回已经失去的美感，并且在工业时代促成新文化的统一。"（然而，对于吉奥·庞蒂来说，要先有"美丽"才有"统一"）。吉奥·庞蒂多次重复格罗皮乌斯所说的"意大利预言"，以至于我们所有人都要围绕他的指引去追寻意大利的意义。当他谈到意大利并感觉要"尊重意大利"时，或者当他因意大利而感到悲伤时，他是非常孤独的。我们还没能理解，正是因为他如此热爱意大利，从而也加深了他对全世界所有国家的爱，这一切都是由他的期盼所引发的。

他从来没有停止过期盼，"意大利永恒"的概念会令他很高兴，因此他一直将这种希望寄托在建筑设计上。他将建筑设计和建筑看成是一个暗含幸福感的地方，或者看成是可以为人类"减轻痛苦"的所在。同时，建筑还可以提供自由、乐趣和惊喜，并且还可以表现一些常见的傻瓜建筑师的建筑形式。因此，他从来没有停止设计，即使独自一人的时候也是如此。首先他会直接寻找答案，最后，他会独自从希望中推演出设计结果。这不仅仅只是完成一个设计项目，因为吉奥·庞蒂所要提出的是一种设计方法。"意大利找到了广告的本质（De l'Italie arrive l'annonce de l'essentiel）。"他的"基本要素"就是努力追求自由，试图创造一个解放的空间，然而他的这个目标最终还是在快乐中以失败告终。但是，"如果没有开始时的梦想，那么任何事情都不可能成功"，因此，在他生命的最后几年中，他又一直在关注"幸福的含义"。

（"我很高兴能和你说说话，因为我总是孤单一人，当我躺下来的时候，我觉得我的思想也躺下了，但思想最好还是应该坐起来，它应该与我们交谈"。吉奥·庞蒂，1979年春。）

尽管他使用"碰撞"这个词语，这是一个和"成功"或是"反对"相匹配的词语。但是他的话语虽然不是很多，但通常他的这些话却非常重要，是完全不可替代的。

首先，庞蒂从帕拉第奥那里学到一个词，那就是"发明"。然后，他学会了一个永久的词"表达"：这个词包裹着他的思想，是一个完美的词，它让建筑与艺术之间、艺术和应用艺术之间没有了界限，并且我们可以用来这个词区分出谁是个体艺术家。

《吉奥·庞蒂的表达》（Espressione di Gio Ponti）是一本1954年出版的书，内容是吉奥·庞蒂的自传，由"图像"和"解说"两部分组成。这本书各个章节的标题有"学院"、"机器"、"间隔"和"经验"，因为吉奥·庞蒂无法用词句终结"主义"。他选出一些自己过去的设计作品，这些作品可以展现出"一种个人化的具有连续发展性的表达"，这就是创造设计历史的内容。这本书还收录了很少的规划和会谈内容，书中有一半内容是在讲解那些没有建成但又比较超前的项目，例如庞蒂记录了倍耐力摩天大厦（Pirelli）的精神先驱是圣保罗大学的物理学院大楼，因为他采用"封闭形式"为圣保罗大学物理学院进行了水平向设计。

"学院"是吉奥·庞蒂使用的一个消极而优雅的词语，在某个时候，庞蒂用它来定义自己的开始。后来他改变了这个词的用法，他用法国画家科克托（Cocteau）的方式戏称"学院"这个词的意思是"依据建筑来设计建筑"。最后，更确切地说，"学院"变成了"古典主义教育"，它成为人们永远认可的一个术语，也就是永远不会被否定，而庞蒂的设计风格总是会超越这些正统的"学院派"理论。他从来不提"新古典主义"风格，因为这就是他的风格。

"完美"是一个深受人们喜爱且永恒不变的词语。吉奥·庞蒂试图确定"完美"的概念和定义，因为概念和定义会凝结思想，而且"建筑本身就是一个思想的结晶体"。但是，最终他也试图摆脱建筑思想和这些概念与定义的束缚。他在建筑方面的最后一次宣言是："建筑是用来看的。"这种说法根本不是一个定义。它只是一种呼吁，是一种宣言，它可以让一切事物，包括观察者、工作者和建筑师，都发挥自己的作用。

随着岁月的流逝，他的思想一直在独立发展，他开始建立自己的话语，就像是在为他那些能够"捕捉光线"的建筑作品进行"灯光布置"一样。同时，他用"进程"代替"进步"这个词语，用它来描述一种神秘的发展运动。"天才"是他采用的最后一个词语。吉奥·庞蒂没有活着看到80年代，但是他作为一个令人震惊的"天才"早已预见到了各种"图像的入侵"。他作为那个世纪的"天才"恰逢自己的盛世。"生活就是梦想，梦想就是梦想。"

对很多人来说，如果写书会比读书更难的话，那么庞蒂根本就不怕写书立著。因为他有一个指导他阅读的教父，那就是他伟

吉奥·庞蒂在塔兰托大教堂的院子里，1970 年

大的朋友乌戈·米里特（Ugo Ritter），米里特将他介绍给了桑德拉斯（Cendrars）、瓦莱里（Valéry）和科克托。因此，庞蒂的阅读经历丰富，就像孩子们在尤金斯（les Eugènes）和肖兹（la Chose）的作品之间愉快地长大一样。但是他并不想一个人单独进行阅读，如果他喜欢一本书的话，他会让我们都来阅读这本书。

庞蒂出版图书，不管是他自己的还是其他人的书他都会出版，他不仅模仿沙伊威勒（Scheiwiller）这些人出版的书，还会创造性地出版自己的图书。他对图书并不感兴趣，但却喜欢出版图书。因为书就像报纸和杂志一样，是一种交流的工具。并且，就像是庞蒂的著作《热爱建筑》（Amate l'architettura）一样，图书是我们能够与庞蒂一起散步的唯一方式，我们可以从书中倾听他与艺术进行交流的声音："……埃及金字塔会打扰我：大金字塔有英雄气概，小金字塔则很可笑；任何人都能设计一个金字塔，因此我们也就不需要建筑师，只需要有一位法老即可……"很多人会问："我不知道如何评价现代建筑。我问他们，为什么我们不用评判古代建筑的方法来评价现代建筑呢？当我们欣赏菲利普·约翰逊的纽约州立馆时，我可以说它美得很雅典……楼板就是它的一个规则。而方尖碑则是一个谜……因为幻想就是幻觉，就像梦一样清晰而精确。当德基里科（de Chirico）知道如何做梦时，他画出了非常精确的人体模型……因此，我们应该把建筑设计成是可以居住的空间，而建筑评价本身都是空谈，毫无意义。"

《热爱建筑》是庞蒂分别在1940年和1957年出版的一本创作型图书，它是一本用廉价纸装订的平装书，用不同颜色匹配不同"类型"的思想。这本书的形象已经宣称："思考就是发现一系列的想法"，"而出版只不过是宣传和交流这些想法而已"。

庞蒂在其另一本书的最后几页这样描写道："这本书不是要体现我对其他人的回忆，而是要让其他人回忆起我，对他人来说，我会对每一件事物都心存感激。"这本书不是他写出来的，而是要采用参加展览的形式，由庞蒂的朋友巴迪（Bardi）在圣保罗艺术博物馆布置展览而形成的。在那里吉奥·庞蒂想要把"他的"其他人展示出来，那是他生命中的"其他人"。

但是，我们如何能在一本书中全部提到所有的这些"其他人"，这样吉奥·庞蒂会喜欢吗？如果我们邀请他们参加一个聚会，正如庞蒂将会做的那样，那么这个聚会将会像一个城市狂欢节那样规模盛大。并且，庞蒂还将会立刻邀请另外的"其他人"，他们会是一些我们之前从未见过的人。因为庞蒂邀请的这些"其他人"不仅仅是他心爱的艺术家、诗人和喜剧演员，他还想借此向他们表达感激之情。其实，他们就是大众。

庞蒂以同样的方式谈到每一个人，因为他无法调整自己的讲话方式。有人说他曾经利用"权力"去收买那些老艺术家，但是对他来说，权力在每一个人的手中，在任何想要从他那里有所收获的人们手中。由此，他与客户的特殊关系就会被激发出来。

通常，庞蒂见到自己的客户都会很高兴，因为他会把自己的设计作品奉献给他们，并且还会为了争取客户的利益而加倍努力。但是，他从不听命于客户。因为如果一旦客户进入吉奥·庞蒂的领地，他们必然会终结设计所能带来的幸福。因此，客户中的一些人一直不想参与庞蒂的设计领地，而是以非设计的名义使设计的形式能够永久保持自由。

我们在完全由庞蒂设计的住宅中长大，我们生活在庞蒂式风格的房子里，其中有的房间没有门，周围放满了他的图片和书籍，整个房间充满了魅力。并且，只有他的女儿朱利亚（Giulia）会用自己的凌乱之美来打破庞蒂这种美丽的设计。她会把家人的照片贴到墙上，根本不管父亲设计的那些"有组织的墙面面板"。她会将稀奇古怪的盘子引入庞蒂设计的完美的桌面物品中。她也会常常在白天睡觉，尽管此时正是每个人都充满热情的时候。她从来没有打开任何家具的"自发光"灯具，于是当夜晚降临的时候，房间里的阴影会增多，这有利于她进行思考。在吉奥·庞蒂生命的最后几个月里，他一直在模仿自己女儿的这种做事风格。

很多朋友都会感谢吉奥·庞蒂的慷慨大方。但是却有一些非常特别的人，他们大胆地对庞蒂提出了苛求，虽然这些人仅占少数，例如达里亚·瓜尔纳蒂（Daria Guarnati）和莫利诺（Mollino）就是如此。而且，最后只剩下赛维（Zevi）这一位批判庞蒂的反对者了。

莫利诺（Mollino）曾经说，是庞蒂给他带来了"世界的尊敬"。因为庞蒂在《风格》杂志中给了莫利诺很多版面空间，之后在《住宅》杂志中也是如此，当然莫利诺也给庞蒂献出了很多伟大的设计作品。同时，他给庞蒂提供的不仅仅是伟大的设计作品，还有最好的思想以及追求"统一性"的热情，包括他在1944年的《风格》杂志中写的梦想，当然最重要的是他对庞蒂进行了批判。也就是说，莫利诺大声申明了《风格》杂志产生的原因，也评论了庞蒂自己的一些设计作品。《科罗》（Coro）是一本小册子，源于庞蒂在1944年所写的一封信，莫利诺对这本书的批判展现出他有锐利的眼光和思想。在这种情况下，批判会促进莫利诺和庞蒂彼此之间的友谊，而不是减弱友情。莫利诺说，当他开始评论任何事情的时候，"首先要用赞美的口吻来诉说"，庞蒂也采纳了这种评论的方式，并一直重复使用了很多年。

我们很难与庞蒂这样一个老实人斗争。赛维曾经尝试过，他曾经认真或开玩笑地想要从庞蒂那里得到一件其晚年时的"杰作"；赛维并不是要获得一件庞蒂年轻时的主要作品，而是仅仅希望讨到一件他晚年的作品，甚至是一件很小的作品，也许只是一把椅子而已。但是，不管是赛维还是吉奥·庞蒂都没有意识到，这件"小杰作"其实就是1971年他设计的椅子，当然赛维当时还没有注意到塔兰托大教堂（Taranto Cathedral）这种大型作品。赛维想从庞蒂那里得到的是一件小而"难度很高"的杰作，这是庞蒂不能生产制造出来的东西，结果也就可想而知。

　　赛维甚至似乎非常后悔，自己不该与那些时代的知识分子这样完美地相遇。然而对于庞蒂来说，相遇只是一种"相识"，这并不会促进设计的改进。因此，他们的相逢可能会促进彼此之间的友谊，例如在庞蒂和罗杰斯（Rogers）之间，他们的友谊一直延伸到他们生命的尽头，直至进入极乐世界。但是，这种相逢也会导致一种整体的隔离，因为庞蒂一直觉得应该与他"所谓的敌人"保持这种隔离状态。庞蒂需要这种隔离，因为他与自己的斗争才是在设计意义上真正的战争。他自己有许多建筑作品最终未建成，这就是莫利诺所说的"建筑图谱（architectural scores）"；而他的每一座已经建成的建筑中几乎都存在一个错误，因此当路过庞蒂这些建成建筑时，他常常是不看它们的。对这一切，庞蒂并不感

到遗憾。如果人们要拆除其中一座建筑的话，例如据说几年前要拆除公园塔，或者如果其中一座建筑随着时间的流逝而损坏的话，他不会感到太痛苦。事实上，他讨厌修复建筑的想法，因为修复意味着对新事物缺乏信心，甚至是对新机会缺乏信任。庞蒂会以不同的方式进行思考，他知道自己的天赋是什么，并且这些天赋还远远没有发挥出来。他必须以优秀的建筑师专业素质应对这一切。

1 温森佐·安格内蒂（Vincenzo Agnetti）
2 亚历山德罗·门迪尼（Alessandro Mendini）

莉萨·利奇特拉·庞蒂
1989 年秋于米兰

1968 年，吉奥·庞蒂在英国伦敦皇家艺术学院获得荣誉学位

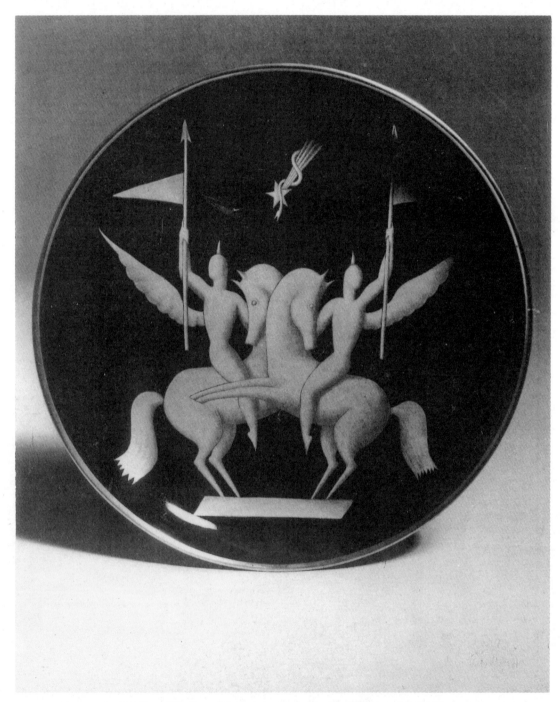

理查德 – 吉诺里工厂，多西亚，1923 ~ 1925 年：蓝金色陶瓷盘，直径 23 厘米

1920 年代：对话古典

吉奥·庞蒂是一位从陶瓷工艺开始进行设计的建筑师。我们应该直接说明这一点，由于庞蒂给建筑赋予了包罗万象的意义，因此建筑师仅仅是他多才多艺的天赋之一。即"在每一个不同的事物当中，总是具有相同的过程和手法"。[1]

吉奥·庞蒂从一开始就参与了设计和推广工作。他既不怕奢侈，也不怕进行大规模的生产。因为品质在于形式，并且品质也能够向周围传播扩散。事实上，情况必须是如此，因此我们要立刻行动起来。而这一切都是庞蒂寻求的热情和超脱的源泉。

从 1923 年到 1930 年，年轻的庞蒂是理查德 - 吉诺里工厂的艺术总监，并且他对该公司的产品进行过一次彻底的改革，这可以看作是他完成的第一个主要任务。在理查德 - 吉诺里工厂中，"庞蒂时代"生产了很多著名的"伟大作品"，当然也生产了其他一些次要作品，这些作品都是庞蒂受到工业生产质量理念的启发而创造的。庞蒂在 1925 年的巴黎商品博览会的目录册中写道："工业会引领 20 世纪的设计风格和创作模式"。因此，他设计的瓷器在这次博览会中获得了最高奖项。

因此，在这些年中，庞蒂设计的"豪华家具"与他为拉·里纳仙特百货公司（La Rinascente）设计的低成本家具是并行出现的，其中 1927 年他设计的"诺瓦（Nova）住宅"[2] 系列就属于低成本家具。并且，他会在大型的展览（例如在蒙扎举行的双年展和三年展以及威尼斯双年展）中同时展示这两种风格的家具（包括自己的作品和其他设计师的作品）。

工业、大批量生产、分销、广告、展览、杂志，这是当时存在的一个令人兴奋的过程序列。庞蒂将"艺术和工业"结合了起来，将法国昆庭公司（Christofle）与维尼尼公司（Venini）也结合了起来。他促使建筑师和制造商形成了合作关系，例如在 1927 年的"迷宫2 号"[3] 产品就是如此。他不仅在他所筹办的展览会上展示设计师和他们的设计作品，而且还在自己创立的杂志上刊登这些设计师和他们的作品。

他所创立的杂志是《住宅》，它诞生于 1928 年，是在著名记者乌戈·奥杰迪（Ugo Ojetti）[4] 的建议下筹办的。在那些年中，乌戈·奥杰迪是年轻的庞蒂在佛罗伦萨的赞助人，只不过后来他们逐渐礼节性地彼此疏远了。这本杂志的创立几乎就像是一个笑话，因为它是一本"在米兰即兴创作"出来的杂志，并一直保持如此。

一开始，《住宅》杂志是意大利"国内"新古典主义文化的载体，并且庞蒂用它来为自己战斗，他"在反对假古董的战斗中几乎赢得了胜利"，并且"在反对丑陋现代主义的战斗中仍然取得了胜利"。[5] 该杂志的出版商是詹尼·马佐奇（Gianni Mazzocchi），他甚至比庞蒂还年轻，他们在一起工作了很多年。

在设计建筑之前，庞蒂首先遇到了"应用艺术"。他在米兰的第一座住宅建于 1925 年，位于兰达乔大街上。紧接着他设计了第一座外国建筑，那就是位于巴黎嘉尔西的布耶别墅。[6] 它们是庞蒂的两座典型的建筑作品，其设计源泉就是新古典主义，它们的平面布局极具创新精神。

今天，我们还会谈论"新古典主义"。庞蒂会说这是来自"古典主义的灵感，当他在战斗的阵地上休息时，会在帕拉第奥的建筑中生活，从而对庞蒂产生了巨大影响，因此他可以看到很多这种来自古典主义的灵感。"[7] 这是一个"没有进行计划的出发点"，尽管建筑形式可以消失，但是这个出发点从未消失过。

1926 ~ 1933 年期间，庞蒂一直在与建筑师埃米利·奥兰吉雅（Emilio Lancia）保持着合作关系。

吉奥·庞蒂在米兰，1922 年

理查德 – 吉诺里工厂在《住宅》杂志上的广告，1928 年

理查德 – 吉诺里工厂的瓷器和陶器，1923 ~ 1930 年

1925 年，当理查德 – 吉诺里公司在巴黎国际装饰艺术与现代工业博览会上赢得大奖时[1]，年轻的庞蒂已经担任该公司的"艺术总监"两年了，并且彻底改变了公司的所有产品［在这个博览会上有两个意大利的曝光点，那就是庞蒂设计的新古典主义的房间和普兰波利尼（Prampolini）设计的未来主义的房间：这两者都给法国评论家留下了深刻的印象，他们认为这两者都非常重要］。[2]

在理查德 – 吉诺里工厂的现代史中，"庞蒂时代"具有两方面的内容。也就是说，在多西亚的理查德 – 吉诺里工厂里，庞蒂作为那个时代的"能工巧匠"，不仅"为博物馆和收藏馆设计著名的伟大艺术品"，而且还把工厂的所有产品组织成从大到小的"系列作品"，并把它们推广到大规模生产的状态。正是本着同样的精神，庞蒂拿出了"理查德 – 吉诺里现代艺术陶瓷"的第一个完整的产品目录（有意大利语和英语

26

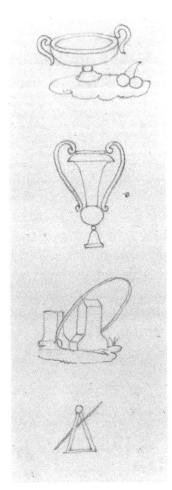

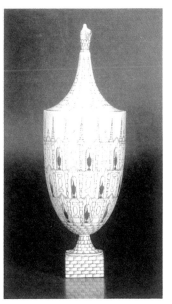

这些是在多西亚的理查德－吉诺里工厂中的 1923～1925 年生产的瓷器以及绘画作品。上图，从顶部开始依次是"谢尔利娜（Serliana）"茶壶，高50厘米；"凯旋式阿莫利（Triumphus Amori）"茶壶，高50厘米。中间图，从顶部开始依次是"挑战（Sfida）"盘，直径23厘米；"考古步道（La Passeggiata archeologica）"盘，直径35.5厘米。左图，从顶部开始依次是1924年（A.G.P.）的"记录"铅笔画以及为理查德－吉诺里工厂做作的设计草图

两个版本)。[3] 1928 年，庞蒂为理查德 – 吉诺里工厂在住宅中使用的产品专门设计了广告，这推动该工厂进入了伟大的展览时代，同时也为在主要"室内装饰"作品中使用陶瓷创造了机会。这就是庞蒂与工业进行结合的途径，并且他在一生中都在坚持这种结合方式。他给工业产品带来了热情的动力和超然的境界（他还采用同样的方式，在"新古典主义"思想中隐藏了一个秘密的玩笑，即他认为天使会拿着高尔夫球袋穿过他的迷宫)。[4]

当庞蒂加入理查德 – 吉诺里公司时，卡洛·采尔比（Carlo Zerbi）和路易吉·塔齐尼（LuigiTazzini）是多西亚工厂的经理，他们是第一批接收庞蒂发来的紧急书写或绘制信件的人，庞蒂会将这些大量的信件邮寄给未来的合作者（它们是庞蒂所写的最好的信件，因为信中抛弃了尊重和情绪，一切都表达地很直接）。这些信件中包含了这样的指令，例如一定"要实施得更具表现力，更加完美，更加美丽"，并且对于花瓶设计来说，一定"要让建筑轻轻掠过云彩，这一切看起来会相当不错，于是其余的都会很美好"。或者是，我们"应该立即进行复制"，"在巴黎销售的产品复制品必须是诚信而准确的，因为这关系到我们公司的荣誉"，还有，一定"要为所有的新产品拍照，因为我们要将产品照片发送到奥杰迪、巴黎和蒙扎。对于马莱尼（Maraini）来说，这些照片是值得保留的两个系列，他们可能会给英国和美国的杂志社写一些文章，其中会写道，你读了今天的《晚邮报（Corriere）》了吗?"[5]

在塞斯托·菲奥伦蒂诺（Sesto Fiorentino）的浴室陶瓷瓷博物馆中，收藏了来自"庞蒂时代"的 400 件作品，这些是理查德 – 吉诺里工厂历史中的第五个时期的部分作品。在 20 世纪 30 年代，庞蒂打算更换合作伙伴，虽然当时他还可以依靠埃琳娜·戴安娜（Elena Diana）的"巧手"；而到了四五十年代，他还是在继续更换合作伙伴。

右图，1930 年设计的"快乐天使（L'angelo giuocante）"，这是庞蒂在第四届米兰三年展期间，为在蒙扎的雷亚莱（Reale）别墅中举行的高尔夫联赛而设计的。下图，1923 ~ 1925 年理查德 – 吉诺里工厂的陶瓷：其中的"美人鱼"盘，直径 23.5 厘米；烟灰缸，直径 8 厘米

左图和下图，是 1923～1930 年在多西亚的理查德－吉诺里工厂制造的两件"伟大作品"，分别是"与古典进行对话"，陶瓷花瓶，高 57 厘米；"埃菲比房屋（La casa degli efebi）"，花饰陶器花瓶，高 81 厘米。"翼"与"天青石"，瓷酒杯，高 19 厘米；"四季"，陶瓷盘，直径 23 厘米

　　上图和右图，是1922年理查德－吉诺里工厂设计的一件陶器作品：是一个为乌戈和弗里凯特·里特（Ugo and Friquette Ritter）设计的茶壶，它有两个底座，可以按照以上两种方式放置。下图，是1923～1930年理查德－吉诺里工厂生产的瓷器：在第一排有五个花瓶，名字叫"羽毛"，高29.5厘米，绘有白色、蓝色和金色，还有两个盘子，名字叫"遗址"，直径23厘米，绘有白色、金色、紫色和灰色；在第二排有三个画有"狩猎"图案的大盘子，直径31厘米，绘有白色、蓝色和金色，还有两个画有"卡门"图案的小盘子，直径是23厘米

在多西亚的理查德－吉诺里工厂中的作品："透视"，陶器花瓶，高 52 厘米

在兰达乔大街（Via Randaccio）上的9号住宅，米兰，1925 年

在兰达乔大街上的这座住宅是吉奥·庞蒂在米兰设计的第一座建筑，他曾经为自己"设计并居住其中的"自宅有4座，这座住宅是他的4座自宅中的第一座。它是一座很小的"帕拉第奥式"住宅，采用了纪念碑的形式，建筑平面是扇形的，凹入的外立面上方建有4个"方尖石塔"，各个房间几乎"没有走廊"，并且还设计有一个超大尺度的楼梯，即使从住宅的下面也可以看到这个大型楼梯。

右侧，是建筑的侧视图片，这是在1925年从兰达乔大街上拍摄的照片，还有建筑的正立面草图。下方是该建筑的一层平面图和二层平面图。在这座公寓式住宅的一层有一个可以联通到前花园的出入口

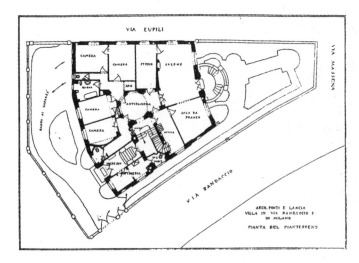

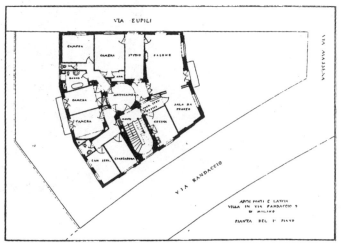

凹入形的立面，站在这里可以俯瞰前花园，这是 1925 年拍摄的照片

入口大厅

INGRESSO PRINCIPALE

· CASA IN VIA RANDACCIO 9 · MILANO ·

· USCITA CON TERRAZZO SUL GIARDINO ·

兰达乔（Randaccio）大
街9号住宅。在手绘图片中，
入口设置在后花园，出口设
置在前花园。在这些照片中，
我们可以看到正立面上方的
方尖石塔；还可以看到大楼
梯台阶的轮廓

布耶（Bouilhet）别墅，巴黎的嘉尔西（Garches），1926 年

庞蒂在法国巴黎的嘉尔西为托尼·布耶（Tony Bouilhet）[1]设计建造了一座"意大利式"的别墅，别墅的名字就是"飞翔的天使"，它位于巴黎郊外的圣云高尔夫俱乐部（Saint-Cloud's Golf Club）附近。这座别墅建在庞蒂最初设计的"拉·圣云（La Saint-Cloudienne）"别墅之后。在那些年里，嘉尔西这个地方似乎是专门发生建筑重大事件的地方：例如这里既有勒·柯布西耶为"四个在巴黎的美国人"建造的别墅，四个美国人分别是格特鲁德（Gertrude）、利奥（Leo）、迈克尔（Michael）和莎拉·斯坦（Sarah Stein），又有为努曼州长（Numar Bey）设计的佩雷别墅（Perret's villa）。

布耶别墅是吉奥·庞蒂在国外建造的第一座住宅。别墅的中央大厅有 2 层楼高，里面包含有楼梯，这是庞蒂在很多年后还坚持使用的主题。它那由庞蒂设计的彩绘顶棚就像一种悬浮在房间中的"大型彩色帐篷"。

可以俯瞰花园的建筑正立面，这是在 1926 年拍摄的照片，右侧是一张设计草图

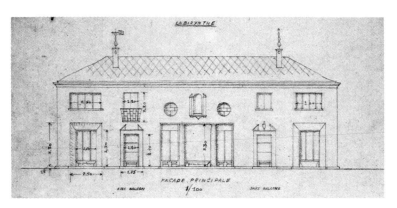
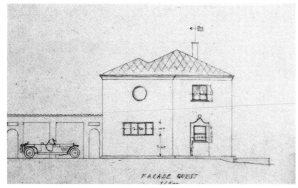

布耶别墅的正立面和侧立面，带车库

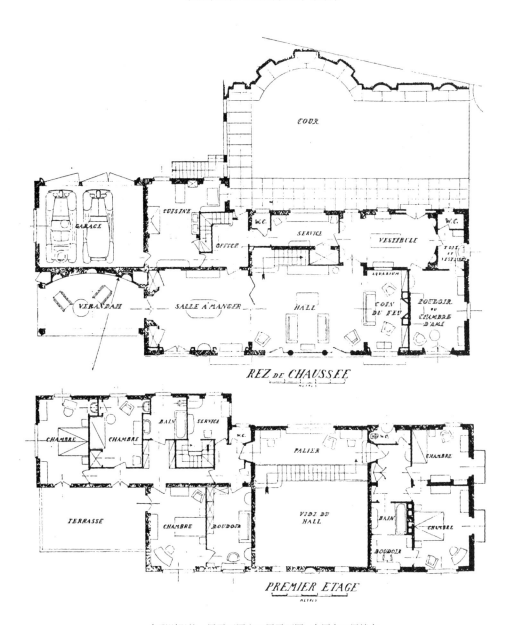

布耶别墅的一层平面图和二层平面图：大厅有 2 层楼高

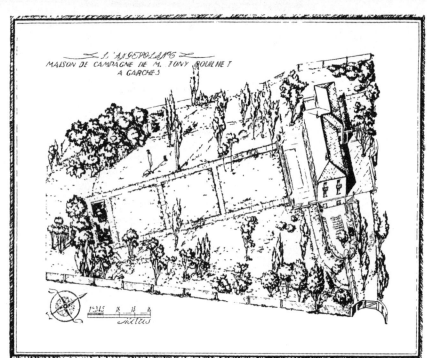

"飞翔的天使",是为托尼·布耶(M. Tony H. Bouilhet)在巴黎的嘉尔西(Garches)设计的乡村住宅。建筑的立面建在一座正式的花园之上,有一个很长的景观视野,视野在建筑前面的游泳池处截止(见总平面图)

吉奥·庞蒂绘制的大厅楼梯草图，左下方的图片是大厅上空的彩绘顶棚的细部。下方图片为入口大厅

这是 1928 年在米兰商品交易会上理查德 – 吉诺里工厂的展台，还有 1927 年在米兰商品交易会上吉奥·庞蒂与埃米利奥·兰吉雅（Emilio Lancia）一起设计的印刷工业亭。这些作品很快就被发表在《建筑与装饰艺术》（Architettura e Arti Decorative）杂志上了

1930 年，在第四届蒙扎三年展上展出了这张"超级华丽"的大型铝制桌［蒙特卡蒂尼（Montecatini）公司推动了铝合金材料的精彩展现，同时也展示了铝质材料著名的亮度和强度特性，并让人们认识到其潜在的巨大美学］。执行：沃伦特（Volontè），米兰。

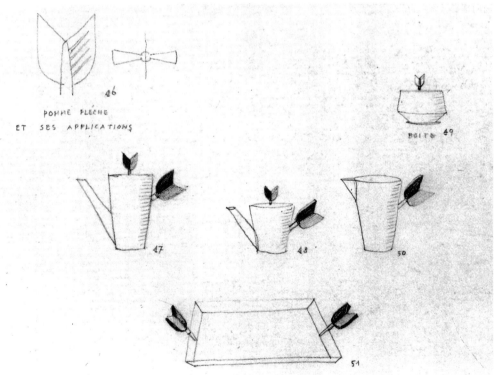

上图，"镜子与箭"，这是在第 16 届威尼斯双年展上展出的威尼尼（Venini）公司和法国昆庭公司（Christofle）
的物品，1928 年
上图，为法国昆庭公司（Christofle）设计的作品，1926 年（A.G.P.）

DIS. 8

一家银行的立面图，1926 年（A.G.P.）

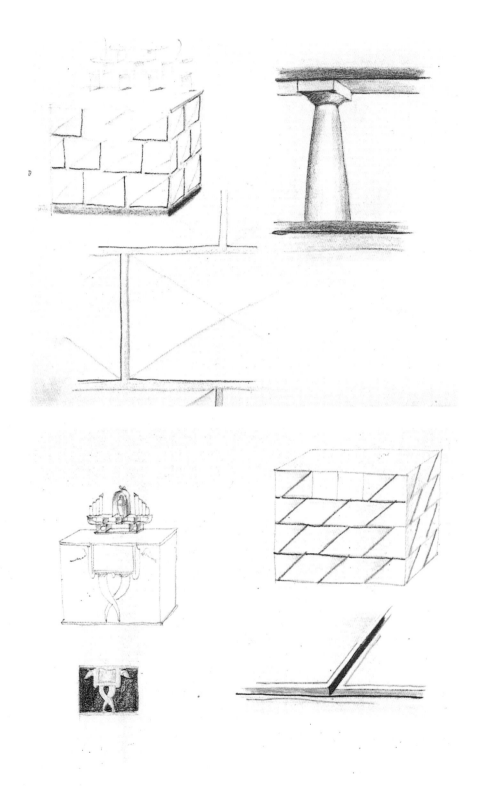

家具设计，1926年（A.G.P.）

为谢约拉公寓（Schejola）设计的胡桃木家具，米兰，1929 年

在第 16 届威尼斯双年展上为圆形大厅的中央亭设计的初步方案草图，1928 年

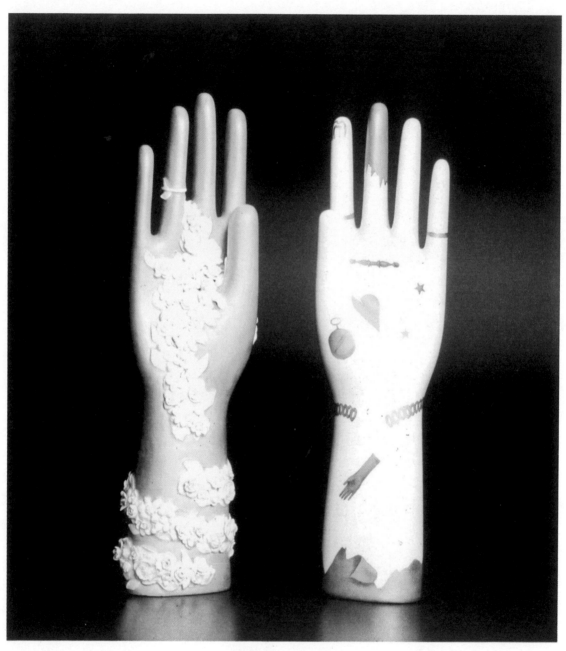

理查德－吉诺里工厂，多西亚瓷器，1925～1935年："手"，高34厘米

1930 年代：伟大的主题

　　1930 年，在蒙扎的第四届三年展上，"帕拉第奥主义者"吉奥·庞蒂在展览中推出了由年轻的理性主义者菲尼和波利尼（Figini and Pollini）设计的"电屋"[1]，而他本人则推出了自己的代表作"新古典主义"度假屋。[2] 这就是吉奥·庞蒂的工作方式。

　　在意大利建筑史上，在这段伟大而极具争议的 10 年间，年轻的庞蒂直接进入了住宅和蒙扎三年展的风暴中心，因此 1933 年蒙扎的第五届三年展完全属于了他。他的设计极富创新精神，但他一直游离在理论与政治辩论的边缘，也许这正是他与生俱来的新古典主义的表现。他钦佩那些"独立创作的艺术家"，例如从泰拉尼（Terragni）到德·基里亚科（De Chirico）他都很佩服。同时，他也对建筑设计惯例与习俗非常感兴趣，这也是为何他的处境总无法改变的原因。这些年来，他自己表现出一位独立创作艺术家的多样性。或许他会说，自己独立的艺术创作是在无意与偶然中进行的，但是，他曾在米兰、罗马、帕多瓦和维也纳等多个地方工作过。米兰为他提供了许多重要的个人机会：有 1931 ~ 1936 年"典型住宅"的"居住"建筑；还有 1936 年装配建造的蒙特卡蒂尼第一大厦（First Montecatini Building）的"工业"设计任务；以及一些在建筑尺度的工业设计机会，如 1933 年在托雷·利托里亚（Torre Littoria）设计了公园中的钢铁塔。罗马则给他提供了巨大的公共建筑设计的机会：例如，他首先参加的一些重要的设计竞赛，都没有获奖，其中有 1936 年的利多里奥宫建筑设计竞赛、法西斯总部建筑设计竞赛和 1939 年的外交部建筑设计竞赛；还有一些委托的设计任务最后也都不了了之，其中有 1936 年和瓦卡罗（Vaccaro）、德尔·德比欧（Del Debbio）一起设计的埃塞俄比亚首都亚的斯亚贝巴的初步总体规划设计方案，还有 1937 年在阿根廷首都布宜诺斯艾利斯设计的一座"意大利式住宅"；当然也有两座建筑成功地设计完成了，那就是 1934 年大学新校园中的数学学院大楼和 1936 年为梵蒂冈天主教出版物展览而做的建筑设计。1937 年，在意大利东北部的帕多瓦城（Padua）他找到了一个机会，有人请他设计建造位于帕多瓦大学文学院建筑中的一个休息厅，那是一个建在利维亚诺（Liviano）的纪念性"中庭"，中庭空间要安放坎皮格利（Campigli）的巨大壁画和马蒂尼（Martini）的巨大雕塑，并且要使中庭空间与这些"宏大的装饰物"达到和谐统一。另外，维也纳则将庞蒂带回了国内，他们请庞蒂为菲斯滕卑尔格宫殿（Fürstenberg Palace）设计家具，他通过仔细观察这座宫殿的建筑设计，似乎使庞蒂真正理解了"没有建筑师的建筑"的价值。这些年来，庞蒂一直在与奥地利建筑师伯纳德·鲁道夫斯基（Bernard Rudofsky）一起研究发展他的"地中海"式设计。

　　1933 ~ 1945 年，吉奥·庞蒂一直在与工程师安东尼奥·福纳罗利（Antonio Fornaroli）和欧亨尼奥·松奇尼（Eugenio Soncini）合作。

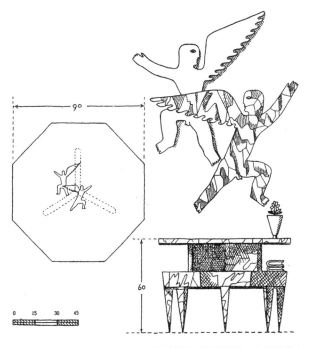

通过镶嵌工艺设计的一个用胡桃木和青铜制成的小桌子，1930 年

为丰塔纳公司（Fontana firm）设计的家具和物品，米兰，1930 年

对吉奥·庞蒂来说，水晶是一种用于设计"非常奢侈"的对象的材料。但是，用"奢侈"与"节约"这些词语根本无法衡量设计师的技能。

1930 年，吉奥·庞蒂为丰塔纳公司设计了一个带有黑色水晶顶面和切割水晶腿的大桌子，这个桌子在蒙扎的第四届三年展上曾经展出过。[1] 到了 1931 年，庞蒂开始为丰塔纳公司设计一系列配有镜面的家具，这种"独特的家具"[2] 是由冷杉木材和"完全透明的玻璃"共同制成的。[3] 1933 年春，庞蒂与彼得洛·基耶萨（Pietro Chiesa）一起担任

了"丰塔纳艺术"公司的艺术总监，而"丰塔纳艺术"公司是丰塔纳公司的一个分部。于是，丰塔纳艺术公司的产品产量开始扩大，正如在理查德－吉诺里工厂所发生的事情那样，这里开始生产从镇纸台到灯泡等各种大小的产品。同时，他使丰塔纳艺术公司有机会生产"重要作品"，正如理查德－吉诺里工厂那样。例如在 1934 年他为罗马大学数学系设计的彩色玻璃墙，以及 1936 年为梵蒂冈天主教出版社展览而设计的彩色玻璃墙，这些玻璃墙体都是由丰塔纳艺术公司生产的。[4]

左上图，是具有雕刻镜面装饰的多边形底座上的黑色水晶面盆，1930 年

上图，是为玛格丽塔·萨尔法蒂（Margherita Sarfatti）设计的梳妆台，采用了弯曲的彩色水晶抛光镜面，并装有镍银配件，1932 年

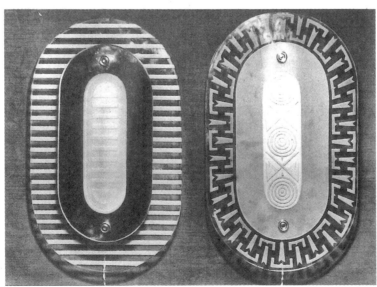

水晶盘灯和两个壁镜，这是 1933 年庞蒂为丰塔纳艺术公司（Fontana Arte）而设计的

为康提尼－博纳卡斯（Contini–Bonacossi）公寓设计的家具图样，佛罗伦萨，1931 年

"协议"，一幅 1933 年的绘画

下图，"女骑士"，油画，1931 年

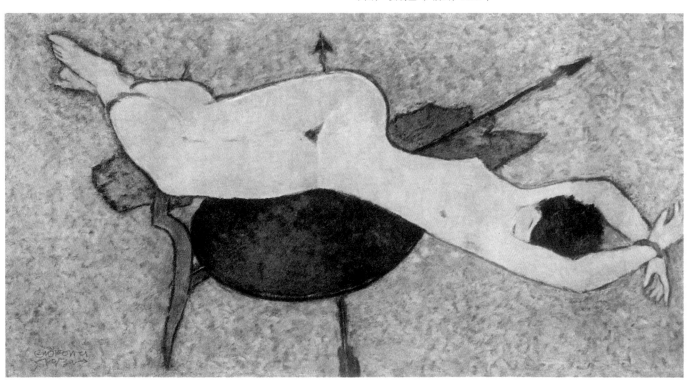

位于纪念公墓的博莱蒂小教堂（Borletti Chapel），米兰，1931 年

这是庞蒂最喜欢的一件小型建筑设计作品。他说这件作品是他摆脱原先的"建筑追随建筑"的观念所走出的第一步。[1] 他喜欢教堂立面上的两个天使，她们是由利贝罗·安德烈奥蒂（Libero Andreotti）设计的高浮雕。建筑的内外表面都铺贴了大理石，还有青铜制成的大门、石灰石制成的祭坛以及由金色马赛克镶嵌的顶棚。

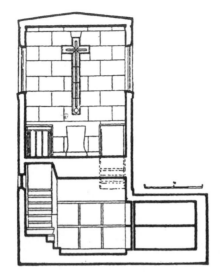

左下图，教堂正立面上有利贝罗·安德烈奥蒂设计的两个白色大理石天使，就位于有着绿色铜锈的青铜门之上。立面上的水晶十字架是由彼得洛·基耶萨（Pietro Chiesa）设计的。教堂的外立面采用的是灰色大理石。右下图，是采用石灰石制作的教堂地下室

1 号住宅，多梅尼基诺大街（Via Domenichino），米兰，1930 年

这是第一个具有强烈庞蒂式色彩风格的建筑立面，是他在 20 世纪 30 年代设计的典型的米兰住宅样式之一。[《住宅》1931 ~ 1933 年，马尔蒙住宅（Casa Marmont），1934 年]。庞蒂最喜欢的颜色有红色、赭石色、绿色、黄色。在这座建筑的立面上，彩色和白色部分总是在相互发生作用。这里的灰泥墙是红色的，带有白色水平带状装饰。该建筑顶部的眺望台是红白相间的。建筑建有石灰石基座。该项目是由吉奥·庞蒂和艾米利奥·兰吉雅（Emilio Lancia）一起共同设计的。

这是该建筑的首层平面图，
左侧的照片是眺望台

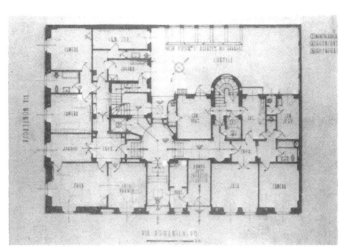

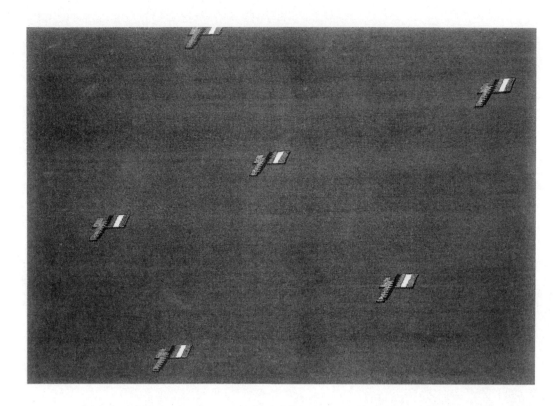

为维托里·奥法拉利（Vittorio Ferrari）设计的真丝绣花面料，米兰，1930 年和 1933 年（A.G.P.）

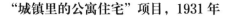
"城镇里的公寓住宅"项目，1931年

　　庞蒂说："当基地地块的进深很大，并且沿街道的立面开间很窄时，每一座公寓都可能布置成2层"。也就是说，在这里的每一座公寓都应该把起居室、餐厅和父母的卧室布置在一层，因为一层的层高较高，而把儿童房和其他辅助用房布置在二层，因为这里的层高较低。而且每层都应该具有单独的出入口，并且都应该设置一个具有大前窗的阳台。

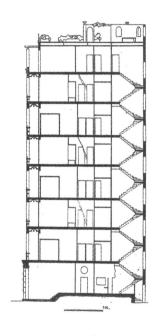

　　我们可以在建筑剖面图中明显地看出，每一座公寓住宅的2层楼之间都存在高度差。我们也可以在建筑平面图中看出，起居室通常位于层高高的区域，而卧室通常位于层高低的区域。建筑的立面上采用了红色灰泥抹面，台基和入口门框采用了石材，阳台上则采用白色灰泥抹面墙和黄色的窗帘

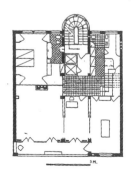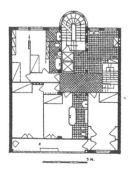

"典型住宅"，米兰，1931～1936年

在米兰的这些"典型住宅"包括10座公寓住宅，其中每一座住宅都有自己的名字：茱莉亚（Julia）住宅、卡罗拉（Carola）住宅、佛奥斯塔（Fausta）住宅、赛莱纳（Serena）住宅、奥莱丽娅（Aurelia）住宅、欧诺利亚（Onoria）住宅、利威亚（Livia）住宅、芙拉维亚（Flavia）住宅、阿黛拉（Adele）住宅和阿尔芭（Alba）住宅。在帝·托格尼大街（Via De Togni）上的"住宅"（如茱莉亚、卡罗拉、佛奥斯塔）就像在维亚·莱提茨亚大街上的"住宅"（如利威亚住宅、赛莱纳住宅、欧诺利亚住宅）一样，都被设计建造成一种统一的排列式"街道景观"，从而使整条街得到延伸，并且这些住宅还被涂成了意大利式的颜色，即街道立面的颜色包括赭石色、绿色、黄色和红色。同时，这些公寓住宅还具有创新性的平面布局，建筑师将服务区集中起来，以此来增加起居空间，还采用了嵌入式橱柜和设备，从而使空间不受家具布置的限制。这些创新的设计内容都是为满足了普通住宅的使用功能而设计："未来幸福城市的建筑"将采用这些设计要素。这才是整个设计的关键所在。

在他所设计的米兰式住宅中，庞蒂提出了另外一种"所采纳的要素"，例如在拉斯尼住宅（Rasini）、马蒙特住宅（Marmont）、拉波特住宅（Laporte）中，他都使用了这些要素，即在建筑外立面上设置了屋顶露台，还设计了开向花园的凉廊。他强调，每座公寓住宅中首先都要有一个"超尺度"的房间，"人们都想在住宅中至少拥有一个这样的房间，房间中会有一面距离他们5～6米的墙体，如果可以的话，顶棚至少要达到4米高。"[1]

吉奥·庞蒂还一直在思考住宅设计标准的可重复性问题，在他的住宅设计中，他绝不想设计一个连自己都不想要的住宅标准。他提出的最小生存化空间理念同样需要空间，但是他所需要的空间仅仅是视觉上的，而不是需要实际存在的空间。

他为未来而设计的这些公寓虽然变得越来越小了，但是在视觉上却让人感到公寓的空间在不断扩大：因为这些公寓采用了倾斜式的功能分区，从而扩大了视线景观；公寓还采用了带有脚轮的家具，因此居住者可以将家具随时移出视野之外，这样，在任何情况下都可以放置比家具更多的书籍。"在家中，真正奢华的东西就是艺术品。我们值得为艺术品花费最多的费用，因为它才是真正能够衡量我们的敏感度和智慧的工具。在那些对艺术品没有感觉的人家里，他们就应该让墙壁空着，不进行任何装饰。"[2]

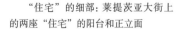

"住宅"的细部：莱提茨亚大街上的两座"住宅"的阳台和正立面

这是 1937 年拍摄的位于莱提茨亚大街上的三座"住宅"的沿街立面照片。颜色包括赭石色、白色和红色

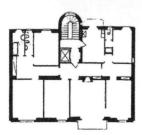

这是米兰的"典型住宅", 1931～1936年。本页的图片是1933年从帝·托格尼大街拍摄的两张沿街立面照片。颜色包括绿色、红色和黄色。在建筑平面图中, 我们可以看到具有7个房间的罗拉住宅(Carola)的标准楼层平面图, 还可以看到具有6个房间的福奥斯塔住宅(Fausta)的标准楼层平面图

帝·托格尼（Via De Togni）大街上的"住宅"的室内空间：用餐区和起居区

费拉里奥酒店（Ferrario Tavern）的陶瓷面板，米兰，1932年

这家酒店的墙体采用了全包陶瓷饰面装饰，在象牙白色的背景上分布着红色和金色的造型图案，这种陶瓷面板产于圣克里斯托福罗（San Cristoforo）的理查德－吉诺里工厂。庞蒂就成了这种"永不腐朽的"[1]陶瓷饰面装饰的其中一位推动者。事实上，虽然当前这些墙面板已经遭到了很多破坏，但是它们仍是曾经著名的费拉里奥酒店的历史遗存。因为费拉里奥酒店曾经是米兰股票交易所的餐厅，这座交易所大楼是由保罗·梅扎诺特（Paolo Mezzanotte）设计的，目前正在修复之中。同样值得注意的是，酒店的装修还采用了红色和白色玻璃管制成的灯具。

就在同一年，庞蒂还设计了罗马企业部大楼（Ministero delle Corporazioni）入口门厅中的彩色陶瓷墙面，这座大楼的建筑设计师是皮亚琴蒂尼（Piacentini）。

意大利200系列的布雷达电气火车，1933年

1933年，人们在第五届三年展上展出了一种新型而快速的意大利200系列的布雷达电气火车原型。这是在意大利历史上首次由两名建筑师参与设计的火车。这两名建筑师分别是帕加诺（Pagano）和庞蒂。帕加诺负责设计火车的外观，他设计的具有三角造型的前端驾驶室呈现出完美的流线型形式。庞蒂负责设计火车的内部，包括没有隔间的沙发椅、带枕头且高度可调的座位，色彩明亮，就像是在飞机中一样，其中头等舱的座位是绿色的。[1]在第一次设计之后，又进行了1935年的第二次设计[2]：这一次的设计师是吉奥·庞蒂和帕奥罗·马赛拉（Paolo Masera），他们仅仅对火车设计进行了有限的改进。他们提议在墙面上满铺油漆布，并提出为何不将火车内部全部上色呢？例如头等舱用绿色，二等舱用蓝色，三等舱用哈瓦那棕色（Havana-brown）；或者头等舱用红色，二等舱用绿色。[3]

利托利亚塔（Littoria），米兰，1933 年

　　1933 年，庞蒂设计的小型优秀作品"利托利亚塔"建成了，这个工程创下了两个半月建设速度的纪录。自从 1972 年开始，该塔就已经不能使用了，如今正在"重建"的过程之中。利托利亚塔是为了筹办在森皮奥内公园（Sempione）举办的第五届三年展而建造的，它位于由斯洛尼（Sironi）设计的 6 个大型临时拱门附近，利托利亚塔刚一建成就被派尔斯克（Persico）归类进了"建筑"名录。[1] 它是一座高 108.60 米的棱柱体，但是侧面几乎没有锥形的收分。这座塔有一条尖刺直接从上部一直扎进基地内，它是由达米尼（Dalmine）建造的，通体都没有使用钢管，取而代之的是使用普通的型铁，再用电焊进行焊接而成。

　　在这种情况下，塔的主结构是由六根立柱构成，平面形成边长为 6 米的六边形。在 100 米高处，六边形的边长仍可达到 4.45 米长。在 97 米高处，有一个平台支撑着餐厅的小包厢，上面设有瞭望台和灯饰。在塔的主体结构中有一个较小六边形塔，那是电梯轿厢，它支撑着一个螺旋形的楼梯。这座塔被安装在一块 6 米深的圆柱形基础块上，那就是塔基。

　　吉奥·庞蒂设计了这座塔，工程师契撒里·切奥迪（Cesare Chiodi）和埃托里·斐拉里（Ettore Ferrari）进行了结构设计计算。

由斯洛尼设计的临时拱门，在第五届米兰三年展上，1933 年

拉斯尼住宅（Rasini），米兰，1933 年

当拉斯尼住宅这个项目建成之后，这座建筑的两位设计师庞蒂和兰西亚（Lancia）就断绝了关系。而在这座由两种不同风格的大楼组成的建筑中，已经显现出两位设计师之间的差别了。在该建筑的"塔"楼中更多的是兰西亚的风格（除了在房顶的阶梯式露台之外，因为这是一种典型的庞蒂式设计要素），而在立方体的"别墅"[1]中则更多的是属于庞蒂的风格。

多年以来，这座被庞蒂称作是"群体住宅"的建筑已经变成了19 世纪 30 年代米兰式建筑的象征。它几乎是一座小型的"城市片段"，其中包含了 20 世纪理性主义的元素，它将这些不符合当时潮流的各种元素组织在了一起。在这些年里，很多杂志都刊登了那座"塔"楼的照片[2]，它传递出一种在建筑顶部建造废弃的建筑棚架的抽象形象［萨维尼奥（Savinio），1944 年："这里有神灵的气息"[3]］。但是，庞蒂想让它更倾向于地中海式风格，它应该有遮阳棚、太阳伞、树和花草，简而言之，就是要让住在里面的人能够快乐。

在塔楼顶部的露台。更左侧，是建筑的全景照片，主要的建筑形体由白色大理石体块和砖塔组成

在航空展览会上的"比空气还轻"的展厅，米兰，1934 年

意大利的众多建筑师都参加了由帕加诺（Pagano）和斐利切（Felice）组织的令人难忘的航空展，这个展览是在米兰的艺术宫（the Palazzo dell'Arte）举办的。当然，艺术宫同时也是米兰三年展的举办地之一。吉奥·庞蒂设计了这次展会上的一间名为"比空气还轻"的展厅。展厅中的所有物品都布置在空中，墙面铺满了银色的帆布，为悬挂的飞艇和其他模型提供了很好的背景。

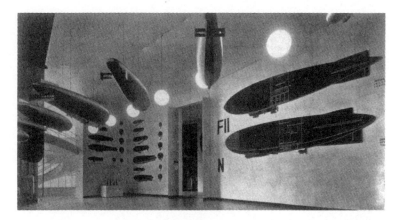

意大利锡马（Italcima）工厂，米兰，1935 年

这座小型建筑是由卢西亚诺·巴尔德萨里（Luciano Baldessari）和吉奥·庞蒂合作设计的，当人们可以委托建筑师设计工业建筑时，在意大利建筑设计杂志《美屋》（Casabella[1]）中，人们立刻就把这座建筑评为当时能够建造出来的优秀工业建筑案例。

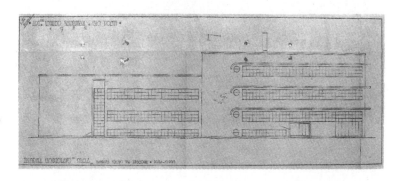

图中是工厂大楼的背立面。

下图，为建筑的一个出入口

马蒙特住宅（Marmont），米兰，1934 年

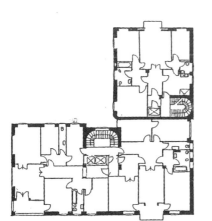

这些年里，吉奥·庞蒂在米兰设计了很多建筑，这些建筑作品的目的都是为了能够成为"示范性建筑"，即庞蒂要示范建设一种能令人感到愉快的城市建筑。那些不能给人们带来愉悦的建筑，是因为建筑师存在道德缺陷，在设计这些建筑的时候缺乏深入的思考而导致的，并不是因为经济窘迫。正是出于这个原因，庞蒂喜欢在《住宅》杂志上展示自己的设计作品，这样一来，他就能够指出这些建筑就是我们要达到的设计"目标"，但是，他从不提及建筑"形式"。

他曾经说这座马蒙特住宅是他最喜欢的建筑："看看建筑的设计图，看看它的地下室，看看守门人的房间"，再看看楼上的 2 层建筑，似乎人们一直把这座建筑当成是一栋单层别墅使用。今天，顶楼才是我们应该特殊对待的楼层……因此，我们有必要让更多的住户可以到达屋顶……[1]

建筑的立面是由红灰泥墙加白色条带组成。上图是一个标准楼层的平面图

新罗马大学校园中的数学学院，罗马，1934 年

　　在皮亚森蒂尼（Piacentini）公司的邀请下[1]，一些"在意大利各个地区最优秀的年轻建筑师"共同为新罗马大学做了校园规划。这座大学校园于 1935 年 10 月 31 日落成，它的规划设计目标是要能够为 12000 名学生提供生活设施。庞蒂就是受邀年轻建筑师中的一员。他之所以愿意投身于这个不具有纪念性的项目中，是因为大学校园使用了各自独立的建筑形体：包括一座为纯数学学科而准备的矩形大楼，其中有图书馆和演讲厅，两座弯曲的翼楼是技术绘图室，还有一座包含三个阶梯教室的塔楼。首先，庞蒂喜欢那座塔楼，因为那个具有三层叠加窗户的立面与这种剧场的轮廓完全相同。这座塔楼的结构设计的合作工程师是扎德拉（Zadara）。[2]

从新罗马大学校园的一端鸟瞰数学学院：在前景中，那个弧形的塔楼包含了三个阶梯教室。上图和对页中分别都是塔楼的实景照片

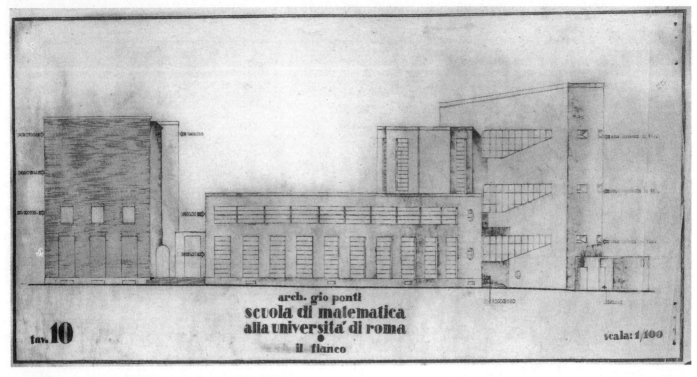

在新罗马大学校园中的数学学院，1934 年。下图为钢筋混凝土基桩分布图和塔楼的结构草图

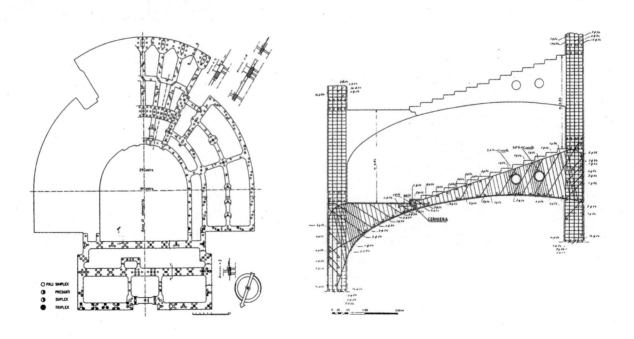

在图书馆内，有漆布地面，还有绘成红白两色的铁质书架。彩色玻璃窗是由吉奥·庞蒂设计的，并由丰塔纳艺术公司（Fontana Arte）进行制作。底部图片是建筑的内庭院

为利托里奥宫殿（Palazzo del Littorio）设置的竞赛项目，罗马，1934 年

这个竞赛项目的理念是："建筑不只是一个部门中的另一个分部，""它没有纪念碑式的建筑立面，也不会有职员坐在它的窗户后面，它仅仅是一座建筑群，每一座建筑都有自己的功能。"这座建筑群几乎是"一座小型城市，或者是一个被防护墙和绿地从城市交通中隔离出来的建筑小岛。在这座岛上有行人和机动车两个各自独立的交通系统……高层办公楼被设置在门廊的顶部，以便能确保在这一层上公众在任何方向上都能够自由通行。"[1]庞蒂在设计利托里奥宫殿中所使用的理念似乎预见到了他随后承接的一些设计项目，例如 1961 年庞蒂在奥地利北部的林茨市设计了安东·布鲁克纳（Anton Bruckner）文化中心；[2]还有在 1970 年庞蒂设计了慕尼黑管理中心。庞蒂的这个理念就是要将整体打破，形成各自不同的构成要素，再把它们放进不同的建筑之中，使它们每个部分都能够被人们瞬间识别出来。"每一个构成要素都能够展示出它真实而独特的形式"，并且庞蒂将它们设置在同一个平台上，从而使它们从环境的条件、维度以及影响中独立出来。在这个项目中，这些各自独立的建筑包括：办公楼、"革命展览"楼、"里克托利亚住宅（Lictoria）"。正是这样一个方案将庞蒂从古罗马广场的基地影响中解放出来。我们知道，这个基地产生的影响虽然束缚了帕加诺（Pagano）[3]，但却又激发了泰拉尼（Terragni）[4]。虽然这个影响有自己的主题，但庞蒂设计的并不是一个庄严的设计作品，而且庞蒂根本不关心关于那个时代激烈的意识形态方面的讨论。

左图，这是其中一种建筑群分布的变形方案

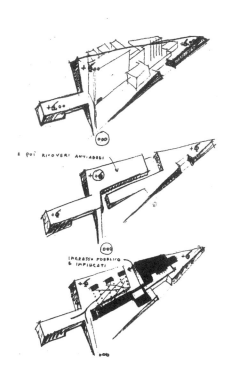

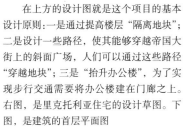

在上方的设计图就是这个项目的基本
设计原则:一是通过提高楼层"隔离地块";
二是设计一些路径,使其能够穿越帝国大
街上的斜面广场,人们可以通过这些路径
"穿越地块";三是"抬升办公楼",为了实
现步行交通需要将办公楼建在门廊之上。
右图,是里克托利亚住宅的设计草图。下
图,是建筑的首层平面图

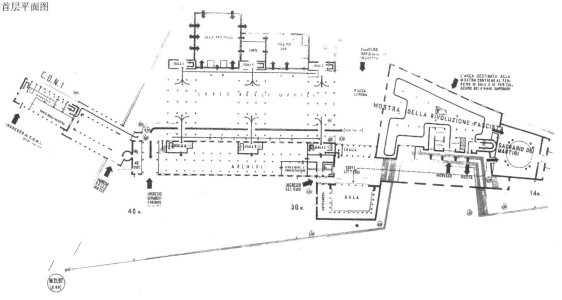

马焦雷医院（Maggiore）的院旗，米兰，1935 年

正如吉奥·庞蒂用陶瓷工艺进行设计一样，他为女刺绣工人的"巧手"[1]设计出了一件具有纪念意义的刺绣品。那就是由红色和银色真丝制成的一面大型旗帜，是马焦雷医院的院旗，这种旗帜是由米兰的贝尔塔雷利工坊生产的。它是用金线完成的一种高浮雕式的刺绣，上面还镶嵌有宝石。这面旗帜的红色一面画有天使报喜的图像，那是马焦雷医院的标志，而旗帜的银色一面则采用了医院、主教、教皇以及圣墓骑士的战袍的颜色，因为在重大仪式上这些人可以手持两根银色权杖，实行高举旗帜的特权。

随后，这面旗帜又促成了另一幅具有纪念意义的金色真丝刺绣作品。那就是 1938 年帕多瓦大学赠予特里雅斯特（Trieste）大学的一面纪念旗帜。这幅作品是由皮亚·蒂·瓦尔马拉纳（Pia di Valmarana）公司的绣工制作而成。

圣墓骑士举着那面旗帜：
人们会把捐赠者的名字镌刻
在银色权杖上

理查德-基诺里工厂，多西亚，"达芙妮觉得自己成为了植物"，瓷盘，1930 年

理查德－基诺里工厂，1929 ~ 1930 年。上图，为在多西亚生产的瓷质烟灰缸；
下图，为圣克里斯托弗罗（San Cristoforo）设计的陶质花瓶

1936年，为克虏伯·伊塔丽娜公司设计的不锈钢餐具，这是在第六届米兰三年展上的照片

费拉尼亚（Ferrania）公司董事长的办公室，罗马，1936 年

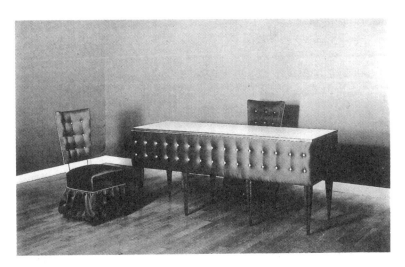

菲尔斯滕贝格宫殿（Fürstenberg）的室内空间，维也纳，1936 年

当庞蒂为意大利文化机构设计位于维也纳的菲尔斯滕贝格宫的室内空间时，他采用了自己的诠释方式，即在这座老式建筑上采用一种明快而超然的处理手法。

但是，他与维也纳的关系更加密切。他与这个地方之间存在的这种亲密关系，更多表现在思考方式上，而不是仅仅在形式上。因为他与维也纳具有很多共同的特征，那就是他们都对国内的建筑和应用艺术充满了热爱。庞蒂在维也纳工作的那些年里，他与霍夫曼（Hoffmann）、弗朗克（Frank）、瓦拉赫（Wlach）、斯特拉德（Strnad）、海特尔（Haerdtl）等人建立了联系，给他留下深刻印象便是那所工艺美术学校——维也纳工坊，那是一所非常著名的应用艺术学校，当时他很早就加入了这所学校，因为他曾梦想能在意大利也有这样一所学校。"我知道维也纳分离派，知道分离派的第一任主席是克里姆特（Klimt），还知道阿道夫·卢斯（AdolfLoos）、[1]舞台剧权威马克思·海恩哈尔特（Max Reinhardt）……我应该感谢这些现代主义的完美实例，因为它们能够表达我对欧洲大陆的第一感觉。"[2] 在第二次世界大战以后，他再一次探索了欧洲大陆，他在其中察觉到维也纳文化虽然辉煌，但也有脆弱性的一面，"因为它通过傲慢的怀旧风展示了自己的高贵，带着淡淡的忧郁，使一切都具有了人性化的特点"。这就是他眼中的欧洲，这里因文化而变得神圣，但同样又因文化而变得非常脆弱。[3]

室内空间的细部。下图，是一把椅子

天主教出版社举办的世界博览会，梵蒂冈城，1936 年

我曾在教堂工作。这是庞蒂描述他在梵蒂冈天主教出版社举办世界博览会的工作经历时所说的话。这是庞蒂第一次为教堂工作，第一次在重大展会上接受委托，也是第一次设计纪念碑。

当人们走近这座庞蒂设计的纪念碑时，它周围分别是朱利叶斯二世（Julius II）的墙壁、布拉曼特（Bramante）设计的巨大皮尼亚（Pigna）的壁龛、马德尔纳设计的 17 世纪的喷泉，还有基亚拉蒙蒂（Chiaramonti）翼楼的柱廊。这座纪念碑属于整个场地，但同时又是与场地分离的，因为古老的历史环境会影响它的"尺度"。

这个展览被看作是一幅艺术作品，这幅作品的观察者就身处运动之中。它的表达是通过路径、通透性景观和明暗对比来实现的。这座教堂就是推动庞蒂在《住宅》杂志展会上发言的驱动力："……严肃而纯粹，就好像这个展览是一座具有修道士秩序的建筑，那正是天主教出版社的秩序"。[1]

这个展览的核心是"萨隆·马焦雷（Salone Maggiore）"，或者是皇帝大殿，那里铺着拉斐尔（Raphael,）设计的地毯，屋顶设置有白色漆布和庞蒂红色的华盖。展场上还有一些后来庞蒂仍然会使用的设施，比如楼梯，其台阶踏步顶面为白色大理石，台阶踏步的前侧面为彩色的大理石。人们如果从楼上向下看，楼梯是白色的，如果从下向上看，楼梯的颜色则会很亮丽。[2] 另外一些设施包括像巨大的手写纸张的序列化屏风，以及正在逐渐上升的楼层地板上的景观。[3]

皮亚琴蒂尼（Piacentini）曾这样评价这个展览："这里有梦想家和数学家庞蒂的一切。"[4]

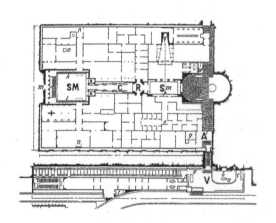

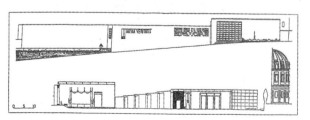

在设计平面图中，SM 代表主厅，内有教皇的宝座；G 代表具有中心透视景观的画廊，详见右侧照片

在主厅中，有教皇派厄斯十一世（Pius XI）的宝座，由金色和白色摩洛哥皮革和拉斐尔的挂毯制成

拉波特住宅（Laporte），米兰，1936 年

在这些年里，吉奥·庞蒂设计的最伟大的建筑之一就是位于贝奈德托·布林（Via Benedetto Brin）大街 12 号的拉波特住宅，从

1936 年至 1943 年间，庞蒂一直都住在那里。

"科克托（Cocteau）曾经说，新事物并不存在于新的表现形式之中，而是要用新的设计方法设计它，我完全同意科克托的想法。"[1] 住宅设计的新方法主要是将住宅的中央设计出一个 2 层楼高的、可以面对冬季花园的大型中庭。同时，它也是保护这座住宅的方法，因为如果这样设计的话，人们会很高兴生活在其中。当站在中庭从上向下看，你可以看到一种游戏景象，中庭会以一种令人高兴的方式把人体镶嵌在空间之中。[2] 这种住宅一般会具有一个相似的屋顶大露台，这个阳台其实是一个由墙壁包围的、但"房顶是天空的空间"，人们在一天中可以花很多小时，一年中也可以花很多天使用它。人们在这座住宅中穿什么样的衣着和鞋，有什么样的生活习惯，都取决于他们在这个大露台上要花的时间，当然也取决于他们穿鞋和洗浴的风俗。这座住宅还表达了要在每个房间都设置书柜的理念，它采用的是嵌入式书柜，同时也推崇使用"美丽"但并不昂贵的材料，例如漆布、麻、木材、柳条和棉花。这就是地中海和维也纳的风格。"我从瓦拉赫那里学到了很多。"[3] 例如，采用矮餐桌的设计理念也许就是来自奥斯卡·瓦拉赫（Oscar Wlach）的启发。

这座吉奥·庞蒂和他的家人曾经生活过的公寓是一座三联排式城镇公寓中的一部分。它面向道路，房前有一块平地花园，在花园的一侧是住宅前部的开放空间，那里有凉亭和露台。

屋顶大露台被墙壁包围着，上面覆盖着可以伸缩的遮阳棚，露台上还有一个小泳池、一片沙滩和一小片菜园（详见平面图）。上图是拉波特住宅的沿街立面照片

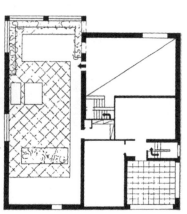

在建筑屋顶的露台层上有冬季花园，这个花园与 2 层通高的起居室空间连通

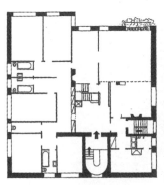

庞蒂位于米兰的贝奈德托·布林大街上的公寓，1936年。从上往下的视角可以看到起居室的两个细节。还可以看到就餐区域，右图：墙上有一幅由坎皮利（Campigli）绘制的庞蒂全家福绘画，1934年。对页上是位于布林大街上的拉波特住宅的立面图

在1936年举办的第6届的米兰三年展上，吉奥·庞蒂展示了他的"示范住宅"；左图，他在贝奈德托·布林大街上的自宅就是一套生活示范和建筑设计原则，这就是他的设计方法

位于布鲁扎诺区（Bruzzano）的日间托儿所，米兰，1934 年

这座托儿所位于一个矩形边界的地块内，是一座具有开放和封闭空间的 2 层建筑，其封闭型的体量已经被消解了。

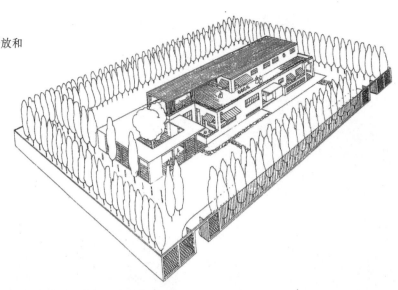

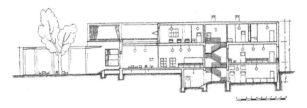

马尔佐托别墅（Marzotto），瓦尔达尼奥（Valdagno），1936 年

这是一座未能实际建成的庞蒂最心爱的项目，它属于庞蒂的"新古典形式主义"建筑风格，人们从来没有否定这种风格，这种风格也会经常出现在庞蒂的作品当中。该别墅揭示出庞蒂"从骨子里追求简洁"的特点[1]，它位于两座景观花园之间，花园的名字分别是"游戏花园"和"艺术花园"。该项目是由吉奥·庞蒂和弗朗斯西·博凡蒂（Francesco Bonfanti）合作设计而成。

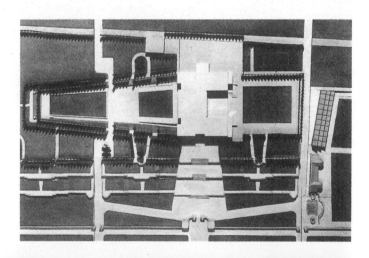

下图是从正立面俯瞰"艺术花园"

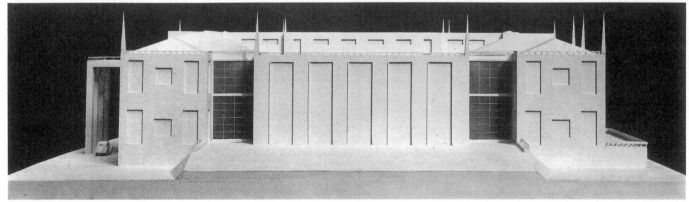

万泽蒂（Vanzetti）家具，米兰，1938 年

庞蒂的一些室内设计的主题出现在了这个早期的作品当中，例如倾斜的悬臂式玻璃架，可以用来摆放杂志；还有"有组织的墙"，庞蒂称之为图书馆中的木墙，因为墙上有吧台、书架等。

下图是酒吧图书馆

85

蒙特卡蒂尼第一大厦，米兰，1936 年

"现代建筑的历史拖欠了工业老总们一项特殊的债务。"帕加诺（Pagano）在 1939 年首次评论这座建筑时这样说道。[1] 建筑本身可以表达"工业"：它拥有按照模数设计的单元、先进的建造技术和开创性的装配工艺。由于复杂的场地现状限制，我们可以用 H 形平面布局表达建筑功能：管理人员办公区位于中心较高的区域，工作人员办公区位于两侧的区域，这两个区域可以相互连通，当然这种分层式结构不会在倍耐力大厦中出现，同时，这两个区域又都连接着建筑前方的天井，那里可以提供停车服务。建筑所遵循的模数（轴线间距是 4.20 米）源自钢桌的标准尺寸，因而允许使用可移动的隔板。人们可以通过外立面的窗户样式看出建筑的模数。

对于年轻的庞蒂来说，蒙特卡蒂尼第一大厦是一次特别的机会，这个机会可以检验他的设计思想，也可以看出他由两个工程师支撑的工作室，看他们能否承担高技术水平和大尺度的"整体性设计"实践。蒙特卡蒂尼第一大厦的业主是蒙特卡蒂尼公司的创始人兼总裁圭多·多纳加尼（Guido Donegani）[2]，建筑师庞蒂和这位客户之间的合作关系非常紧张，就像是狂风暴雨一般，这种合作会造成两种景象，即不仅建筑效率变得非常高效，而且会很快取得立竿见影的人气。

由于蒙特卡蒂尼第一大厦的正立面不仅有建筑退线，还位于一条次级小路上，因此该建筑的"形象"不是得益于其庄严的正立面，而是由其位于主要街道上的长侧立面所形成的。完美的水平线配上窗户和框架，点亮了建筑的立面，这面"不通透"的墙呈现出一种"无厚度"的状态。并且已经以庞蒂的方式拥有一面可以反射天空的幕墙，很显然，其"重复的"窗洞口处似乎显示出一种"失重"的状态。[3] 该建筑与老蒙特卡蒂尼大厦的巨大实体立面进行对位，马拉帕尔特（Malaparte）[4] 和萨维尼奥（Savinio）[5] 都很喜欢的那片通风墙，可以显示出这两座建筑物是完全分离的。这片通风墙是一片绿色和银色构成的墙，由蒙特卡蒂尼的地方材料大理石和铝片制成。庞蒂曾经这样评价这种大理石："我曾经横切过这些大理石块体，于是我发明了一种新型的大理石，"他将这种大理石称为"暴风雨"。[6]

1939 年，意大利建筑设计杂志《美屋》使用了 130 页的篇幅详细介绍了蒙特卡蒂尼第一大厦。[7]

从 1936 年 11 月到 1938 年 9 月，建造蒙特卡蒂尼第一大厦总共用了 23 个月的时间，其建造速度打破了当时的记录。该建筑安装了很多示范性的设施，从那个年代在意大利很稀少的空调，到先进的电梯和电话系统等，庞蒂并不想"隐藏"起这些"美丽"的设施，而是使它们随处可见，并可以随时使用它们。建筑师庞蒂还尝试使用了铝合金窗框和铝合金屋面，并在庭院四周的立面上采用了马赛克饰面。建筑中的电器及配件全部由设计师"满含热情地进行了优化设计"[8]，

在照片中，从左到右分别是蒙特卡蒂尼第一大厦
和蒙特卡蒂尼第二大厦，分别建于 1936 年和 1951 年

或者按照它们的功能进行设计，后期进行批量大生产，例如庞蒂为 SVAO 公司设计的洁具就是如此。对庞蒂来说，与蒙特卡蒂尼第一大厦的这次相遇，也意味着他研究预制配件的开始，这一点可以参见蒙特卡蒂尼大厦的"预制楼梯"，它是由利伯拉（Libera）、庞蒂、桑西尼（Soncini）和瓦卡罗（Vaccaro）共同设计的。

几年之后，庞蒂开始对建造建筑物持怀疑态度。即蒙特卡蒂尼第一大厦这座建筑会在多大程度上依赖它有节奏的"无止境的"墙形成自己的形象，并且，战后加建哪一层会比较容易 9，如果建筑具有"限定的形式"，例如倍耐力摩天大厦就是如此，那么是否我们会把一座房子称为建筑呢？建筑会受到场地尺寸的"约束"，会受到建筑规范的限制，"我们应该期待一种城市规划，这种规划使建筑物可以从前期的这些规范约束中独立出来，形成理性的统一。建筑可以确定自己正确地方向，摆脱各种扭曲……" 10

这座大厦具有两种形象，对庞蒂来说这两种形象都具有特别的象征性。一种形象是通风侧墙的近景透视景观，另一种形象是由彩色管道交错构成的气动调节系统。（"我的轻质" 11）

该建筑由庞蒂设计，与他配合的工程师是安东尼·福尔纳罗利（Antonio Fornaroli）、欧金尼奥·索奇尼（Eugenio Soncini），他们形成了三人联合设计工作室，该建筑的合作设计工程师还包括皮埃尔·朱利奥·博西西奥（Pier Giulio Bosisio）。

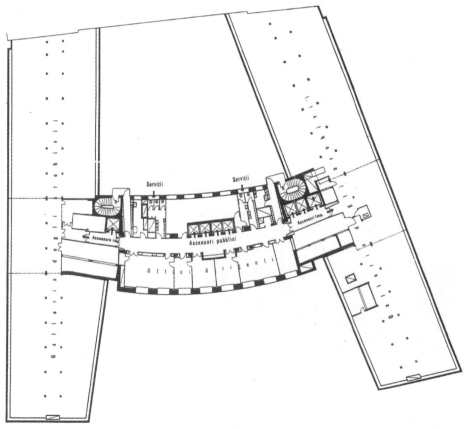

蒙特卡蒂尼第一大厦，1936 年。上图，是 8 层建筑平面图

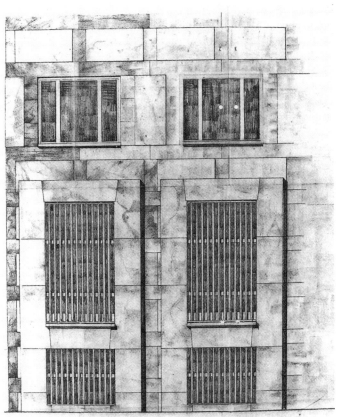

上图是铝合金窗框的图纸。左图是图拉蒂大街的侧面近景透视照片，以前这里是普林西比·翁贝托大街（Principe Umberto）

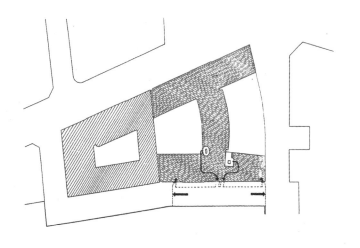

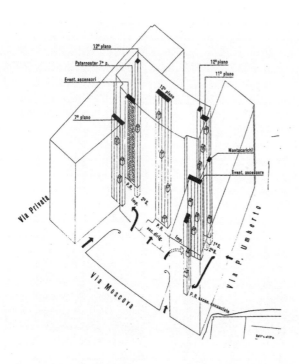

蒙特卡蒂尼第一大厦，1936 年。上图，是电梯系统设计图。下图，是由吉奥·庞蒂为 SVAO 设计的水槽和水龙头；还有充气柱中心；以及室内存储空间。右上图，是入口大厅；右图，是铝质屋顶。所有照片均拍摄于 1938 年

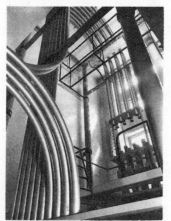

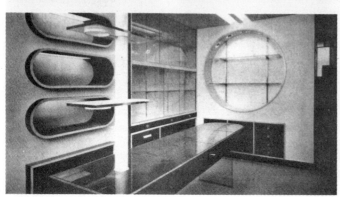

蒙特卡蒂尼第一大厦，1936年：建筑中心形体的外观

利维亚诺（Liviano）大楼，帕多瓦（Padua），1937 年

今天人们在帕多瓦还可以看到由乔托（Giotto）、曼特尼亚（Mantegna）、阿蒂基耶罗（Altichiero）、梅纳布欧（Menabuoi）、坎皮利（Campigli）和庞蒂一起创作的壁画。

"这幅由坎皮利创作的壁画，是作为建筑师的我和帕多瓦大学校长卡洛·安迪（Carlo Anti）共同想要表达的内容之一。"[1] 利维亚诺大楼的中庭是由庞蒂设计的，现在这里是帕多瓦大学的文学院，中庭中的壁画面积有 250 平方米，它拥有一个"遗址一样的古董"形象，其地面层和地下层都有人居住。坎皮利花了五个月的时间才把这幅壁画绘制完成，实际上他原本打算用三年时间。[2] 马蒂尼设计的一件雕塑作品《利维与历史》，也被摆放在中庭之中。

这个中庭设置在利维亚诺大楼的中心位置；它替代了门廊或庭院的功能，成为学生们聚会的场所。楼梯台阶与阳台组合设计在一起，代替了常用的"大楼梯"，于是，这里就像坎皮利的壁画一样拥挤，人们分布在不同的层高上，使这个中庭将各种行为活动变成一种神奇的景观。

利维亚诺大楼在建筑设计竞赛方案中的首层平面图。
上图，是该建筑的正立面照片

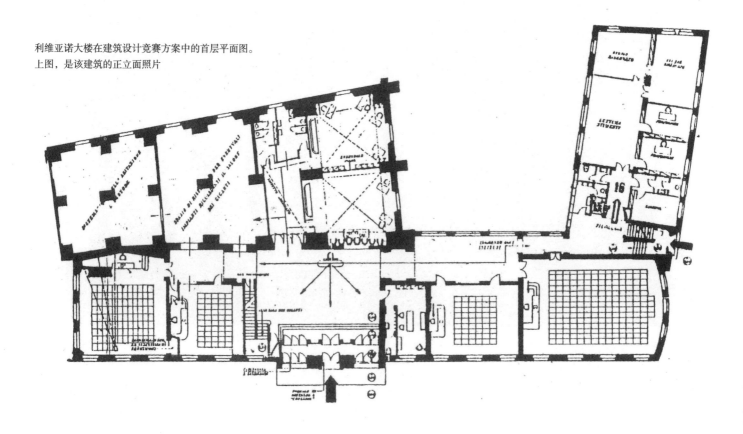

在利维亚诺大楼的中庭内，由马西莫·坎皮利（Massimo Campigli）设计的巨幅壁画和阿图罗·马蒂尼（Arturo Martini）设计的雕塑《利维与历史》

波齐公寓，米兰，1933 年：图上是沙发和红白双色油画布贴的图框，地板铺的是黑色地板布

马尔凯萨诺别墅，博尔迪盖拉，1938 年

马尔凯萨诺别墅是由庞蒂最早设计的其中一座"海滨小屋"。它拥有白色的墙壁，室内外地面铺砌了陶瓷地砖。还具有一个可以连接露台到屋顶的室外楼梯。

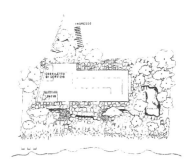

在卡普里岛上的"林中酒店"项目，1938 年

在 1940 年代，吉奥·庞蒂曾经与伯纳德·鲁道夫斯基（Bernard Rudofsky）进行合作。当描述自己与鲁道夫斯基的合作时，庞蒂说："地中海教育了鲁道夫斯基，而鲁道夫斯基则教育了我。"[1] 1936 年，鲁道夫斯基刚刚与路易吉·科森扎（Luigi Cosenza）共同设计完成了位于波西利波（Posillipo）的欧若别墅（Oro），那是一座意大利最美丽的地中海式建筑，它的建成要远远早于利比里亚（Libera）为马拉帕尔泰（Malaparte）设计的位于卡普里岛的住宅。[2]

在卡普里岛的圣米歇尔酒店（San Michele hotel）充分展现了庞蒂和鲁道夫斯基共同的设计理念：一座"自然天成的酒店"应该由分散在树林中的房子或房间组成，每个房子都有自己的庭院和名字；从这些房子延伸出许多路径或走廊，可以到达酒店的中心地带和管理员的住所，最终汇聚成这样一座小"村庄"。更确切地说，管理员就是"管理这座酒店的绅士"。[3]

鲁道夫斯基的地中海式建筑风格是白色的，但是庞蒂的则是彩色的。庞蒂给这些房间都起了名字，例如"天使之屋"、"白鸽之屋"、"海妖塞壬（sirens）之屋"等。该酒店将浴盆下沉安置在地板之下，四周围上墙壁，形成了一个"凉爽湿润的室内洞穴"，这是鲁道夫斯基的灵感；该酒店还建有带彩色陶瓷竖版的石砌楼梯，当客人到来之后，可以将他们所有的衣物都放在壁柜中，并且要使用由建筑师设计的拖鞋、帽子和雨伞，这些理念都来自鲁道夫斯基[4]（这其实是一种来自日本的设计理念，因为鲁道夫斯基发现，在进入现代社会之前，日本仍旧保持着一种纯粹的状态）。

庞蒂和鲁道夫斯基一起设计了很多作品，但是没有一件作品被真正建造出来。他们是由于"没有建筑师的建筑"这一理念而走到了一起。鲁道夫斯基将要把这个理念在他的旅行著作中发扬光大，这些旅行路线包括国家之间的，也有博物馆之间的，他会让自己的著作成为美国人的设计启蒙入门书［在 20 世纪五六十年代，那些其他文化的信使或翻译者，如斯坦伯格（Steinberg）、伊姆斯（Eames）、威克卡拉（Wirkkala）、索特萨斯（Sottsass）和威廉·克莱因（William Klein），他们也会以这样的方式去旅行，拍照片、绘图、写游记。而《住宅》杂志就是要全面反映这些内容］。而吉奥·庞蒂只在建设有吉奥·庞蒂建筑作品的国家旅行。

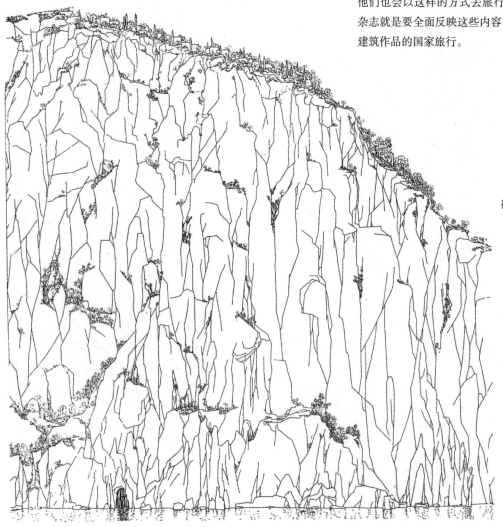

那些房子被分散布置在树林之中，或是被建在山崖顶部，因此你根本看不见它们

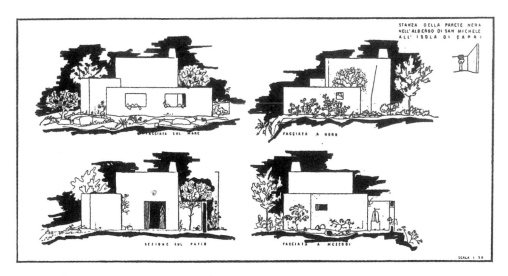

这些房子的名字分别是"黑墙之屋"、"白鸽之屋"。庞蒂与鲁道夫斯基将这些房子分散布置在树林之中，从酒店的中心小建筑延伸出来的小路可以抵达这些散置的房子

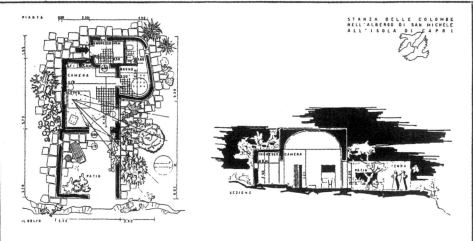

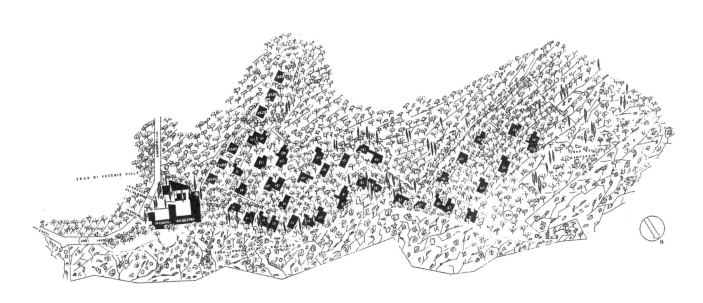

亚得里亚（Adriatic）海滨酒店项目，1938 年

亚得里亚海滨酒店项目主要的创新包括以下几点。在建筑顶层的 2 层楼通高的复式房间设置了日光浴室。同时，酒店还有一座花园，花园景观可以"渗透"进连接餐厅和阳台的连廊中，这个花园被抬高了标高，因此人们在花园中可以看到海景。庞蒂将该酒店设计成一个完整的有机体，这里不仅设有可以购物的商店，而且还设有健身房和理疗设施。

该项目是由吉奥·庞蒂和古列尔莫·乌尔里希（Guglielmo Ulrich）共同设计而成。

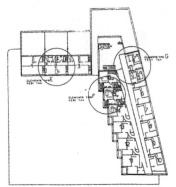

亚得里亚海滨酒店顶层平面图和阳台

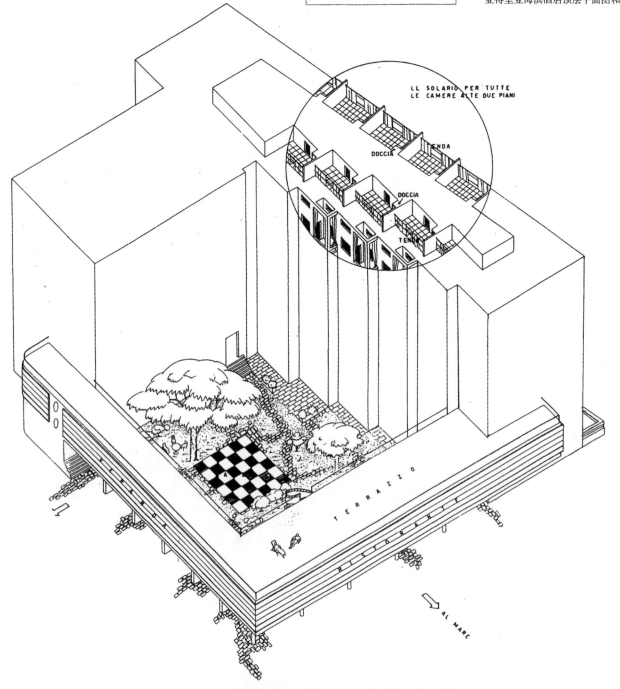

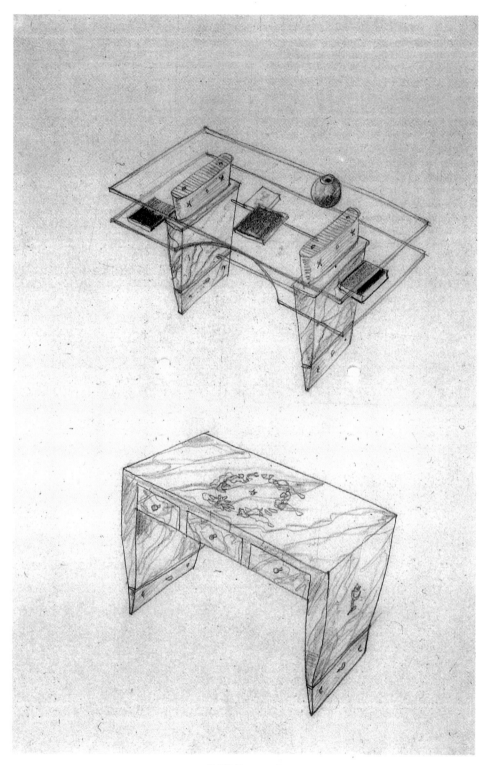

书桌设计，1930 年

埃塞俄比亚的首都亚的斯亚贝巴的总体规划项目，1936 年

建筑师吉奥·庞蒂、朱塞佩·瓦卡罗（Giuseppe Vaccaro）、恩里科·德尔·戴勃（Enrico Del Debbio）与工程师切萨雷·瓦莱（Cesare Valle）和纳齐奥西隆·圭迪（Ignazio Guidi）一起承担了亚的斯亚贝巴城镇的初步总体规划任务。获得这个项目不久，他们将这个当地的小城镇视为一个自由生长的花园城市，这样规划它："整个城市处于一片茂密且高大的桉树林之中，中间有绿色的林间空地，新城建设也是如此……"[1]

两条河流的流线影响着他们的规划方案，人们在河流的两岸筑堤并种植树木，因此，两条河流很自然地将当地人的区域和意大利人的区域分隔开来。他们规划的道路系统以不影响现存道路为条件，按照一种自发生长的方式发展。[1]

他们甚至建议在低层建筑中使用当地的轻质材料和技术。规划方案中具有两个强烈的"意大利"特征，一个是一座"法西姆塔（Fascim）"，另一个就是一座在加梅莱（Gamelé）河谷上的总跨度为120 米的大桥。

但是，这项不追求壮观蓝图的规划方案最终还是石沉大海。

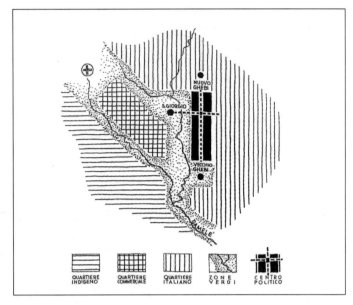

划分成四个区域的新规划布局方案

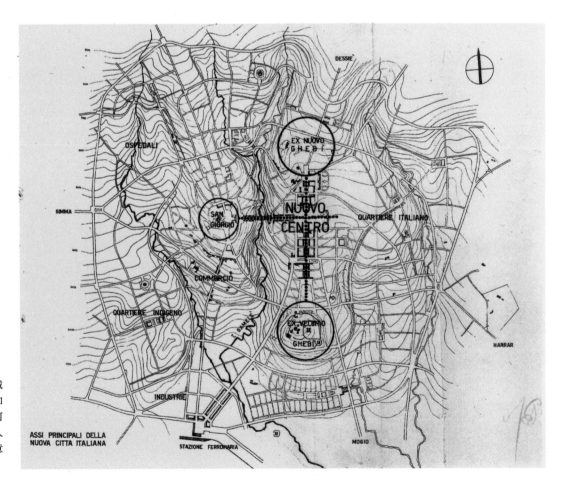

亚的斯亚贝巴：意大利新城的主要轴线。商业中心位于加梅莱河（Gamelé）与柯蒂米河（Curtumì）之间的区域。当地人的区域在西侧，包括新中心的意大利人的区域在东侧。

100

老森皮奥尼（Sempione）车站的城市发展计划，米兰，1937～1948 年

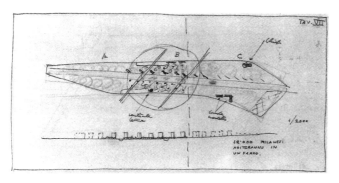

上图，塔楼建筑的平面布局草图。下图，庞蒂规划的"具有透视感的街道条形空间"的效果图，视角跨越整个区域

早在 1937 年，[1] 庞蒂就曾为这片大型闲置区域提出过一个"单元化"的方案，这片区域占地约 30 万平方米，几乎位于城市中心，其土地所有权完全归属政府。通常的街道网络不会打破庞蒂这个独特的"单元化"方案。[2] 他提出了一个很长的"具有透视感的街道条形空间"方案，也就是设计一条长 1500 米的林荫大道，这条大道将横穿整个区域，并延伸到科尔索·森皮奥尼（Corso Sempione）轴线上，使它能够适合福罗·波拿巴特（Foro Bonaparte）大街上庄严的新古典主义的平面布局"尺度"，因为这是米兰唯一可以辨认的城市布局特征。

整个规划方案并不打算将该城市变成通常的花园城市，而是要在一条宽阔或高架的林荫大道上塑造"辉煌壮丽的景观"，并将这一景观引入公园，并且他们还会在公园中建造"高大迷人的住宅"，每一座住宅都拥有自己的阳台和空中花园。这样，住宅在各自独立的塔楼脚下会铺满草地，在 1937 年庞蒂绘制的草图中，塔楼的旁边还出现了瓦卡罗（Vaccaro）设计的"山形"住宅。[3] 这都是庞蒂对幸福城市的设想。

但是，10 年之后，庞蒂的这些想法依然没有实现。当他再一次与马佐奇－米诺莱蒂（Mazzocchi-Minoletti）工作室[4] 合作并再次提出一个单元化的规划方案时，[5] 那些塔楼变得更高，有的达到 20 层，而公园的区域也更大。这样，"具有透视感的街道条形空间"不再是一条大道，而是一条拥有"岛屿"的"绿草之河"，这些岛屿上设置有各种运动设施。此时交通也发生了进一步的改变，它不再割裂这个区域，而是绕行这里，同时交通系统还会利用地铁加强联系。这种"混合"社会居民的想法与"绿岛"概念一起获得了用武之地："这里的住宅仅仅通过居住容量进行区分，那就要根据住宅房间的数量判断，而不是通过住宅的功能。"[6]

下图，原先被车站占用的基地区块与福罗·波拿巴特大街相连在了一起，"这是城市的主要空间结构"。

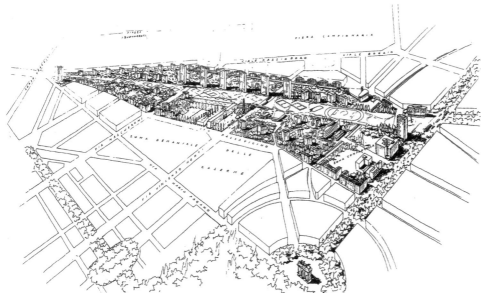

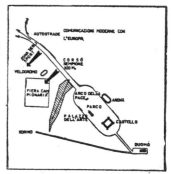

为外交部设置的竞赛项目，罗马，1939 年

在庞蒂的设计作品中经常有这样一个理念，那就是要追求"壮观瑰丽的装饰"。

"这个项目的场地狭窄，从而使人们很难看到建筑的正立面，因此建筑师会利用近景透视图来达到令人惊喜的效果。"[1] 在这座"政治思想的堡垒"外交部大厦中，该建筑设计项目会有两个不同层面的功能：首先建筑要"标榜荣誉"，通常有荣誉之门、荣誉庭院、荣誉阶梯、荣誉殿堂，甚至还有荣誉电梯等，这使得"当来自世界各地的游客穿过纪念性的门厅时，就如同进入了梵蒂冈和古代宫殿"；其次建筑还要"标榜自己提供的各种服务"。

庞蒂在标榜荣誉的系列建筑中有许多"发明"，因为娱乐总是比纪念碑更适合庞蒂的口味：例如，他创造出可以占据建筑整个高度的荣誉之门，这个门与建筑立面脱开距离，使建筑给人带来了惊喜；而荣誉殿堂则具有大理石镶嵌的地板，那是一块巨大的、大理石制成的彩色地毯，游客们会凝视绕场一周的白色大理石台阶；荣誉庭院则具有一条"透视的柱廊"，这个柱廊由 84 根柱子组成，每一根柱子都由不同的大理石材质制成，排成不同的行列逐渐"下沉"并通往花园；在被奥勒良墙（Aurelian）包围的花园中，会以古老的"意大利"方式展示水体和光线的奇景。这里还邀请了艺术家福妮（Funi）和马尔蒂尼创作壁画和雕塑。

建筑要"标榜服务"的功能决定了其平面布局：这里有一个隐蔽的居所，外交部官员可以进行秘密会谈，面积不大，但却是一处很完美的下沉式部委办公场所；而且在这里，所有的设施都是一个公众可以参观的壮观的复合建筑综合体。

在该建筑详细的一层平面图中，我们可以看到"荣誉庭院"和"壮观的"柱廊，柱廊向下延伸至被奥勒良墙围合起来的花园，我们可以在模型中看到奥勒良墙

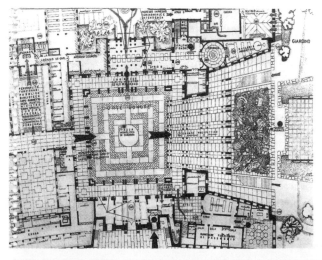

这个项目最终没有赢得建筑设计比赛。吉奥·庞蒂和他的工作室、乌尔里希（Ulrich）工作室和德·卡利·安杰利·奥利维里（De CarliAngeliOlivieri）工作室一起参加了这个项目，皮耶罗·弗纳塞提（Piero Fornasetti）和恩里科·丘蒂（Enrico Ciuti）一起进行了该建筑的室内装饰设计。吉奥·庞蒂工作室后来改为庞蒂·松奇尼（PontiSoncini）工作室。

左图和下图，"荣誉之门"从地面一直延伸到屋顶，从建筑的正立面离开一段距离。下图，是"荣誉庭院"

特塔鲁别墅，罗马尼亚，1939 年

这是一座安静的不对称形体的别墅，是由吉奥·庞蒂和埃西尔·拉扎尔（Elsie Lazar）一起合作设计的，年轻的拉扎尔是奥斯卡·斯特尔纳德（Oscar Strnad）的学生。

别墅周围环绕着花园，它坐落在一座小山丘上，站在那里可以看到南部、东部和西部的美丽景色。图中是建筑的南立面，有一个很大的主入口。下图是建筑的一层平面图

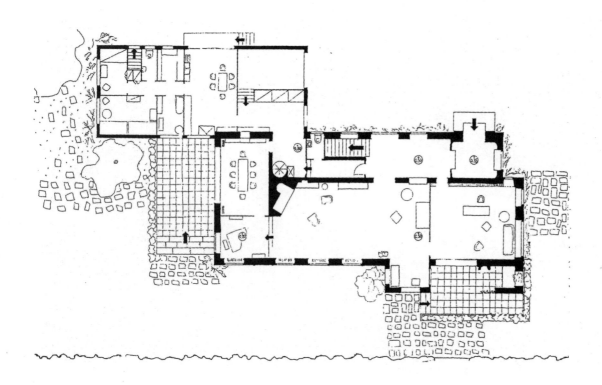

"一座理想的小住宅",1939 年

在这些年里,吉奥·庞蒂设计了很多海滨小住宅,他还把它们发表在《住宅》杂志上,后来也在《风格》杂志上发表:其中就包括为"使用者"漫游而设计的小剧场;庞蒂认为白色的墙壁就是"翅膀",彩色瓷砖地板就是好风景。[1]

"实现地中海式建筑风格的规律是:海边所有的一切都必须是彩色的。"(吉奥·庞蒂,1949 年)

马尔佐托宫殿项目，米兰，1939 年

米兰的圣巴比亚广场（Piazza San Babila）对面有一座大型"宫殿"，它就是马尔佐托宫殿项目，是 1939 年由建筑师庞蒂与德米恩（De Min）、里米尼（Rimini）和卡萨利（Casalis）一起设计的。[1] 但是庞蒂最关心的却不是这座建筑本身，而是他一次又一次公开发表的该建筑的模型。因为庞蒂在模型上试验了他最喜欢的两个想法：一是在每一个建筑单元内必须设置"超尺度"的空间；二是如何实现这些"超尺度"空间在建筑立面上的可见性。

我们所谈论的这个为马尔佐托宫殿设计的项目一直都没能建成，它是由庞蒂与弗朗切斯科·邦凡蒂（Francesco Bonfanti）一起合作设计的：在这座建筑的三个正立面上，原先那种在普通房间设置普通窗的模式已经改变了，换成了这种在 2 层通高的特殊房间设置特殊尺度

窗的模式，这就形成了"复合尺度的建筑"。庞蒂还在正立面的中心部位提出了另一个"超尺度"的特色，那就是要设计一个大型雕塑作品，从立面上突出出来，由托梁支撑。它可能会是阿尔图罗·马丁尼（Arturo Martini）设计的"通风"片，高 17 米，宽 10 米，由铝材铸造而成，在夜间可以发光。[2]

下图，是未建成的马尔佐托大厦的模型。
左下图，在圣·巴比亚实际建成的建筑模型

EIAR 大厦，现在是 RAI 大厦，米兰，1939 年

1939 年，吉奥·庞蒂在米兰工作的这一年中设计了很多建筑，从在圣巴比亚设计的建筑到在科索·马特奥蒂（Corso Matteotti）设计的费拉尼亚宫殿（Ferrania），都是他的作品。也就在这一年，庞蒂·福尔纳罗利·索奇尼工作室（Ponti Fornaroli Soncini）与工程师尼诺·贝尔托拉亚（Nino Bertolaia）合作赢得一场建筑设计竞赛，从而获得了 EIAR 大楼的设计任务，这座大楼是意大利广播公司的新总部，后来被更名为 RAI 大楼。庞蒂针对这座建筑的一个想法是，建筑要由办公区、广播区、剧场区三个部分组成，这三个部分应该彼此分开设置，并可以单独被人们识别出来。在"办公区"和"广播区"之间应该设有明亮的间隔，这个透明的建筑体块内要包含电梯和楼梯。在实施的过程中，随着时间的推移，人们已经全面修复了这座建筑。其中的一些建筑构件被保留了下来，包括门廊和走道门，它们在比例尺度上还保留着最初的建筑语汇状态。

在"E42"展览会上的"水与光之宫殿"设计竞赛项目，罗马，1939年

尽管我们都知道那个伟大的想象出来的"E42"事件，即原来计划1942年在罗马的住宅和商业区EUR举办世界博览会，最终没有举办，但是为这座"不切实际"的博览会所设置的建筑设计竞赛却公布了出来。然而，最终这个竞赛没有颁奖，这座展览建筑也没有被建成。

庞蒂针对这个项目提出了这样的想法，[1]要抓住建筑主题的壮观特质，不要把它看成是一座建筑作品。于是，庞蒂设计了一块非常窄而高的"屏幕墙"，它由两排平行的玻璃墙组成，通过这个透明建筑末端部位，人们可以看到集中布置的电梯发光轨道。30年后，庞蒂在法国博堡平地（Plateau Beaubourg）竞赛项目中再一次使用了这个创意；在"屏幕墙"前面展示了流动的水景；在一种版本的设计方案中，在"屏幕墙"的后面是一种巨大的纹章"对开页"的墙，上面挂着所有国家的军队徽章，它几乎是一个"帘幕"，遮挡着其后面已经准备就绪的精彩展览。这就是将建筑当作帘幕的概念，完全是一种纯粹的戏剧结构，因此最终导致人们没有征用这个方案。[2]

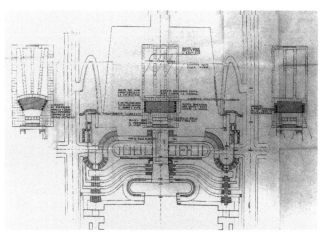

这座宫殿建筑的总平面图，它有两种变形方案。在草图中，人们在电梯上可以看到"E42"的景观，同时在发光玻璃后面的电梯也是壮观的景象

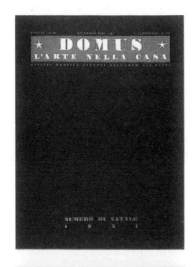

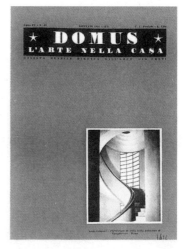
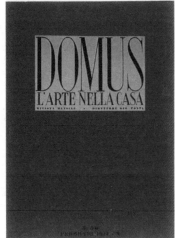

1930 年代的《住宅》杂志封面

《住宅》杂志，1928 ～ 1940 年

《住宅》杂志就像吉奥·庞蒂一样，总是包含一切事物，无论是从前还是今后，只要吉奥·庞蒂在，《住宅》杂志永远都会如此。

在《住宅》杂志的早期（1928 ～ 1940 年），所有我们后来在杂志上发现的内容实际都已经印刷出来了，有好的，也有不好的。首先，《住宅》杂志依靠的是"业余知识分子"。例如，正是一位名叫卡梅拉·哈尔特（Carmela Haerdtl）的年轻女孩在 1931 年从维也纳送来了关于斯特尔纳德（Strnad）、诺伊特拉（Neutra）和索博特卡（Sobotka）的最早报道。1965 年，同样也是她从维也纳首先让人们注意到了年轻的海因茨·弗兰克（Heinz Frank）和汉斯·霍林（Hans Hollein）；并且，在 1971 和 1973 年她还为《住宅》杂志首次前往俄罗斯旅行，并进行采访。接着，人们为了建造"没有建筑师的"建筑，社会上出现了一种为了追求"迷人的建筑"而"远离设计"的倾向，许多人同意这个观点。与此同时，"建筑设计竞赛的推广"鼓励建筑师与制造业之间加强了彼此的联系。同时，随着许多大型展览的举办，众多有天赋的建筑师参与了这些展览中的竞赛。

《住宅》杂志是一个矛盾而又富有活力的复合体，它从来没有给制图学确定定义，《住宅》杂志主要是通过封面来弥补自己的不足，但这一点是非常有效的。在 1930 年代初，设计行业出现了一个强烈的变化峰值，出现了很多新的设计作品。当时，新古典主义风格的《住宅》杂志给"新事物"留出了空间，当然它对这些新东西也持有保留和怀疑的态度，同时也与它们具有亲密关系；它小心翼翼地对待这些

新事物，以保证杂志的质量不要下滑。1932 年，米凯卢奇（Michelucci）在一篇质量很好的投稿中指出，焦托（Giotto）设计的建筑与利贝拉（Libera）和里多尔菲（Ridolfi）设计的建筑之间存在"连接点"。[1] 而且，阿尔比尼（Albini）在《住宅》杂志上也发表了自己在那些年中设计的美丽蕾丝[2]。对于庞蒂来说，阿尔比尼是一位"相比实体来说更喜欢框架"的年轻建筑师，与他一样的建筑师还有菲吉尼（Figini）、波利尼（Pollini）和博托尼（Bottoni）[1932 年，庞蒂设计并发表了一件奢侈品，那是为玛格丽塔·萨法蒂（Margherita Sarfatti）设计的梳妆台，这个梳妆台就是一件"实体"作品][3]。

《住宅》杂志立即发表了卢西奥·丰塔纳（Lucio Fontana）的作品，尽管最初没有把他的作品安排在最好的版面位置上。[4] 1934 年，佩尔西科（Persico）撰写了最大胆的文章《建筑的新开端》（A new start for architecture），这篇文章占据了《住宅》杂志最显著的版面位置[5]，但是它对《住宅》杂志或是对庞蒂来说都是一次"新的开端"。《住宅》杂志快速地发表庞蒂的设计作品，但这仅仅是一个迹象而已，更何况还是一种重复出版的情况。《住宅》杂志有时会宣传这些作品，有时通过匿名的方式在广告中进行宣传。例如，杂志在宣传 1936 年的蒙特卡蒂尼大厦时就采用了这种方式。对于庞蒂来说，《住宅》是一本有生命力的杂志，因此要让它一直保持活力。

1930 年代的《住宅》杂志内页

在帕多瓦的吉奥·庞蒂，1940 年

1940年代：写作、绘画和设计

"意大利只能用自己的文明拯救自己的文明"。1943年，这句名言出现在《风格》杂志第32～34期的封面上，当该杂志的出版商加尔赞蒂（Garzanti）的办公室被炸毁之后，这个议题就奇迹般地出现了。

在这个跨越战争与战后早期的10年间，对吉奥·庞蒂来说最重要的词汇仍然是"意大利"，而他最重要的工作除了绘画就是编辑《风格》杂志了。从1941年到1947年，这本杂志经历了战争和战后两种风格。

庞蒂一如既往地坚持意大利风格，这种风格的特色就在于艺术（包括建筑艺术）与应用艺术的杰出表现。1940年代末期在"艺术陶瓷"蓬勃发展的过程中，我们在吉奥·庞蒂自己的装饰设计创造中，依然可以发现意大利风格的表达。但是，这却是另一种意大利风格，是被轰炸出来的意大利风格，是在"完美标准"、"住宅规范"、"内容重构"的帮助下重建起来的风格，但是庞蒂却与其他人一起草率地将它刊登在《风格》杂志、报纸、小手册和会议记录上，其中的小手册包括1944年的《会说话的数字》（*Cifre Parlanti*）[1]，会议记录包括1944年的《走向正确的建筑》（*Verso la casa esatta*）[2]，这些出版物都深刻地影响了设计师与工业界。此后人们从未再提起过这种意大利风格。

最终，庞蒂自己想从这种激情澎湃的孤独中摆脱出来，他因此编著了书籍，例如他在1944年独自编写了《合唱团》（*Il Coro*）一书，1945年独自编写了《建筑就是一块水晶》（*L'acrchitettura è un cristallo*）一书；他还绘制了油画作品，其中具有讽刺意味的美术作品有位于德尔博宫殿（del Bo）内的壁画，还有帕多瓦大学校长的座椅，这些都是他1947年完成的作品；他还为剧场设计了作品，例如在1940年他为在三年剧场上演的斯特拉温斯基（Stravinsky）的《普钦内拉》（*Pulcinella*）设计了布景和服装，并且在1947年他为在斯卡拉歌剧院（La Scala）格鲁克（Gluck）的《俄耳甫斯》（*Orpheus*）也进行了剧场设计，实际上，庞蒂一直梦想成为一位导演。

1948年，正当他回到《住宅》杂志时，他遭遇到了自己与外部世界的第一次激烈斗争，于是他重新开始去旅行。此前，在1949年他曾经去巴塞罗那旅行过。在1940年代这10年间的最后两年里，人们对50年代的预期还没有定性。虽然庞蒂的建筑在当时更多地处于规划设计阶段，建成的很少。但是他的建筑已经接近成熟，并在即将到来的10年中进行更加充分的表达与展示。

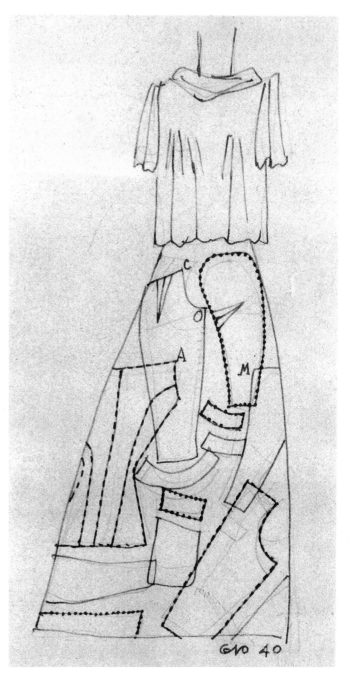

庞蒂在纸上的钢笔绘画，1940年（A.G.P.）

为斯特拉温斯基的戏剧《普钦内拉》设计的布景与服装，该剧 1940 年在米兰的三年剧场放映；
以及为格鲁克的戏剧《俄耳甫斯》设计的布景与服装，该剧 1947 年在斯卡拉歌剧院放映

吉奥·庞蒂与戏剧有两次重要的相遇[1]，两次均是在同一个 10 年间，而且都是与斯卡拉歌剧院（La Scala）有关："我在斯卡拉歌剧院工作"[2]（参见第 122 ~ 123 页）。庞蒂为戏剧设计了布景与服装，但是庞蒂原本希望自己成为一名导演，而不仅仅是"装扮角色和装饰舞台"的设计师。自从他一见钟情地爱上俄罗斯芭蕾舞蹈团的女舞蹈演员迪亚吉列夫（Diaghilev）[3]之后，他一直有这种想法，后来又喜欢上了阿皮亚（Appia）的戏剧。[4]

吉奥·庞蒂设计的建筑本身就很像是剧院，更像是为移动的"人物"设计的"舞台"，这个舞台会随时出现或消失在他设计的楼梯、栏杆、阳台和透视景观之中。并且，他最热衷于设计的那些服装已经成为"戏剧演出服"。[5]这些服装就像是为他的剧院设计的：因为这些服装看起来就像从纸上裁剪下来一样，只要将身体"滑进"服装就可以让它们

开始跳舞。此时，整个戏剧演出服的着装者消失了；着装者总是戴着手套的双手也消失了，他或她的头发也是如此，虽然总是戴着帽子。这些简化的戏服，就是为了从远处观看它们才这样设计的，既没有标明材质，也没有展示什么"历史感"。他设计的布景亦是如此，看起来像是把快速设计草图放大了。也就是说，这些布景根本不是布景，仅仅是试图暗示布景的设计方案而已。这是为了模仿戏剧。这是庞蒂在他的草图上写字的原因，"结果很糟糕。"他喜爱剧场服装设计师身上的那种非凡的即兴创作能力。而他最害怕和厌恶的是那种试图把剧场变为现实的"戏剧现实主义"的做法。我们可以说，"他的"这种表演是芭蕾舞，"他的"角色是滑稽演员[6]，一个在优雅与丑陋之间游离的矛盾者。即使如此，他有时也会陷入严肃，详见他的戏剧剧本《合唱团》。[7]

为斯特拉温斯基的戏剧《普钦内拉》设计的布景和服装，该剧 1940 年在三年剧场上映（A.G.P.）

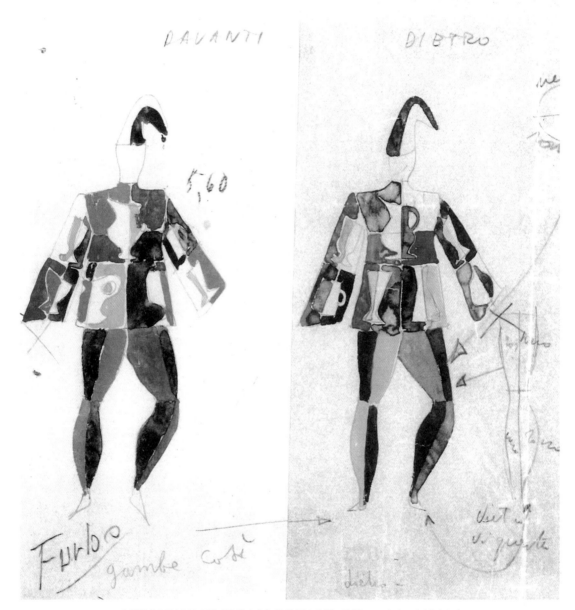

为斯特拉温斯基的戏剧《普钦内拉》设计的演出服，该剧 1940 年在三年剧院上映

多内加尼别墅，勃丁格尔，1940 年

该别墅具有阳光下的白色墙壁，它的平面设计目的就是要促成光线的游戏。中央的起居室有 2 层楼高，其中包含楼梯。这是一种庞蒂最喜欢的设计理念。建筑前面的院子也有 2 层楼高，其中包含着 1 层高的餐厅体量，上面覆盖着一个带有石床的日光浴室。

所有的门窗洞口看起来就像是从"墙壁上切出来的"，因为窗玻璃没有设置窗框。门都是可以滑动的推拉门。然后，别墅的墙和平屋顶都是白色的。

别墅的颜色：白色的墙壁和砂岩屋顶，蓝色的遮阳棚、日光浴室的花饰瓷砖。右侧，日光浴室的"墙壁床"（摘自《风格》杂志的封面，1941 年 7 月）

位于勃丁格尔的多内加尼别墅。每一扇窗前都有个装满鲜花的窗花坛槽

博尔博宫里的大壁画楼梯，帕多瓦，1940 年

在博尔博宫的入口处，有一座作为大学校长办公室的古老建筑，在这座建筑中人们可以找到由吉奥·庞蒂设计的大幅壁画，它的周围环绕着大楼梯。

那段高大的弧形墙被楼梯的梯段截成两半，被壁画转化成一种大"帘幕"，在这面"帘幕"墙壁上画有很多人物画像，用来调节空白的墙面。楼梯的台阶从上方看是白色，从下方看则是彩色的。台阶也是光影效果的一部分。这面被画上人物的帘幕墙在白色大理石上展现了阿图罗·马提尼（Arturo Martini）的"巴利纽拉斯"，这是他最后的雕像作品。

吉奥·庞蒂在油画家富尔维奥·彭迪尼（FulvioPendini）和他女儿丽莎·庞蒂的帮助下完成了壁画。

对页，是靠着楼梯的壁画。"在我绘制的上半部分中"，庞蒂在 1942 年第 13 期的《风格》杂志中解释说，"大学学科发明了他们的符号学……在下半部分中我描绘了原始的混乱，以及之后一直造成混乱的邪恶力量……还有来这里呼唤人类的天使……"下图，是阿图罗·马提尼设计的"巴利纽拉斯（Palinuro）"，以及"科学"细节。右图，是位于德尔博宫殿二层的巴西利卡廊柱大厅。在德尔博宫中，庞蒂还负责设计玛格纳纳礼堂（Aula Magna）、巴斯利卡柱廊大厅和校长办公室的布局设计与装饰设计，当时的校长是卡洛·安蒂（Carlo Anti）

哥伦布诊所，米兰，1940～1948年

哥伦布诊所是一座在第二次世界大战前设计的建筑物，直到战后才建成。

庞蒂通过与一位著名的外科医生马里奥·多纳蒂（Mario Donati）进行交谈，头脑中早就思考出一个理想的诊所建筑设计方案。"建筑学最重要的素质就是要保持清醒的头脑和良好的协调能力。因此我们既可以向建筑师学习，也可以向非建筑师学习"。[1]并且，庞蒂内心还有一个基本原则，那就是诊所不应该看着像个诊所，而是应该像一座住宅。"当患者离开诊所的时候，他们会向医生、护士以及建筑师表达谢意，因为他们尊重了患者的人权"。[2]

当设计哥伦布诊所这个机会出现的时候，庞蒂设计的理想方案最终得以实现。这座建筑的所有房间都朝向南方，垂直交通及楼层控制室位于平面中心，操作室在北部，与建筑中心直接相连。庞蒂实行了那个"不像诊所"外观的设计原则。即哥伦布诊所的每一个房间都涂上了不同的颜色，还配有非金属的木质家具。在产科病房中，每一个房间都配有阳

右图，医药科和外科的翼楼，楼上有面向花园的阳台。下图，建筑入口处的画廊，有亮绿色灰泥抹面的墙和柱

台和遮阳棚架。同时，在这种情况下，应该由建筑师向自己的客户圣心姐妹教会（the Missionary Sisters of the Sacred Heart）表达自己的谢意了，因为实现这个方案是非常不容易的。

在卡布里宁（Cabrini）创立的纽约医院里，神圣的她被人们称为著名的秩序创始人，同时也是修道院院长。她鼓励庞蒂在 1946 年写了一本书，书名为《感谢上帝让万事不随我心》（*RingrazioIddio che le cose non vanno a modomio*）（她的一句格言就是："感谢上帝，万事不随我心。"[3]）。

天主教托钵修会之一圣衣会的修女们还提出了另一个要求，那就是请庞蒂在 1958 年设计建造她们心爱的邦莫斯凯托修道院（Bonmoschetto），这个修道院位于圣雷莫（San Remo）。

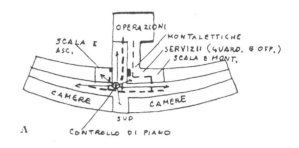

顶部的图，是一张建筑平面草图和产科病房中有鲜花的阳台。左图，是一个布置了全木家具的房间

"守财奴",庞蒂为一幅壁画设计的卡通人物,1940 年(A.G.P.)

"意大利人"的建筑壁画，米兰，1940 年

庞蒂不仅在帕多瓦（Padua）绘制壁画，也在米兰绘制壁画，通常是在那些"意大利人"的建筑中绘制。在这些壁画中，画中的人物并不是被绘制在空白中（就像帕多瓦的壁画那样），而是由他所画的门框框在其中——这是一种门的绘画游戏，此种画法在这些年庞蒂绘制的"令人惊奇的家具"中经常出现。

"亨利四世"，一部电影的创意，1940 年

这个创意是利用路易吉·皮兰德洛（Luigi Pirandello）的"亨利四世"的电影脚本，制成完全由会说话的面孔和手构成的"特写镜头"，其中不使用任何背景。庞蒂用这个"剧本"向儒弗（Jouvet）和安东·朱利奥·布拉加吉利亚（Anton Giulio Bragaglia）致敬。

图上是电影脚本的纸卷

121

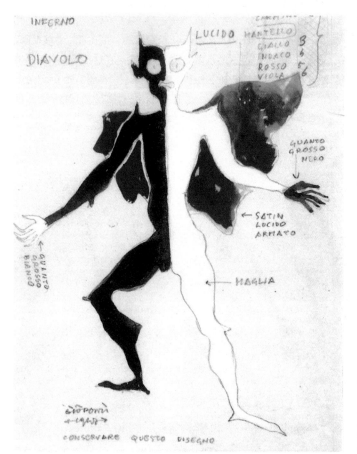

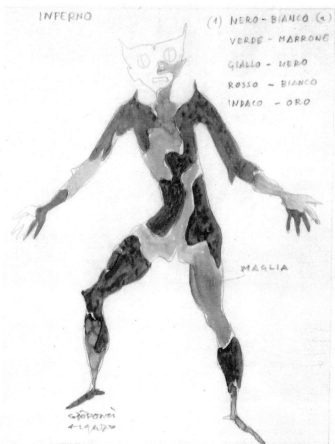

格鲁克的"俄耳甫斯"戏服，
在米兰的斯卡拉歌剧院，1947 年

格鲁克的"俄耳甫斯"戏服，在米兰的斯卡拉歌剧院，1947 年

在斯卡拉歌剧院上演的芭蕾舞剧 "蒙多·通多（Mondo Tondo）" 的演出服装，从未公映，1945 年

《美女》（*Bellezza*）杂志，1941 ~ 1943 年，时尚，女人

《美女》是一本意大利时尚杂志，庞蒂在 1941 年至 1943 年间一直在向这本杂志投稿[1]，同时也在这本杂志中"为艺术"而战斗。因为他将文化和时尚看成是艺术的表现形式。并且，在《美女》杂志中，吉奥·庞蒂就像在《风格》杂志中那样，让自己能够代表女性表达观点（"你，欧是女人"），他是"代表艺术"来这样做的。

从他所代表的女人身上，当用坎皮格利（Campigli）的方式画她们时，他自己作为女人或是天使提出了许多问题。他希望女人们能成为她们自己家园的"创造者"，放弃那些"令人讨厌的成见"。而且，女人们也会让他明白什么是"具有生命力的"房子（尽管在现实中他奉献给女人们的房屋已经设计好了所有的细节）。例如，对于那些爱读书的女人来说，书籍会散布在她家中的各处。对这种女人来说，她认为家就是一个"停留"的场所（停留之所是一个用来描述空间美妙的意大利词汇，它源于凝视，源于停留）。对于那些喜欢家中充满艺术品的女人来说，这是"一种高贵的支出"，他们会喜欢用西皮奥内（Scipione）、塞维利尼（Severini）、锡尼（Sironi）、马蒂尼（Martini）（"他是一个天才"）、卡拉（Carrà）、托西（Tosi）和德·皮西斯（De Pisis）的艺术品来装饰家里。还有一些女人应该购买刚刚出版的由德·契里柯（de Chirico）绘制插图的《启示录》一书[2]，并且阅读刚刚出版的《弗兰克·劳埃德·赖特选集》（"建筑是每个人生活的一部分"[3]）。

但是，为什么这些女人会在自己的房间中放置《时尚》（Vogue）、《时尚芭莎》（Harper's Bazaar）、《生活》（Life）和《法国乐趣》（Plaisir de France）这些杂志？而不是《隆加内西的意大利人》（Longanesi's L'Italiano）、《麦卡里的野蛮人》（Maccari's Il Selvaggio）以及《综合版》（Omnibus）这些杂志呢？吉奥·庞蒂向这种坚不可摧的顽固堡垒问题发起了进攻，而且他几乎要获得胜利了。他抓住了建筑与服装的共同特点，就像对于"他的"衣服一样，这些年来他设计的衣服都是一种彩色戏服，就像一件陶瓷，人的身体被服装"精致地隐藏了起来"。

他并不把时尚当成是时尚来喜爱，因为如果因为时尚而喜欢时尚，那就成了时尚的奴隶，而不是真正地改变了生活。因此，他会爱上著名设计品牌玛丽·奎恩特（Mary Quant），因为它将时尚平民化，让人人都能消费得起。对他来说，如果人们不把时尚看成是艺术的话，那么唯一能够留下的优雅应该是"个人的尊严"。

左下图，是 1943 年庞蒂为一本杂志绘制的封面。下图，是 1946 年的《风格》杂志的封面

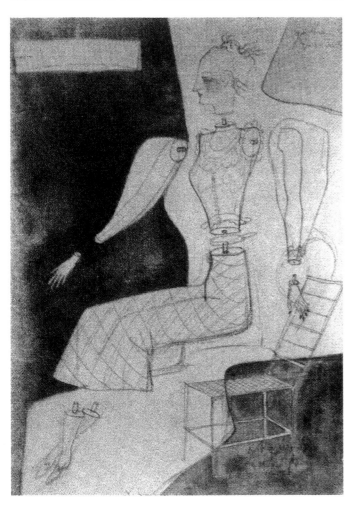

由保罗·德·波利（Paolo de Poli）设计的珐琅彩饰家具，帕多瓦，1941年

"迷宫"桌草图，1941年

这件家具"迎合了德·皮西斯和达里亚·瓜纳提（Daria Guarnati）的嗜好"[1]，是吉奥·庞蒂和铜制珐琅大师保罗·德·波利（Paolo de Poli）之间长期合作过程中的一件水平最高的设计作品。事实上，波利先生在 1933 年曾在意大利设计制造过这样一件作品。庞蒂和波利两人的合作始于 1940 年，当时帕多瓦大学的校长大厅的镶嵌板由吉奥·庞蒂设计，并由德·波利制造。之后他们还设计制造了其他一些镶嵌板，有的板尺度非常巨大，例如为横渡大西洋的客轮设计的镶嵌板就是如此。从康特·大伯爵号（Conte Grande）到康特·比安卡马诺号（Conte Biancamano）[2]，这些轮船的室内设计都是由庞蒂设计的。在 1956 年，庞蒂和德·波利再度合作。

庞蒂与"意大利设计生涯最长的设计师"德·波利一起[3]，能够不断地进行自己永不停歇的娱乐活动，也就是可以一直持续玩"艺术"。

"蓝色珐琅"桌，顶部桌面大小是 42 厘米 ×93 厘米（之前由德·皮西斯收藏）

"棋"便携式小吧台

"迷宫"桌的顶部桌面［之前由瓜尔纳蒂（Guarnati）收藏］

位于奇瓦泰（Civate）的庞蒂住宅，布里安扎（Brianza），1944年

这是一座第二次世界大战期间和战后的小住宅，庞蒂设计它时更多地考虑居住功能而不是设计。"当撤退和逃离时，我们首先会把最宝贵的东西放在安全区域，而不是关心那些最无用的物品。我们会把这些宝贵的东西堆叠起来，就像是在收藏一堆赃物，一件叠着一件放置，将它们集中在一个人的记忆之中。正是随着岁月的流逝，或是随着战争的经历，导致我们缩短了与事物之间的距离，从而使我们对于分隔墙和功能无动于衷……"。[1]

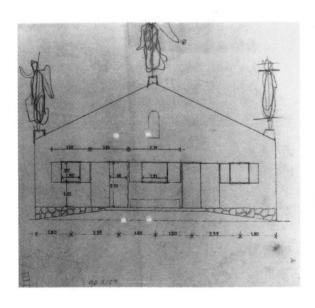

右上图是起居室。在前景中，是萨尔瓦托雷·法恩斯洛（Salvatore Fancello）设计的"野猪"雕塑，由陶器与赤陶制成，还有一个皮特罗·梅兰德里（Pietro Melandri）设计的大花瓶。在壁炉上，有一座由尔·卡尔弗利（Ettore Calvelli）设计的麦当娜青铜像，还有一个路易吉·索尔亚（Luigi Zortea）设计的白色陶瓷艺术品"丛生"。在墙上，有一幅安东尼奥·曼奇尼（Antonio Mancini）绘制的彩色粉画。右图中是建筑的平面图、立面图和剖面图。上图是建筑的主立面初步草图

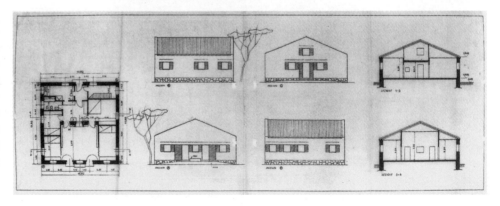

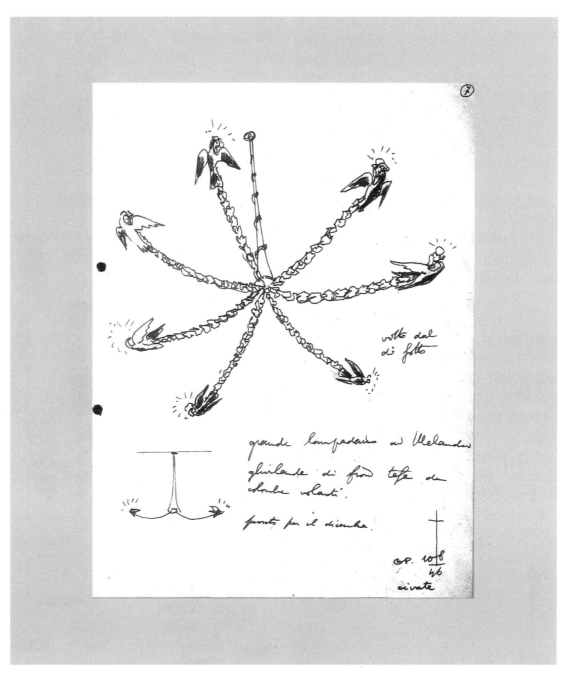

上图是庞蒂在奇瓦泰的项目中设计的一个陶瓷吊灯的概念草图，1946 年（A.G.P）

为维尼尼（Venini）设计的物品，穆拉诺（Murano），1946～1949年

保罗·维尼尼是意大利的玻璃工业中心穆拉诺（Murano）的琉璃现代史创始人，他与吉奥·庞蒂之间的合作可以追溯到20世纪20年代。当时"迷宫"组系列作品是基于米兰的绅士和淑女设计而成的[1]，它使艺术产业首次与建筑师结合，并在蒙扎和米兰的三年展中得以展示，当时的建筑师有布兹（Buzzi）、蓝旗亚（Lancia）、马瑞利（Marelli）和庞蒂。庞蒂对维尼尼的现代作品非常钦佩，这种钦佩也持续了很长的时间。[2] 他有三个阶段直接专心地为维尼尼设计作品，三次设计之间都间隔了很长时间：1928年他为维尼尼和法国昆庭公司（Christofle）设计了玻璃器具和银器，这些作品参加了第16届威尼斯双年展；1946～1950年，他设计了灯、水杯和女人形态的瓶子，用吹制玻璃与色彩进行了有趣的组合；最后，在1966年他设计了"浑厚的彩色玻璃"。

瓶子、水杯以及彩色吹制玻璃枝形吊灯，
1946～1950年

彩色吹制玻璃"裙摆"瓶，1949 年

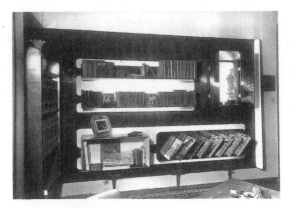

左上图，是在克雷马斯基（Cremaschi）公寓中
"有组织的墙"，米兰，1949 年

右上图，是出版商吉亚尼·马茨奇
（Gianni Mazzochi）的书桌及其"墙面板"，
米兰，1949 年

"有组织的"床头面板的创意首次得
以实现，1948 年

"组装"与"减轻"，1948 ~ 1950 年

在 1940 年代末，吉奥·庞蒂确定了一个在他的室内设计中永远都不会放弃的原则，那就是要设计"有组织的墙"，这是他给这种墙所起的名字。即在这样一面单一的墙板上安装组装货架、灯具和各种物件。[1]

除了这个原则之外，在 1948 年庞蒂又想出了床头面板的创意：[2] 即在一个墙板上包含所有必要的设施，如控制台、书架、电话、电灯开关、内置收音机、内置点烟器等，并与带滑轮的轻便可移动的床进行结合使用。他还设计了一个同系列的写字桌；[3] 那是一张简单而没有任何附加物的桌子，桌子后面的墙上配有功能齐全的面板。在一个明确区域内进行"装配"和"组合"物品，这个想法可能也体现在他

于 1954 年提出的"家具之窗"的概念之中。即"具有家具装饰的窗户"，也就是，他将一套可放置物品的控制台和书架插入"空的"三角形窗口中，看起来那像是朝向天空的"剪影"。[4] 在 1950 年，庞蒂把这个在面板上进行"装配"的原则又进行了改进，即通过"变薄"面板和书架的边缘，使它们看起来非常轻巧。同时，通过"从背后"照亮这些面板可以进一步"减轻"它们的视觉重量。庞蒂在 50 年代和 60 年代对建筑采用了相同的设计原则。[5]

他坚持"轻巧"的原则。事实上，这是一种纯视觉效果上的"减轻"，他通过细尖的支撑和变薄的侧面轮廓来实现这一效果。

拉·帕沃尼（La Pavoni）咖啡机，米兰，1948 年

　　这是 1948 年庞蒂设计的"非常著名的"帕沃尼浓咖啡机：所有"旧"咖啡机所具有的复杂而突出的结构都已经被消除或包裹在三个容器之中：外壳、机身和管口。这个家用电器"通过某种特定的管乐器的形式达到一种简洁的完美状态"。[1]

这是第一台带有水平卧式开水器的拉·帕沃尼咖啡机

133

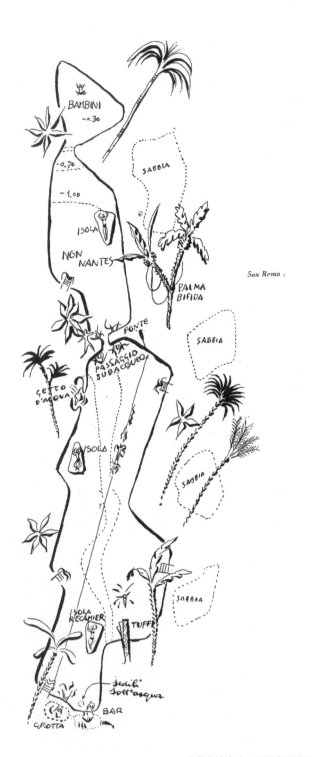

San Remo

皇家酒店游泳池，圣·雷莫（SanRemo），1948年

"我讨厌长方形的游泳池。世上哪里有矩形的湖泊或江河？我想要为仙女设计准备一个游泳池。如果是那样的话，她可以从一棵树的顶部上跳入水底。她可以在水下游泳，一直游进那个水下洞穴中，那里会有一个小酒吧。"[1]

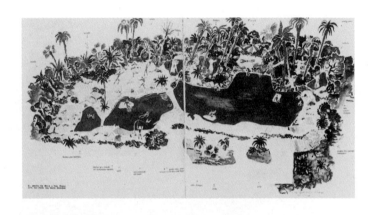

庞蒂在游泳池上还设计了可以进行日光浴的小岛［如"雷卡米尔岛（Récamier islands）"］，在水上和水下各设计了一座单拱桥，从外面可以喷水，还有一个有水下入口的石窟和一个水上酒吧

"地中海法则：海边的一切都必须是有颜色的"；

为布斯托·阿西齐奥（BustoArsizio）的 Jsa 设计的面料细部，1949 ~ 1950 年

"娱乐"和"不安的幻想"，1948～1950年

"我们不应该在室内设计中排除娱乐……因为这是一个古老的传统"。在这些年里，庞蒂一直坚持在室内设计中加入娱乐的内容，开始时是隐秘的，后来变得非常明确和直接。从1948年至1949年间，他所设计的家具都是基于一种引人注目的混乱的复杂性，进而演变成这些作品的内在内容，表达出其变形后的无用性，尽管看起来并非如此。

他创造出一种能给人带来惊喜的家具，即一件家具会隐藏在另一件家具之中，同时家具的边缘部位会被削薄，成为一片丧失了厚度的薄片。例如他在壁橱里安装一个壁炉，壁炉被安装在一个锐利的支脚上。[1]他还会赋予木材超出其材料自身属性的效果：例如，胡桃木就是一种特殊的"庞蒂风格"的木材，庞蒂会通过人工镶嵌增加它的阴影效果。[2]

在这种情况下，庞蒂与意大利著名设计师弗纳塞提（Fornasetti）进行了非常多的合作。弗纳塞提在设计上的贡献并不是增加装饰，而是运用一种"投射性的"装饰，使作品表面消失，并使它成为环境的一部分，打破了空间和体量之间的分隔，这是通过光线产生的作用而实现的；其中一个例子就是米兰的杜尔乔拉（Dulciora）商店，建筑的整体都掩盖在黑色和白色背景之下（现已被拆除）。[3]

可能是那些非常有经验的橱柜制造商创造出来了这些成果，例如米兰的雷迪斯（Radice）兄弟和焦尔达诺·基耶萨（Giordano Chiesa）就是如此。这些制造商也非常同意庞蒂的想法，即随着战争的结束，为了将世界从各种险恶的"联盟"中拯救出来，我们有必要培养大众的自主独立意识。而对庞蒂来说，培养独立意识的领域之一就是意大利的工艺品。

《住宅》杂志的页面里充满了工艺奇迹，而1950年在MUSA的美国巡回展的内容也同样如此，它让美国第一次看到了许多出自"意大利本土的风光"和大量"陶瓷艺术品"。[《住宅》杂志，226，1948年："卢西奥·丰塔纳（Lucio Fontana）说，毕加索将使艺术家转向陶瓷艺术，但是我们其实已经开始这样做了。"雷纳托·加图索（Renato Guttuso）设计的建筑结构]。

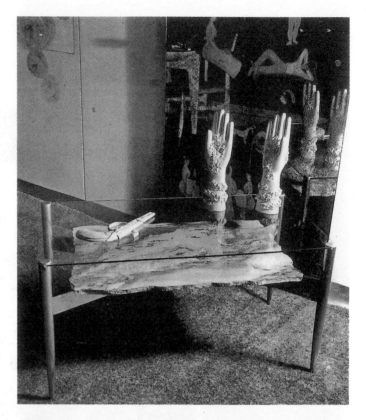

上图，是金属桌：大理石碎片被展示在一块玻璃桌面之下，桌面上是吉奥·庞蒂和多西亚（Doccia）瓷器艺术家合作的白色花饰陶器，1948年。右图，是在壁橱里的壁炉，图上分别是关闭状态和开放状态。所有这些作品都曾在MUSA展出过，这是首次意大利设计在美国进行展览，1950～1953年。

上图，庞蒂于 1949 年在米兰设计的杜尔乔拉（Dulciora）储物箱（现已损毁）：弗纳塞提的装饰被投射到庞蒂设计的形式上。左图，是带有脚轮的广播留声机，两侧装有双面镜，上部是安装了折叠顶

吉奥·庞蒂设计的《风格》杂志封面，1945～1947 年

《风格》，1941 ～ 1947 年

《风格》杂志在开始创刊时内容很丰富，结束的时候内容则很贫瘠，这本杂志讨论了两个炙手可热的话题：一个是意大利与艺术，还有一个是建筑师与战争。

在开始的时候，《风格》杂志在精神上类似于意大利版本的《气魄》（Verve）杂志——《意大利气魄》（Aria d'Italia），但它的品质更胜于《气魄》杂志。[1] 因为当你翻开《气魄》杂志时，通常是以非常庄严的方式展现伟大的法国艺术家。《意大利气魄》杂志也为意大利艺术家做了同样的事情，但是没有使用那么严肃的方式。这本杂志是由一位有才华的巴黎人达里亚·瓜纳蒂（Daria Guarnati）在意大利创办的。《风格》杂志也同样如此。它的内容聚焦在德·基里科（de Chirico）的著作上，还包括画家德·皮西斯的诗歌、雕塑家马丁尼（Martini）的画作、工程师内尔维（Nervi）的著作以及先锋派建筑师事务所（BBPR）的电影作品，同时，诗人和专栏作家［加托（Gatto）、邦滕佩利（Bontempelli）、德·利贝罗（De Libero）、西尼斯加利（Sinisgalli）和伊雷妮·布兰（Irene Brin）］还会在彩纸上写作。但是，在《风格》杂志中也有一项真正的创新，那就是一位出版商卡罗·帕加尼（Carlo Pagani）和一位读者丽娜·博（Lina Bò）共同出版了这本艺术月刊，这两个人都不属于艺术世界，但却完成了这样一项开创性的工作。

吉奥·庞蒂告诉每一个人自己的观点，不仅包括如何区分艺术品和手工艺品，还包括其他很多内容。他的目标就是使人们能够看到这种"相似的关系"，这种相似关系在"许多事情"之间都存在，这些事情包括"表达、装饰或是服务我们生活和家庭的事物"。

开始时，在《风格》杂志中有一种神奇又安静的战争氛围，"由于意大利的缘故"，这种氛围超越了艺术。但是，在 1942 年的"E42"博览会中，意大利文明馆（Pavilion of Italian Civilization）对庞蒂来说已经看上去像是一个悲伤的"建筑学侏儒"。[2] 并且，不久之后，他非常热衷于表达"古代艺术和现代艺术的完美整体与统一"，更认为建筑师就是艺术家，诗人也是艺术家。例如建筑师莫利诺（Mollino）主要是一位艺术家，而利贝拉（Libera）则是一位纯粹的建筑艺术家；再如，如果你阅读意大利诗人翁加雷蒂（Giuseppe Ungaretti）的作品，阅读诗人埃米利奥·维拉（Emilio Villa）的作品，就能够体会诗人也是艺术家的观点。因此，简而言之，庞蒂具有要表明并保护"独立个体"的决心，这种思想似乎将他从他的过去中分离了出来。正是从 1943 年到 1945 年，这本《风格》杂志在非常窘迫的状况下经营了下来，于是庞蒂把自己对"邪恶战争"的悲痛转化成了希望，他希望建筑师能够为世界做自己应该做的事。

《风格》杂志设置的主题包括"城市重建、建筑一体化、城市规划和个人住宅设计"，主要发表的内容都是来自米凯卢奇（Michelucci）、莫里诺（Mollino）、皮卡（Pica）、瓦卡罗（Vaccaro）、利贝拉（Libera）、维埃蒂（Vietti）、博托尼（Bottoni）、萨特里斯（Sartoris）和班菲（Banfi）的贡献。同时杂志还发表了一些小型住宅和标准化家具的方案，目的是为了帮助建设"意大利急需"的住宅，其数量"超过 2000 万座"。

尽管庞蒂向"建筑师大会"呼吁的《建筑政策》（Politica dell'Architettura）[3] 是虚构的，它仅仅是一本小册子的标题，但是他的杂志却是真实的。庞蒂把自己的这些诉求以最简单的方式打印在最便宜的纸上，其图表依赖一种黑红相间的颜色，采用图底反转的形式，还使用了大量黑体字的口号标题。只要庞蒂能够每天把杂志的内容作为自己必须撰写的日记，并且能够每天以 22 个不同的化名评论杂志的所有内容，那么《风格》杂志就能够以这样一种风格发行。他将战争看成是"把一个世界带入另一个世界"[8]，但是他并没有预见到这个新世界。最后，庞蒂厌倦了自己的这种孤军奋战。他的作品经常会出现在《风格》杂志的封面，甚至在他离开杂志之前也是如此。从 1945 年到 1947 年，他设计的杂志封面采用的都是真实信息。[9]

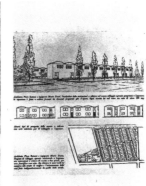

1940 年代《风格》杂志的内页

轮船的室内空间，1948～1952年

庞蒂一直对轮船的室内空间设计非常感兴趣。他非常崇拜古斯塔沃·普利策（Gustavo Pulitzer），因为普利策曾为1931年的维多利亚号轮船设计过全新的室内空间。在1940年代末，庞蒂与尼诺·蒙卡达（Nino Zoncada）合作参与了意大利四大航线轮船的战后修复设计，这四艘轮船分别是康特·格朗德号（Conte Grande）、康特·比安卡马诺号（Conte Biancamano）、朱利奥·凯撒号（Giulio Cesare）和安德烈埃·多里亚号（Andrea Doria）。

在以上这些轮船的内部空间设计中，设计师面临的主要问题还是"装饰"轮船，而不是设计轮船。然而，在"庞蒂设计的"轮船中，他作为意大利的旅行使者，将艺术融入了轮船的室内空间设计，在轮船固定不变的内部空间中采用了两大革新策略。一是隔墙和柱子要顺着一种新采用的材料铝质轻隔片排列，二是要"照亮"顶棚，这样轮船内较低的顶棚会变成通风展示器。

在庞蒂进行轮船室内设计的时期，他的设计追求是"超越"。同样，在他的室内装饰和《住宅》杂志中，庞蒂在轮船上采用的意大利艺术主要是陶瓷，这些陶瓷包括丰塔纳（Fontana）、梅洛蒂（Melotti）和莱安基卢（Leoncillo）的陶瓷雕塑，以及甘柏（Gambone）、梅兰德里（Melandri）和佐特阿（Zortea）的花瓶，还有德·波利（De Poli）的珐琅艺术，这些都需要由庞蒂亲自选择和设计。同时，庞蒂还使用了像萨尔瓦托雷·菲乌梅（Salvatore Fiume）画的那种具有剧场尺度的绘画作品。尽管这些轮船起航得有点晚，但是它们是非常美丽的。

由庞蒂与尼诺·蒙卡达（Nino Zoncada）合作设计。

上图、下图以及对页图：安德烈·多丽亚号轮船上的发光顶棚，1952年

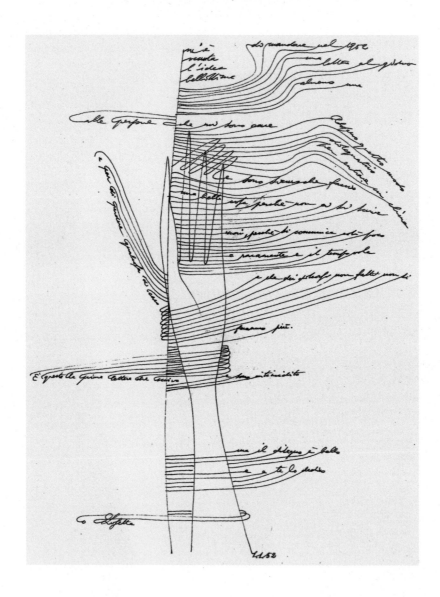

绘制的信件，1950 ~ 1979 年

　　签字的时候思考，思考的时候签字。信件的表面通常可以展现写信的速度和下笔的轻重度：写信就像是杂技演员表演一样，你永远都不能犯错误或是停下来。

　　因此，庞蒂的这种"通过绘图进行思考"的方式从来没有停止过。几十年来，他每天都会写几十封信件。20 世纪 50 年代，他仅用钢笔线条写信；60 年代，他开始用钢笔线条和指尖创作的云朵写信；70 年代，他开始用钢笔和毛毡笔绘制的线条与色彩写信。

　　他会从这些信件中快速而随机地选出一百封，并把它们发表在一本小册子中，用于 1987 年在米兰举办的展览。[1] 但是，在全世界各个其他城市中，人们还会收到他的成百上千封信件并保留下来，因此，这将是一场永无止境的游戏。

1950 年代：有限形式理论

1954 年，庞蒂与达里亚·瓜纳提（Daria Guarnati）一起，出版了第一本关于自己作品的书，他将其称为《吉奥·庞蒂的表达》。[1] 他已经达到了一种能够以批判的眼光看待自己一系列作品的境界，即他认为自己一直在"持续地表达自我"。在那个时刻他进行的这种表达，看上去最先受到了一种理论的影响，然后又整合起来，这种理论就是"有限形式理论"。庞蒂认为他每个设计作品的"形式"都有自己的语言——从"本质"到"表达"、"虚幻"和"结构创新"，当然，使用他的这种理论本身也是一种"创新"。

在"多姿多彩的 50 年代"，庞蒂设计了很多建筑和设计领域的作品。1956 年，也就是倍耐力摩天大厦建成前后，代表着他在设计方面发展的顶峰。当时他正在进行自己的伟大旅程，他分别到过巴西、墨西哥、委内瑞拉、美国和中东等地方。庞蒂的作品（从汽车车身到摩天大楼）之间形成了一种形式上的关系；它们来自庞蒂对形式的想象力，这种形式已经超出了作品自身。在这种具有创造性和个性的创作方式中，庞蒂反对当时正在火热进行的对"现存环境"和"国际式风格"的辩论。

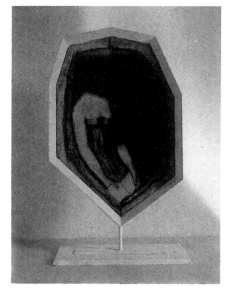

吉奥·庞蒂：绘画作品"支撑"，1950 年

当时吉奥·庞蒂已年逾六旬，那个年代是属于建筑大师的，从格罗皮乌斯到勒·柯布西耶，不管是不是大师，他们找到了一种看待新世界的新视角。[2]

1950 年代，在建筑设计和产品设计爆炸式增长的背景下，庞蒂在米兰的工作室和他的《住宅》杂志逐渐"国际化"。1945 年庞蒂出版了《建筑评论》（L'achitettura èun cristallo）一书，这本书于 1957 年再次出版，书名改为《热爱建筑》（Amate l'architettura），其中包含庞蒂日记本和笔记本中记录的设计理念，这些内容很快被翻译成了英文[《赞美建筑》（In Praise of Architecture）]和日文。

1952 ~ 1976 年，吉奥·庞蒂一直在与工程师安东尼奥·福纳罗利（Antonio Fornaroli）、建筑师阿尔伯托·罗塞利（Alberto Rosselli）进行合作，他们的联合工作室是庞蒂 - 福纳罗利 - 罗塞利工作室。

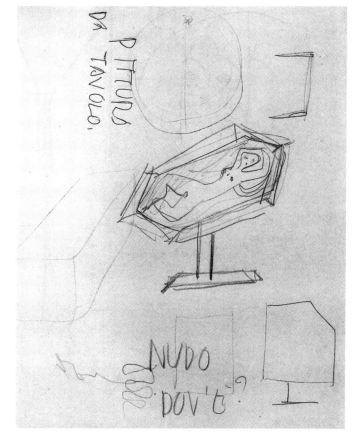

与佛纳塞迪（Fornasetti）一起合作设计的"娱乐式"装饰风格，圣雷莫，都灵和热那亚，1950 年

在 50 年代，庞蒂与弗纳塞迪合作设计的"娱乐式"风格在很多方面都发展迅速。他们在杜尔乔拉（Dulciora）商店的墙壁和庞蒂设计的"新古典主义"风格的公寓正立面上首次使用了黑白装饰设计，在这次装饰设计合作之后，弗纳塞迪开始使用色彩进行设计，在庞蒂的房间和物品的表面贴满了彩色图案。在庞蒂设计的圣雷莫赌场的房间中，弗纳塞迪镶嵌了数百张小型和巨型的扑克牌，在沙发、扶手椅、窗帘、顶棚以及墙壁上到处都是。其中在墙壁和顶棚上，"飞舞"的扑克牌被安置在发光的凹槽内。在庞蒂设计的位于热那亚和都灵的韦比 – 伯勒斯（Vembi–Burroughs）办事处中，弗纳塞迪则把钢笔、铅笔、纸张、电脑印在椅子、扶手椅和沙发上。

在另一方面，当庞蒂出版这些设计作品时，首先会指出这些被采用的"优雅的"[1]新材料：阳极氧化铝、PVC 衬料、橡胶地板。这种地板也被称为"凡塔西卡（Fantasitico P.）"，它是一种由庞蒂设计的新倍耐力牌橡胶地板。

上图，在圣雷莫赌场中，大型扑克牌图片悬挂在墙上的发光凹槽内。下图，是位于都灵和热那亚的韦比 – 伯勒斯办事处

切卡托（Ceccato）家具，米兰，1950 年

"室内装饰设计不应该排除一定程度的娱乐。"在这里，从墙壁上突出来的一个黄铜制成的体块，其中包含的是一个"令人惊喜的壁炉"。在环绕房间的胡桃木墙壁上包含了一个展示柜和一个书架，这就是庞蒂所说的"有组织的墙"。

左图，是小女孩的床

哈拉尔·黛西（Harrar–Dessié）住宅开发项目，米兰：庞蒂和戈（Gho）设计的白色和黄色住宅，1952 年

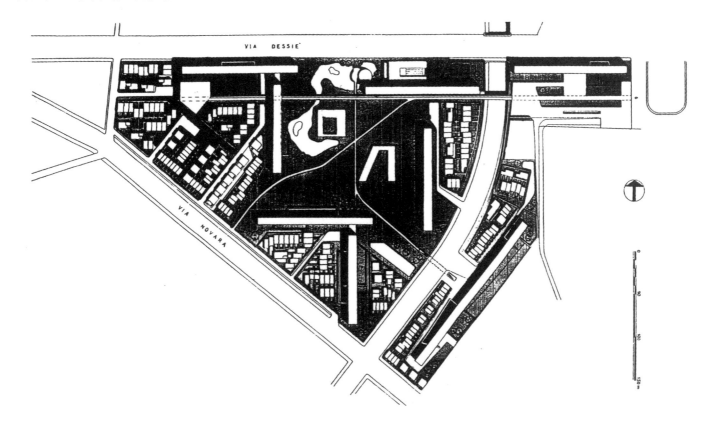

哈拉尔·黛西（Harrar-Dessié）住宅开发，米兰，1950 年

"对于低成本住宅来说，创造性是应该首先考虑的问题，在古代也是同样如此"。创造"美丽的遗址"，摆脱那种一定要表现"必然平等"的建筑概念的影响。[1]

这个住宅区的规划设计是由路易吉·菲吉尼（Luigi Figini）、吉诺·波利尼（Gino Pollini）和吉奥·庞蒂共同设计的，它由"不同的建筑物组合"建造而成，基地设在一座公园之内。这个住宅项目并不是由行列式组合的相同的建筑物构成，其中较大的建筑有 5 层楼高，而较小的建筑则仅有 1 层楼高，并且还组分布在"岛状地块中"，从而营造出一种生动的建筑景观。而且，这里这个项目中的"色彩设计也很有爆发力，非常令人惊艳"。[1]

这个住宅开发区中有两座建筑是由庞蒂设计的。一座建筑的颜色是红色和白色的，其顶层是复式公寓；另一座建筑的颜色是白色和黄色的，它庞蒂与吉吉·戈（Gigi Gho）合作设计，它是"有限形式"理念的典型代表。

在那些年里，由于战后需要建造大量低成本住宅的项目，大部分人关心的都是那些正在意大利建造"新"建筑景观。庞蒂决心要反对那种越来越流行的（假的）"乡村风格"，同样也反对那种建筑平面组合设计中追求"虚假自然主义"的做法。[2]

一张在 1950 年代给这片住宅开发区拍摄的鸟瞰照片。下图，该住宅区的总规划图位于米兰的哈拉尔·黛西（Harrar–Dessié）住宅开发项目。右图，是白色和黄色的住宅的北立面。下图，是白色和红色的住宅，这座建筑的顶层是双层公寓。下图，是那座白色和黄色住宅的西立面和东立面

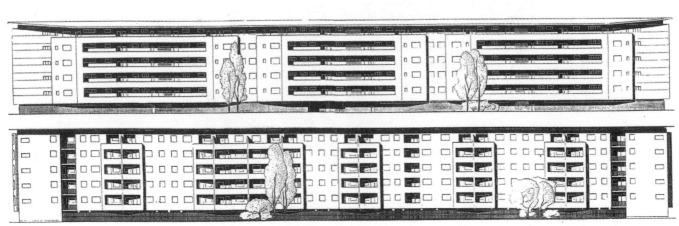

elemento d'abitazione nella unità-quartiere Dessié, collaborazione di Gigi Gho, ingegnere

第二座蒙特卡蒂尼（Montecatini）大厦，米兰，1951 年

第一座和第二座蒙特卡蒂尼大厦并肩坐落于米兰的城市中心。由于场地形状和建筑规范两者的限制，更增加了这两座建筑作品的"接近性"，它们两者相隔不超过几米，建造的时间前后仅仅相差 15 年。

庞蒂在第二座蒙特卡蒂尼大厦的"翼楼"中使用了与第一座大厦同样的设计方案。而在这两座建筑的前立面上，他则采用了完全不同的建筑形式。由于前面的建筑只比邻近建筑的翼楼略高一些，于是就表达了它们强烈的设计主题，即"超尺度的细高形式"。[1] 这种细高的建筑形式会随着观察者视点的变化而显得愈加壮观 [2]，例如观察者可以从正立面的"全玻璃"视图直接转换为侧立面的"全铝制"视图。[3]

然而第二座蒙特卡蒂尼大厦和第一座一样，并不是靠建筑的前立面来吸引你的注意力，而是靠它的"背立面"或后立面，因为背立面的墙面上装饰有精美的菱形图案。

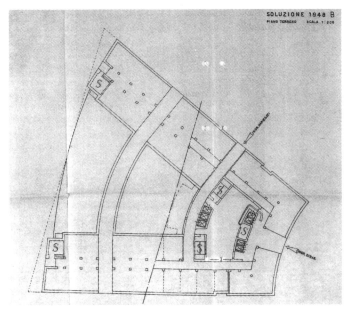

从图中一层平面图可以看出，建筑的正立面是凹进的

由比埃罗·弗纳塞迪（Piero Fornasetti）设计的卧室装饰，第 9 届米兰三年展，1951 年

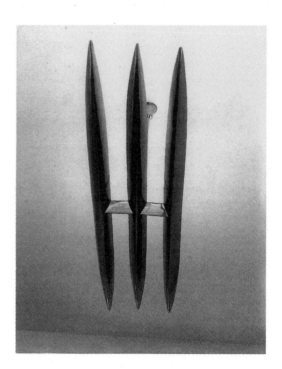

格雷科（Greco）灯，米兰，1953 年

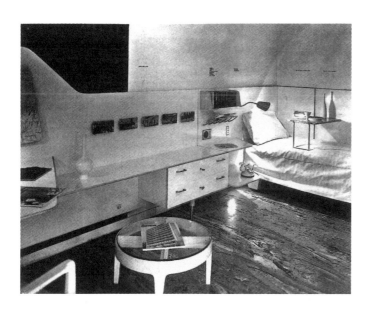

第9届米兰三年展上的酒店客房设计，米兰，1951年

吉奥·庞蒂为了向传统的酒店客房设计提出"挑战"[1]，他将这个3m×4m的房间塞满了家具，里面几乎配备了所有的设施（有灯具、书架、抽屉、写字台等），这些设置都被设置在一面长长的墙壁面板上。请注意那个床上的小折叠桌，它非常有利于客人在床上吃东西，还有桌子上方的"城市地图"，它很利于客人知道自己身居何处。

［这是吉奥·庞蒂与阿尔多·德·安布罗修斯（Aldo De Ambrosis）合作设计的］

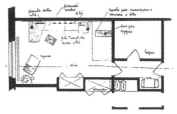

卢西亚诺（Lucano）家具，米兰，1951年

庞蒂把米兰公寓（Milanese apartment）的设计细节称为"充满幻想的住宅"，因为它将佛纳塞迪（Fornasettti）的设计特色和庞蒂的娱乐特征融合并彰显出来（这是彩色镜子门，它可以令人产生从一个房间到另一个房间奇妙的视线转换……）

爱迪生发电厂，圣·朱斯蒂娜（Santa Giustina），1952 年

　　位于特伦特（Trent）圣·朱斯蒂娜的诺斯河（Noce）上的爱迪生发电厂有很多设计细节。它是由庞蒂设计工作室（P.F.R.）在 1952 年至 1956 年设计的 6 座爱迪生发电厂中的第一座。庞蒂将它发表在《意大利气魄》杂志中的"经历"一章中（"吉奥·庞蒂的表达" VIII，1954 年）。[1]

阿拉塔（Arata）别墅，那不勒斯，1952年

这个别墅出现在《意大利气魄》这本杂志中（"吉奥·庞蒂的表达"VIII，1954年），是庞蒂的几个"地中海风格的建筑"案例之一。[1]庞蒂的注意力集中在别墅悬挑出的阳台上，阳台的进深很大，就像是一个带有窗户的房间，切入墙体和壁炉，就像是一个形体体块"添加"到建筑平整的前立面上。

侧壁有门窗的阳台，还带有烟囱

吉奥·庞蒂工作室，迪扎大街（Via Dezza）49号，米兰，1952年

吉奥·庞蒂工作室以前是一个车库，现在是一个巨大的棚子。吉奥·庞蒂把它改造为自己的工作室，并且大家都称其为"棚子"。[1] 在20世纪70年代，当庞蒂开始把所有的设计作品推演成为"形式"的时候（那是一种为"一座大教堂设计的形式"）[2]，他已经将这个拥挤的棚子称为"一个为工作室设计的形式"。这个"开放空间"有15米 × 45米，充分体现了庞蒂对建筑工作室的想法（庞蒂 – 福纳罗利 – 罗塞利工作室）。同时这里不仅是一个工作坊，作为培训年轻人的场所（因为这里有来自世界各地的朋友和学生），还是一个展示新材料和新设计的地方（实际上，也只有这些材料和设计作品），更是一个展示空间。多年来，这个棚子同时也是《住宅》杂志的两位编辑工作的地方。甚至有时还用于家庭婚礼和聚会。它非常适合庞蒂的这种享受生活和工作空间合一的状态，因为在生活和工作之间"没有私密性的要求"。他的住宅中有可移动的墙壁，工作室没有隔墙进行分区。

庞蒂曾经非常喜欢米兰建筑学院当时正在施工建设的新建筑，因为它们拥有与庞蒂的工作室相似的平面布局。[3]

下图，"棚子"的出口通向花园。右上图和右下图，棚子的内部展示着不同的"新"材料

下图，先前的车库还保留了从一端到另一端的中央走道，也就是从入口到花园出口的走道，走道的旁边排列的是绘图桌。左图，《住宅》杂志的编辑们所使用的空间

蓝旗亚（Lancia）大厦，都灵，1953 年

　　这是一座未建成的办公大楼。建筑的平面、封闭的外轮廓线和它的山墙共同确定了一种"有限的形式"。该项目由吉奥·庞蒂和尼诺·罗萨尼（Nino Rosani）共同设计。

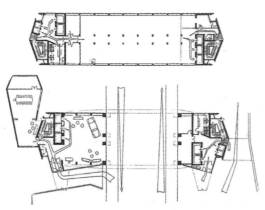

上图，是标准层和首层平面图

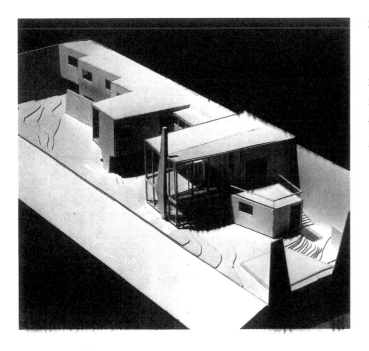

塔利亚内蒂（Taglianetti）住宅项目，圣保罗，1953 年

这是一个位于巴西的未建成项目。该建筑的场地非常狭窄。又比较长，场地周边由与该住宅项目相同高度的连续墙所环绕，从而使住宅的花园成为封闭式庭园。住宅的房间沿着场地其中一边的围墙呈线性排列，从建筑可以望向花园。一条连续的穿越式视线由花园中穿过，从庭院的一端直到另一端。

在平面图中，所有的房间都沿着那条封闭的围墙排列

为皇家酒店设计的游泳池项目，帕耳特诺珀大街（Via Partenope），那不勒斯，1953 年

皇家酒店的屋顶上有一个游泳池。游泳池与其周围的屋顶平台有着相同的瓷砖地面图案，形成了统一、宏大、连贯的设计感，这种整体设计从屋顶平台延伸下来，一直延续到水中，并不断重现。

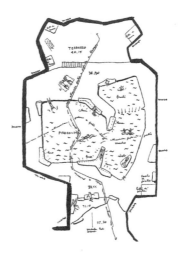

为了表现"意大利属性（Predio Italia）"而设计的项目，
也就是意大利 – 巴西中心（Italo–Brazilian Center），
圣·保罗，1953 年

　　这是一个从未实现的巴西项目，它是庞蒂在设计"倍耐力大厦之前的一次垂直型建筑设计的表达"，这个项目表现了庞蒂的设计原则，那就是"建筑外观的表达性"，这对他来说是非常重要的。这座建筑的功能是多样的，因此，它的建筑外形也表达出了这一点。

　　意大利 – 巴西中心建筑的形体由两部分组成，其中低矮的建筑体块部分强调了礼堂和大厅的特殊尺度，而高大的建筑体块部分，则是通过其外立面的不同样式，明确地表达了建筑物的各个区域的功能，例如办公室、标准公寓、复式公寓或工作室等。

　　该项目由吉奥·庞蒂和伊斯·康特拉奇（Luiz Contrucci）共同设计的。

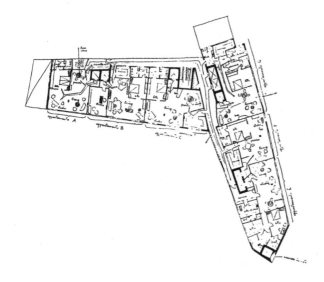

意大利 – 巴西中心建筑的
其中一层标准层平面图，该层建
筑的功能是公寓。图中的两张照
片分别从建筑模型的上方及侧面
（正立面）的视角拍摄

圣·保罗大学核物理学院项目，1953 年

庞蒂于 1952 年访问了巴西，这个令人兴奋的国家使庞蒂有机会创作了两座建筑设计作品，虽然这两个作品从未建成，但是它们却非常具有远见性。这两座建筑分别是为了表现"意大利属性"而设计的，它们分别是意大利 – 巴西中心项目和圣·保罗大学核物理学院项目。核物理学院大楼是一座窄长的水平性建筑，庞蒂喜欢将它说成是"有限形式"理念的先驱，这种理念后来发展的代表就是倍耐力大厦的"封闭式形式"。

核物理学院大楼长长的前立面的墙在中部略微弯曲，后立面的墙在两端"向"前弯折，从而形成了"封闭式"建筑形式。建筑立面墙体看上去像"悬挂的幕布"，这是庞蒂的另一个设计原则。即建筑的前立面没有"落到地面"，它是一片薄且穿孔的表面，立面的顶部向外弯曲并突出，而在底部也向外弯曲，给一层的演讲厅提供了更大的建筑进深；并且，建筑前立面与侧立面在建筑形体的转角处分开（它们其实就是两个"像幕布一样的片"，其轻巧是显而易见的）；而屋顶突出于建筑的背立面之外。此外，庞蒂还有另一条设计原则，那就是将建筑分成不同的、可以立即被识别出来的形体。由于这座建筑由不同的要素组成，因此其中的礼堂体块，就是一个与演讲厅相比"超尺度"的体块，庞蒂将它从主体建筑中分离出来，形成了独立的体块。最后，庞蒂还发明了一条沿着基地边缘的"奉献墙"。这面墙是一条长而独立的展示墙，庞蒂将所有能够表达出将这座建筑献礼给意大利的"艺术图像"都安置于这面"奉献墙"上（"这种献礼精神的表达方式与一些宫殿和教堂中极其华丽的外立面设计作用是相同的，这才是真正的建筑表达，是建筑的宣言书，它是与建筑的其他部分完全不同的。"[1]）

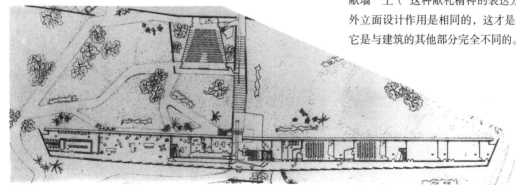

在总平面图和下图的建筑模型中，我们可看到演讲厅的建筑"长条形体"和独立的礼堂体块，它们由"奉献墙"从边界进行限定，而"奉献墙"是一条长的外部展示墙面。左上图，前立面的近景视角

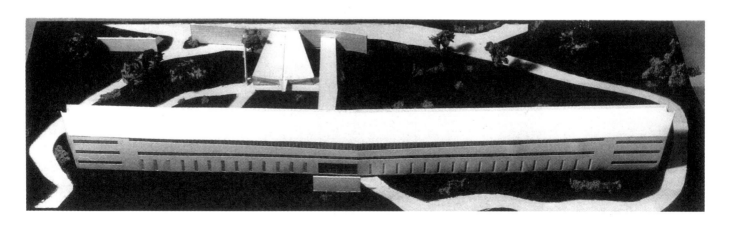

159

为卡西纳（Cassina）公司设计的"迪士泰克斯（Distex）"
扶手椅，梅达（Meda），1953 年

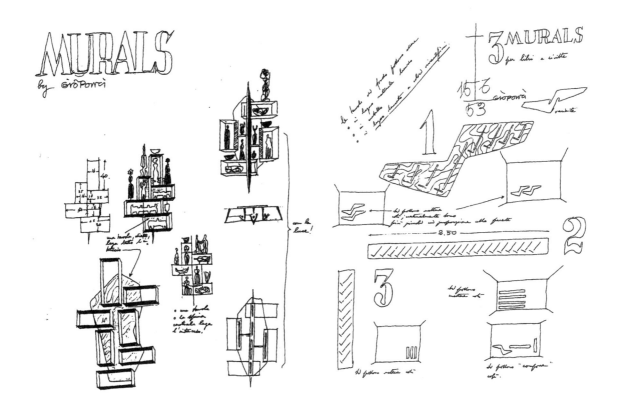

这是庞蒂为纽约设计的家具和创意，也就是为在纽约的阿尔塔米拉公司（Altamira）公司设计的，时间是在 M·辛格、颂斯和克诺尔（M. Singer and Sons and Knoll）之后设计的。当时在 1953 年，美国提出了"意大利线条"的概念（庞蒂说，"虽然我们需要更多的意大利线条"，"但是我们更需要同时拥有意大利人不同的天赋与创意"）。上图，"壁画"，这是一些壁画作品的创意。左图，是一个软垫座椅。下图，是一个杂志架

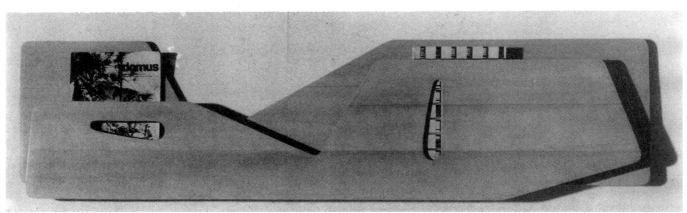

理想的标准卫浴设备，米兰，1953 年

庞蒂在 1955 年曾经说，我们可以通过去除卫浴设备所依托的建筑构件（例如那些假装支撑水池"面盆"的"柱子"，还有那些"围绕"在面盆周围的如浮雕一般的"圈状物"），最终达到形式的"本质"[1]，但是实际上他在 1936 年就已经这样做了，当时是在为蒙特卡蒂尼大厦（Montecatini）设计 SVAO 牌卫浴设备。[2]

这个水池面盆的支撑柱只是一个简单的罩体（它被隐藏了起来，没有起到支撑作用）。该水池面盆非常光滑，而没有凸起部分，它的形状是梯形（这是清洗时专门为胳膊预留出的一种空间形状）。庞蒂还为加列尼、维甘诺和马拉扎（Gallieni，Viganò，and Marazza）设计了"星状"水龙头，水龙头星状开关只有三个端点，这样人们仅用三个手指就可转动开关。[3]

1966 年，庞蒂为理想标准公司设计了一套全新的卫浴设备，被称为"单线条"系列。[4]

庞蒂的合作者是乔治·拉巴尔梅（George Labalme）、贾恩卡洛·波莉齐（Giancarlo Pozzi）和阿尔贝托·罗塞利（Alberto Rosselli）。

1953 年设计的"P 系列"卫浴用具

DA UNA FORMA GEOMETRICA
AD UNA FORMA NATURALE

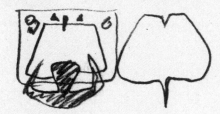

DA UNA FORMA ARCHITETTONICA
AD UNA FORMA NATURALE

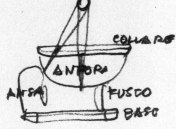

庞蒂为加列尼、维甘诺和马拉扎公司（Gallieni, Viganò & Marazza）设计的水龙头和配件，1953 年

这是吉奥·庞蒂为 M·辛格和颂斯公司设计的一个小桌子，1950 年该公司的纽约分公司首先在美国推出了吉奥·庞蒂的设计。同时，在 20 世纪 50 年代初，约瑟夫·辛格（Josef Singer）在纽约常常推广庞蒂、莫利诺（Mollino）和帕里西（Parisi）设计的家具

下图和右图，是 1953 年斯德哥尔摩的家具，由北欧百货公司（Nordiska Kompaniet）提供，G·奇萨（G. Chiesa）布展

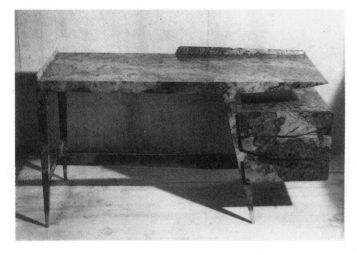

上图，是 1954 年设计的盘子，它们与桌布具有相同的设计图案。设计原型是与库奇·斯塔利亚诺（Mucci Staglieno）一起设计的。左图，是 1953 年设计的图底黑白反转的盘子和桌布

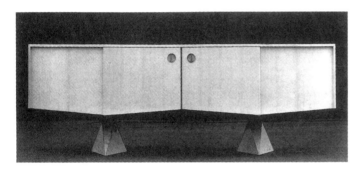

1953 年为卡鲁加蒂（Carugati）设计的木制家具，罗韦拉斯卡（Rovellasca）

"具有家具装饰的窗户," 1954 年

吉奥·庞蒂说："一个房间本身拥有四面墙，而具有一面从顶棚到地板的落地玻璃窗的房间则只有三面墙和一面通透的空间。当给这透明的窗户装饰上家具之后，这样的房间又同时拥有四面墙了，只不过其中一面墙是透明的而已。"[1]另外我们还可以把三面墙上的设计图案样式延伸到这面透明的墙上。

［吉奥·庞蒂还说："我认真研究过菲利普·约翰逊（Philip Johnson）设计的玻璃住宅，它只是一个四周墙面完全透明的房间：它创造的这些家具装饰窗的效果，与我在其中寻找的相同，即从住宅内部向外看，人们总是从前景家具中观看住宅的外部，并且正是这一点体现出家具装饰窗的魅力所在"[1]]。

阿尔塔米拉公司（Altamira）
制作的"家具装饰窗"及其模型，
纽约，1953 年（见下图和中图）

为意大利的先锋旅行跑车制造公司（Carrozzeria Touring）设计的汽车车身造型，米兰，1952～1953年

1927年，吉奥·庞蒂为一种阿尔法·罗密欧（Alfa Romeo）汽车底架设计了一种"车身形式"。当时意大利先锋旅行跑车制造公司不敢将这个设计用在汽车车身制造中。20年后，许多汽车已经"开始使用"这种车身造型了。[1]

吉奥·庞蒂根据那个时代汽车的需求设计了这种车身形式，"其造型非常饱满，内部空间宽阔"，埃博加·考夫曼（Edgar Kaufmann）曾称其为"月石"[2]，"车上还安装了高级散热器、小窗户和黑色内饰。"[3]

它是一种超越时代的前卫的汽车造型，车身的覆盖板是平的，而不是弯曲的（它采用了折线形而非凸曲形来强化车身）；车底盘很低，窗户很大，后排座椅可以进行调节（当时的人们曾经说，坐在车里就像是坐在飞机上），而且汽车的后备厢非常宽敞（与汽车内部空间是连通的，并与车轮空间隔开）；汽车内部宽敞明亮，就像是一个充满了的"口袋"。这个汽车造型的一项创新是，车身一周都安装了橡胶制成的减震器（即车身的前部和后部均设置了弹簧缓冲器）。[4]

在1950年代，这种折线型的轮廓线被人们称为"钻石线"。这也是庞蒂的众多"钻石"中的其中一块。对他来说，这是一条精确地满足用户需求而设计出来的折线，其中包括对美的需求。"制造一辆汽车也需要像制造意大利威尼斯的冈朵拉小船一样煞费苦心。"

（当吉奥·庞蒂80岁时，他曾经说过："当雪铁龙DS款豪华型汽车问世时，大约是在1957年，我们三个人在福尔纳罗利－索奇尼－庞蒂的工作室（Studio Fornaroli, Rosselli, Ponti）中达成了共识：为了向这款美丽的汽车致敬，我们设计其他汽车时也参考它的造型。也是由于同样的原因，我们只使用奥利维蒂（Olivetti）打字机，因为这款打字机也拥有类似的造型风格……"[3]）

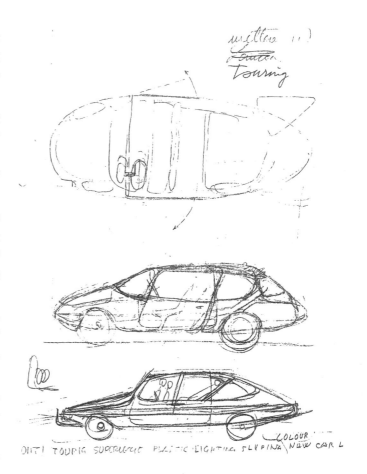

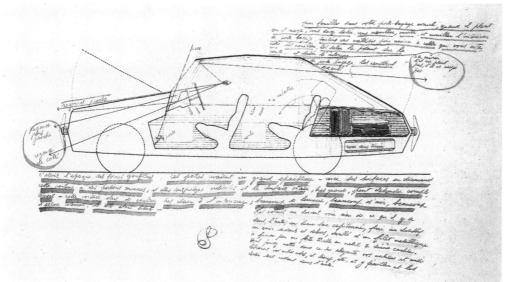

上图，是这个汽车造型设计的起源。左图，是剖面草图。下图，是最终的车身造型

第10届米兰三年展上的托格尼（Togni）轻质活动房屋项目，1954年

　　这座建筑是为四个人设计的采用托格尼系统的轻型预制活动房屋，建筑材料是铁片。它由三个矩形核心部分组成。分别是卧室、客厅和厨房餐厅区。三者之间通过不规则变化的走廊进行连接，这是设计中的一个新元素，它会打破平面布局中的规则性。此外，核心区的三个部分建筑高度不同，例如客厅高于卧室和厨房餐厅区。这样设计的目的是为了使房屋在屋面上拥有一个稳定的建筑轮廓线，并且人们可以站在地面上看到这个轮廓；而且室内空间地面地平之间的高差也会令人产生愉悦的感觉。

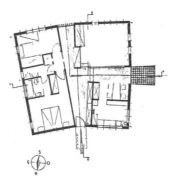

图中分别是北正立面和平面图。右上图，是有陶瓷格板的客厅正立面。右图，客厅的室内照片

松林住宅，阿伦扎诺（Arenzano），热那亚，1955年

　　庞蒂在这个时期设计的一系列的新型海边小住宅中，有一座住宅比较独特。[1]他仅在《住宅》杂志中发表了这座住宅的平面图和墙体分隔，因为这座住宅的创作理念是通过墙体变化显示出来的。"在这座住宅水平伸出的屋顶下，三间卧室都有自己的观景阳台，阳台之间由三个砖砌的翼状隔墙分隔开来，各自面向松林。"

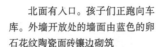

北面有入口。孩子们正跑向车库。外墙开放处的墙面由蓝色的卵石花纹陶瓷面砖镶边砌筑

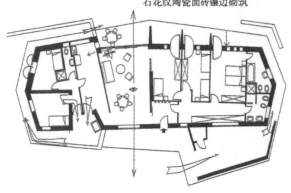

普兰查特（Planchart），加拉加斯（Caracas），1955 年

在设计倍耐力摩天大厦时，庞蒂在《住宅》杂志上先后两次刊登了普兰查特别墅。第一次是将该别墅作为一座设计作品刊登[1]，之后则刊登了该别墅的建造施工过程。在杂志中，他描述了该别墅所遵循的设计原则和设计结果，因为他认为该别墅的设计过程几乎是完美的，并且这种状况能够作为一个设计标准。

首先该别墅的业主非常快乐，他是一位理想的客户。["我的朋友罗杰斯（Rogers）说，这位客户是这样一个人：如果没有他，我就不能设计建筑，但是有他，我也不能设计建筑。但是在这里，这位客户一直都是可以令你产生各种可能性的人，可以让我们发挥最大的设计能力去设计建筑的人……"[2]]。这座建筑现在属于阿纳拉和阿曼多·普兰查特基金会（Fundacion Analay Armando Planchart），这个基金会将这座建筑从建筑到家具都完整地保护了下来。

并且，对这座建筑作品来说，它是幸运的，因为"对于任何进入这座建筑的参观者来说，那里就是一场壮观的空间展览。"这座建筑中融合了众多的创造力与快乐，其丰富性就如同它包含了丰富多彩的热带植物［不信请你看一看由梅洛蒂（Melotti）设计的庭院吧[3]，还有那小小的室内窗户，以及那个如同小舞台般的阳台，阳台正对着2 层楼高的起居室中宽阔的空间，还有就是室内的门和顶棚均由庞蒂设计，这一切都是那么异彩纷呈］。

这座建筑作品的设计原则证实了一种"支撑界面的概念"，即使在倍耐力大厦设计中也是如此，这种概念是庞蒂在 1952 年和 1953 年前往拉丁美洲旅行时产生的"新研究成果"。也就是说，非承重的外墙看上去是彼此分离的，并且这些外墙与屋顶和地面也似乎是分离的。这种感觉在夜晚也就更加明显，因为无论是从建筑平面来说，还是从建筑设计作品来说，其中都包含着庞蒂的支撑界面的设计概念，庞蒂称其为"夜间自照明"项目。因此，建筑看上去似乎没有重量或体块，［而且"尼迈耶（Niemeyer）已经向我们揭示了该建筑的柔弱感"］，建筑结构就像是已经在地面上不发挥作用了一样，整座建筑就像是一只蝴蝶。

这座建筑在加拉加斯立即被人们冠名为"佛罗伦萨风格的别墅"。这使庞蒂感到很开心，因为意大利式是他一直都喜欢的风格（"别墅被称为意大利式足矣"）。

一层平面图：景观视线可以从入口处（1），到露台（11），再到露天用餐区（10）；景观视线还可以从图书馆（7），到起居室（8），再到餐厅（9）

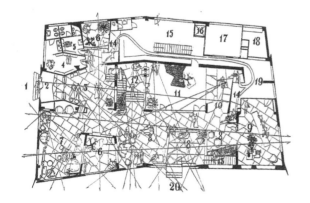

二层平面图：这是从一处阳台到对面另一处阳台（32 和 34）的交叉景观视线图，以及从阳台桥（21/22）上看到的位于露台（11）与起居室之间的交叉景观视线图

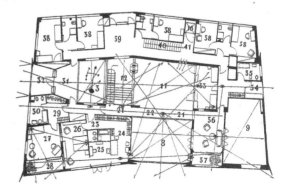

169

普兰查特别墅（Planchart）和位于加拉加斯的阿雷亚萨别墅（Arreaza）以及位于伊朗首都德黑兰的尼玛齐别墅（Nemazee）一起，这三座别墅成为庞蒂这些年来所有的"自由发明创造"融入设计的代表性作品

普兰查特别墅，加拉加斯，1955 年。这是庞蒂设计的富有彩色和明亮的客厅顶棚。下图，在院子和楼梯中有福斯托·梅洛蒂（Fausto Melott）设计的陶瓷作品

在加拉加斯的普兰查特别墅，1955年。夜间外观：有一条光线从墙后透射出来

意大利文化学会，莱里奇（Lerici）基金会，斯德哥尔摩，1954 年

庞蒂在《住宅》杂志上刊登了这座建筑的模型[1]、实际结构[2]以及它的建造经历。令庞蒂感到高兴的是，虽然这座建筑被建造在外国，但是人们却出乎意料地称其为"意大利式"。这个建筑也是庞蒂的"有限形式"理论的又一个实例，同时也是体现他的分离"超尺度"部分（而不是组合）设计原则的实例之一［此处的大礼堂的屋顶是由内瑞（Nerui）设计］。庞蒂在这个项目上的合作者是图尔·文纳霍尔姆（TureWennerholm）。

右上侧是该建筑的背立面。右侧是入口大厅里的楼梯。下图是模型以及三楼的原始平面图

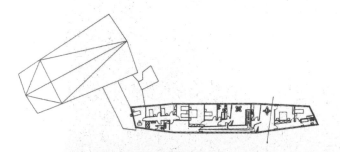

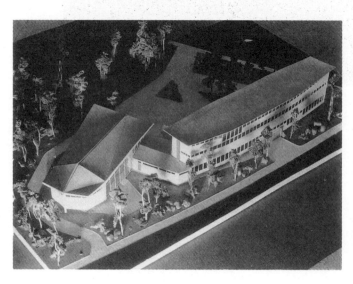

切塞纳蒂科（Cesenatico）市政厅项目，1959 年

这是一座未完全按照设计方案实施的项目。您可以透过市政厅建筑正立面顶端的"舷窗"看到天空——这种类似的设计庞蒂曾经不断地重复运用和发展，例如他在 70 年代设计的意大利塔兰托大教堂中，我们同样可以透过整个建筑前立面看到天空。

米兰理工学院建筑学院，1956 年

米兰理工学院建筑学院是由吉奥·庞蒂与佐丹奴·福蒂（Giordano Forti）一起合作设计的，这座学院的新建筑建于 50 年代。但是，学院想把这座建筑作为教学楼[1]和工作室的想法（正如 1954 年庞蒂设计的项目一样）仍然还没有实现。

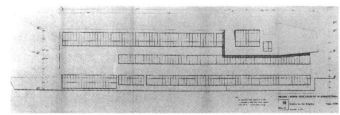

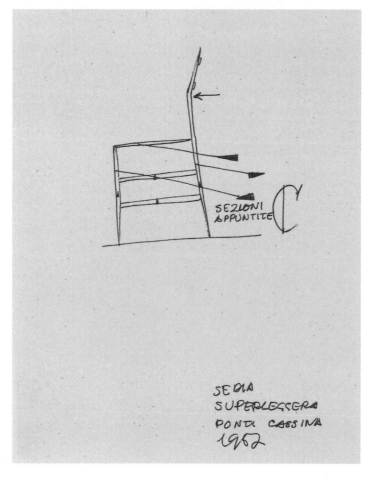

为意大利梅达的卡西纳品牌设计的超轻座椅，1957 年

多年来，有一种被称为"庞蒂椅"的椅子，庞蒂一直在通过设计逐年减轻椅子的重量。1949 年，第一款这种"庞蒂椅"出现了，它有着弯曲的椅背和尖尖的椅腿。[1] 到 1952 年，庞蒂为卡西纳品牌设计的倍受欢迎的"轻合金"座椅呈灰色，也是超轻超坚固。"如果你去卡西纳的话，那么那里的人会非常热衷于向你展示这种椅子，他们会将这些座椅从非常高的地方摔下来，使椅子撞击到地面并反弹起来，结果却没有一点破损"。[2] 最终，在 1957 年，"超轻座椅"正式面世，人们可以用一个手指将它提起：它的支柱的横截面是三角形的。[3]

（多年来，庞蒂为卡西纳品牌设计了 20 多种椅子。）

在上面的草图中，第二把椅子具有尖尖的椅腿和弯曲的椅背，1949 年。右图是 1952 年的"轻合金"座椅。下图，是"超轻座椅"的图纸

SEZIONI
APPUNTITE

SEDIA
SUPERLEGGERA
PONTI CASSINA
1952

1957 年的"超轻座椅",它的椅腿横截面是三角形的

门板绘画，1955 年，印刷的门板画，1957 年

庞蒂突然冒出了"画门"的想法（"为什么室内房间中的门不能像画一样有感染力？"[1]），然后他就产生了在织物上打印出门板尺寸设计的想法，并且为无数的门生产出成千上万米这样的印刷门板画。与布斯托·阿西齐奥（Jsa of Busto Arsizio）合作。[2]

1957 年覆盖印染面料的门：这个面料由布斯托·阿西齐奥制成，适用于宽度为 70～90 厘米、高度为 200～240 厘米的门。左下图，1955 年的门板画草图

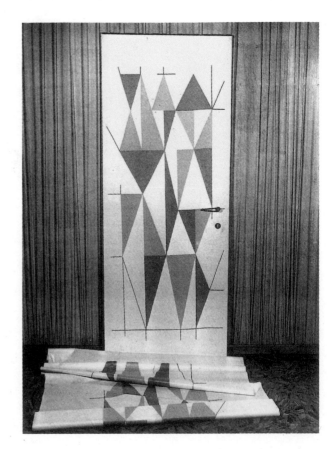

下图，大五斗橱：以突出的矩形元素作为橱柜的抽屉手柄。这是佐丹奴·基耶萨（Giordano Chiesa）为吉奥·庞蒂的展览制作的，这个展览于 1955 年由费迪南·伦德奎斯特公司（Ferdinand Lundquist）在瑞典的哥德堡筹建

左上图，万花筒般的木制地砖：它只需有一种地砖，但却可以用不同方式进行组合拼接铺砌；这种地砖是 1954 年由玛丽亚·卡拉·费拉里奥（Maria Carla Ferrario）为都灵的机构（Insit of Turin）制作的。上图，镶嵌牛皮的小块地毯，这是 1954 年由米兰的科隆比（Colombi）在纽约为阿尔塔米拉公司（Altamira）制作的

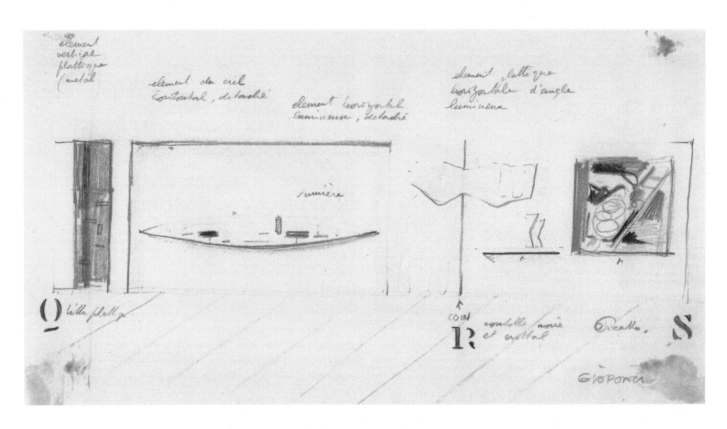

贝拉卡沙公寓（Beracasa）的家具设计，加拉加斯（Caracas），1956 年（A.G.P.）

福斯托·梅洛蒂（Fausto Melotti）的陶瓷作品，位于纽约第五大道的意大利航空公司办公室，1958 年

为德·波利设计的瓷釉包铜的物品，帕多瓦（Padua），1956 年

　　这些如猫、鱼、马等动物的造型，还有西瓜和魔鬼等造型，都经过设计师的剪裁和折叠，看起来仿佛是用纸做出来一样，这些形象完全是一种发明创造。因为是设计师使这些平面图形自己站立了起来，形成了三维的形象。这些实例正是庞蒂经常使用的，同时也是仅仅由他使用的一种绘画创作方法。他会用剪刀作画，并由瓷釉包铜艺术大师保罗·德·波利（Paolo De Poli）将这些想法变成实物——《伴随快乐与彰显华丽》。

阿雷亚萨别墅（Arreaza），加拉加斯，1956年

这座别墅位于一座公园内。由于它的墙壁上镶贴了钻石形式的马赛克瓷砖，人们很快就称其为"钻石住宅"。它的大屋顶覆盖住了由庭院分隔开的很多房间，确切地说是有7个小庭院。这些庭院同时也把室外的绿化景观带入别墅之中，使各个房屋之间都有绿色景观。

在这里，因为别墅的墙壁、地板、顶棚、家具、室内的各种物件和面料都是白色和蓝色的，因此绿色成为一种独特的颜色，这一有趣的设计使室内景观也变得更富有趣味性。

在别墅的模型中的7个小庭院。下图，前面的入口处有悬挑出来的遮蔽物从屋顶下方突出来，它上面装饰着彩色三角形图案

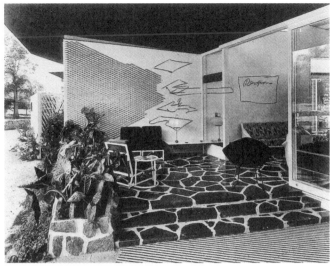

顶部图片是由陶瓷装饰的墙壁，
有时通过字母表达着某种寓意。

左图是客厅，它的墙壁、顶棚、
地板、家具和各种物体完全都是由蓝
色和白色构成

为克虏伯·伊塔丽娜公司（Krupp Italiana）设计的钢制餐具，米兰，1951 年

根据庞蒂的说法："对餐具这种新型工具最完美形式的重新思考就应该如此，"（"在 20 年之内，所有人都会使用这些完美形式"）。例如，一种具有倾斜外形的短刀，我们只会使用它的刀尖进行切割；一个有短叉的餐叉，我们只会使用叉子的尖头叉起食物。[1]

1951 年在米兰举办的第 9 届三年展上展出了为克虏伯·伊塔丽娜公司（Krupp Italiana）设计的镍银器物和餐具

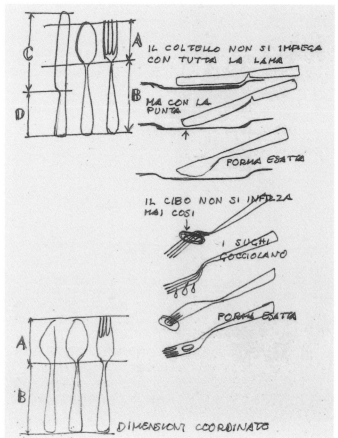

182

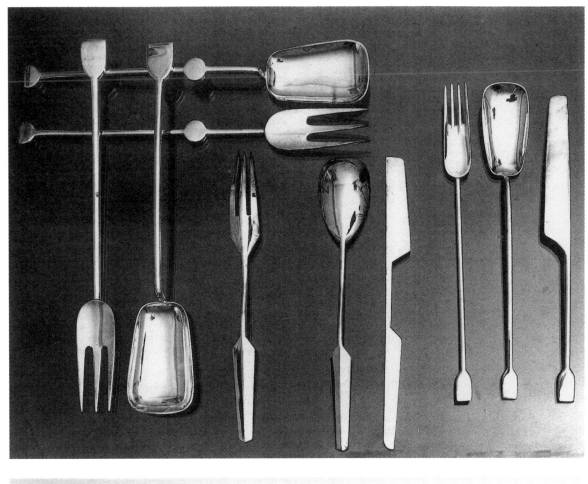

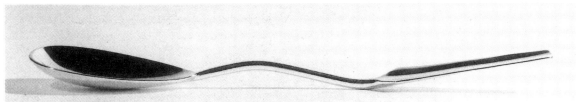

餐具（原型），1955 年

为法国昆庭公司（Christofle）设计的餐具，巴黎，1955 年

从 1927 年开始，吉奥·庞蒂就与由布耶特（Bouilhet）家族所拥有的巴黎银器昆庭公司（Parisian Orfevrerie Christofle）开始合作，这一合作一直持续了他的一生，并分别在 1955 年和 1956 年产生了新的成果。

这些年里，庞蒂与这些友好企业建立了灵活而又长久的关系，这种关系使他能够可以随时获得可能的系列产品样本。其中他最喜欢的合作者就是在钢铁或银器样本制造行业的利诺·萨巴蒂尼（Lino Sabattini）。

1957 年，庞蒂在巴黎的昆庭画廊（Galerie Christofle）举办了一个展览，这个展览的主题为"意大利的形式与思想（Formes Idees d'Italie）"[1]，和往日的习惯一样，他在这次展览上不仅展出了自己的建筑和为昆庭公司所做的设计，还展出了朋友们设计的陶瓷、银器和绘画作品，这些朋友包括梅洛蒂（Melotti）、甘博内（Gambone）、菲乌梅（Fiume）、鲁伊（Rui）、德·波利（De Poli）和萨巴蒂尼（Sabattini）。正如他 1955 年在哥德堡所做的一样。

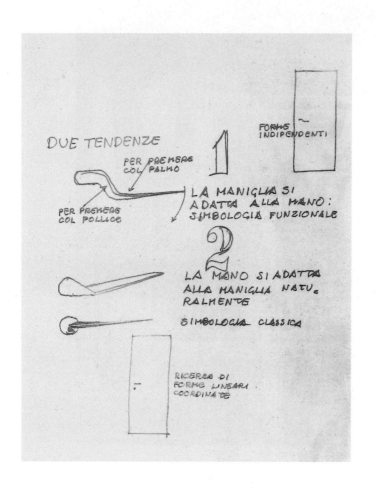

为奥利瓦里公司（Olivari）设计的门把手，博尔格马内罗（Borgomanero），1956年

为克虏伯·伊塔丽娜公司设计的餐具（原型），米兰，1956年

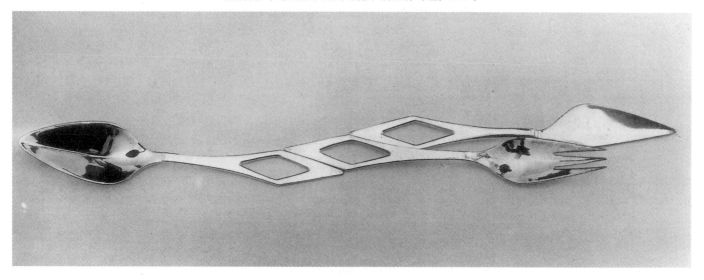

为萨巴蒂尼（Sabattini）和法国昆庭公司设计的物品，巴黎，1956 年

倍耐力摩天大厦，米兰，1956 年

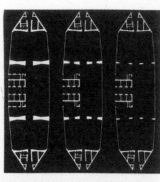

二层、十六层、三十一层平面图（庞蒂用这个三个平面图作为倍耐力大厦的"图形标志"）。下图，倍耐力大厦的塔楼与底层裙房地块是"分离"的

倍耐力大厦为什么会选择摩天大楼的形式？"高层建筑是合理的，因为它集中使用了场地，并为交通和停车留下了空间。同时又没有导致出现建筑形体塑成的像沟壑一样的街道。"[1] 此外，"建筑放弃采用不规则的空间，而把一个单一建筑的空间体积集中在一个精确的形状里，正是这个原因，意味着我们回归建造的智慧，并最终给建筑物赋予了一个完美无缺的形状，而这个形状可以完全解决所有的问题。"

庞蒂在 1956 年写下了这些话，并且也就是在这个时间，倍耐力大楼建造完成了——这是一座"令人热切期待的"欧洲摩天大厦[2]，这座摩天大厦立刻引发了闪电般的评论［这些评论是由来自欧洲和美国的历史学家提出来的，从赛维（Zevi）到班纳姆（Banham）都提出了评论］。并且，这座大厦也把自己展示为一种具有刺激性的形象"口号"[3]，这也激发着那些评论家各自轮流提出自己的口号。[4]

这座外形纤细的"小摩天大楼"有 127.10 米高，中心形体的进深 18.50 米，面宽 70.40 米。它并不是"站立"在一个基座上，而是从地面上"涌出来"的，塔楼周围的一圈是空的，这就使它与底层的裙房完全分隔开，就像是一个导弹从地下筒仓中发射出来一样。从内部我们也可以感觉到它的"基本"形式与其支撑结构的轻巧性非常匹配，正如赛维所说的那样，"开放的空间部分就是要宣布此处不需要多余的结构重量"。

从首层、十六层、三十一层三个平面图上看，它们构成了建筑的"图形口号"，人们可以看到中心柱随着地板荷载的减少逐渐变细。建筑物不能再增加任何高度，正如它的平面也不能再进行任何扩大（由于大厦的每个尽端轴线画廊逐渐变细，而在此处建筑内的运动也到达停止点）。这样，大厦就形成了一种"有限形式"，这种形式就来源于庞蒂所称的"结构发明"。

要实现一个"结构性发明"需要内尔维的所有技能［负责达努索（Danusso）的结构计算］：在一个建筑物中，宽度与高度之比如此之小的稳定性（抗风性）对于钢筋混凝土结构是一个史无前例的问题。内尔维采用了一个"重力"系统，集中在两个"点"（一对具有实心墙的空心柱）的刚性三角形和四个同样刚性的中心柱（大墙柱）以及中央塔的电梯上。[5] 结构的测试在一个 11 米高的特殊模型上进行。[6]

庞蒂在《住宅》杂志中比较了倍耐力大厦的"完美"模型构思和实际建造成果，[7] 这是他采用的一种典型方法。他将自己的注意力集中在所要实现的目标上，这个目标就是本质上的结构创新，同时也会注重表现力这种虚幻性的目标。"我们想要在思想中清楚展现的内容还没有充分实现呢。"这些都是他所使用的学术术语。

表现力：倍耐力大厦的两个侧立面是"垂直的"，但是玻璃幕墙正立面在视觉上是由不透明护栏的"水平性"条带控制的（然而，通过使楼板的边缘逐渐变薄，从而使其厚度到达了可以被忽略的程度）。"我们已经设法保留了一种合乎建筑语法规则的表述方式，"庞蒂说，"那就是要通过保持毗邻柱子之间的玻璃透明"[8]，表明栏杆上的不透明条带与结构无关；但是，在庞蒂眼中，这种证明不可能摆脱那种令人讨厌的"条纹睡衣"效应。

倍耐力大厦，米兰，1956年

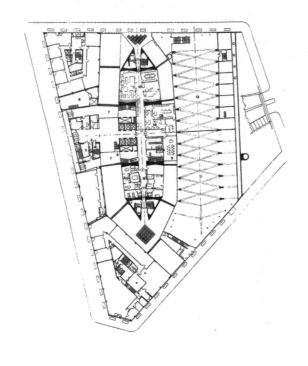

倍耐力大厦，米兰，1956 年。一层平面图和剖面图。包含办公室的塔楼是独立的，它有自己的地基基础；两座"桥"将它连接到矮的裙房体块上：前面的裙房体块容纳大礼堂，后面的裙房体块是工作人员入口和食堂

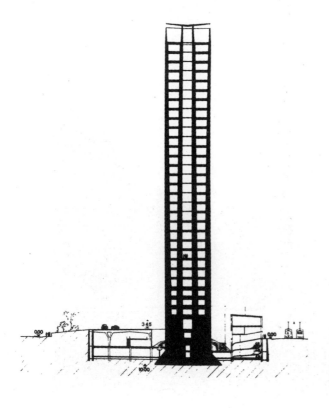

另一个没有达到预期效果的虚幻性的目标是，摩天大楼两侧的每一端都有一条垂直裂缝，原来的设计是想建造一个完整的光裂缝。但事实上，这条裂缝被突出的楼板（也就是那些"混乱的小阳台"）所分割，这些楼板由于结构原因而不得不被延长突出到立面外。

庞蒂在《住宅》杂志中与自己对话，对这一现实表示哀叹。他这样做是对的，因为随着时间的推移，倍耐力大厦仅仅是一座建筑，它所留下的形式并不是其背后存在的理由。此外，大厦越是符合他们的合理性，它就越符合"测量"，也就越像一种精密仪器，那么就越容易被淘汰。

今天，米兰的两座"塔楼式大厦"倍耐力大厦和韦拉斯科（Velasca）大厦，在出现 30 年后，历史观是互相对立的，但它们都属于历史。它们都是城市的"复杂性和矛盾性"的一部分。

"我喜欢彼此接近的摩天大楼。"在这个意义上并且只有在这个意义上，吉奥·庞蒂才想去纽约。庞蒂总是喜欢纽约的摩天大楼，纽约就是勒·柯布西耶所说的"垂直城市"，它被称为"美国童话"。这些摩天大楼促使庞蒂更多地谈论天空和城市，而不是只谈论建筑物（"用完美的建筑机器去穿透天空……"，"在银色的表面上，天空将与云一起移动……"）。[9]

根据庞蒂自己的叙述，不是纽约使他设计建造出倍耐力大厦，他的设计灵感其实来自 1952 年他在巴西的经历。在由柯布西耶"唤醒"的巴西那里，正是庞蒂与尼迈耶（Niemeyer）的相遇以及尼迈耶的"非凡而正宗的想象力"帮助庞蒂释放了自己的"形式"（这个结果我们将在委内瑞拉的项目中可以看到）。

现在，我们有 1000 种不同的倍耐力大厦的图像及其非常受人们欢迎的侧立面图。庞蒂总是拒绝从倍耐力大厦的下面拍摄照片，因为这样会展现这座建筑没有的"动态声势"。庞蒂的建筑是一个微妙的平衡体，而不是一种声势。

倍耐力摩天大厦由庞蒂·福尔纳罗利·罗塞利（Ponti Fornaroli Rosselli）工作室与瓦尔托利纳－德洛尔托（Valtolina–Dell'Orto）工作室合作设计；结构顾问是阿图罗·达努索（Arturo Danusso）和皮尔－路易吉·内尔维（Pier–Luigi Nervi）。

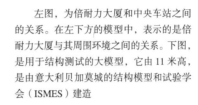

左图，为倍耐力大厦和中央车站之间的关系。在左下方的模型中，表示的是倍耐力大厦与其周围环境之间的关系。下图，是用于结构测试的大模型，它由11米高，是由意大利贝加莫城的结构模型和试验学会（ISMES）建造

倍耐力大厦，米兰，1956年。右图，是夜景和正在建设中的塔楼。下图，是在塔的顶部的内尔维（Nervi）设计的结构。右下图，是悬挑伸出的屋顶

正在建设中的倍耐力大厦

梅兰德里别墅（Casa Melandri），米兰，1957年

吉奥·庞蒂说："在这座住宅中，我推敲了菱形空间体量，正如我喜欢做的那样，把菱形突出体量与实体体量相互对比，并在菱形突出的体量下面留出了开窗的空间，还运用了我喜欢的材料：包括银色铝、灰色铝和菱形面砖，其效果非常好。"[1]建筑的楼梯采用万花筒般的颜色，一直延伸了5层楼。

图上是楼梯和正立面

192

戈龙多纳别墅（Gorrondona）项目，加拉加斯，1957 年

由于戈龙多纳别墅位于一条狭窄的山脊上，所以它具有紧凑而细长的外形。鉴于其位置比较特殊，房子的入口设在山下面。在地下停车场（也包括门廊和游泳池）上面的一层楼中有客厅，客厅里有 2 层楼高的大厅和图书馆。还有一层楼包括所有的卧室。另外，这里还有两个天井。

这个项目作为庞蒂·福尔纳罗利·罗塞利（Ponti Fornaroli Rosselli）工作室的一部分，是由玛利亚·卡拉·费拉里奥（Maria Carla Ferrario）和卡茨克·尤瓦布基（Katzukj vabuchi）一起共同合作完成的。

下图，为戈龙多纳别墅的卧室地板平面图

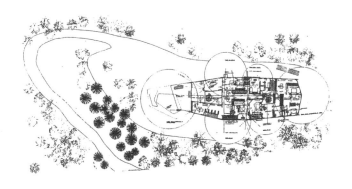

位于迪扎大街（Via Dezza）的吉奥·庞蒂公寓，米兰，1957年

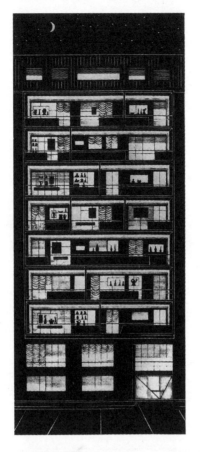

从1957年开始，吉奥·庞蒂与家人一起住在这座公寓里，这是他最后的一座住宅。[1]这座公寓中包含了50年代甚至起源更早的庞蒂式"发明要素"，例如平面布局、墙壁、家具和物品。在这里，这些发明要素第一次在一个建筑单元中"真实地"组合在一起：从具有滑动墙的开放空间到"具有家具装饰的窗户"，还有能"自我照明的"家具、"可以组织的"墙板、具有对角线条纹的地板和顶棚、单色组合图案（这里运用的是白色和黄色），整座公寓中都使用了相同的椅子和床，还有绘画都是放置在台子上，而不是挂在墙面上。[2]

这是一座可以作为"示范性样板"的住宅。并且该建筑中的一切都来自庞蒂的大脑和双手。

后来，随着庞蒂在住宅设计思想方面的进步，这个具有"示范性的"公寓被修改了。当庞蒂自己住在那里时，这种对五个人来说是高度宜居的"开放空间"则变了味：因为庞蒂把这里变成了一个可以漫游的自由空间，在这里他堆满了越来越多的图片与绘画。绘画作品也很有意思，其创作灵感来自庞蒂对自己生命尽头的想象，这些被光照射着的画作就像是彩色玻璃窗。在庞蒂86岁的时候，他在有机玻璃上画了20位大大的"天使"，并且还想到要标记这些绘画，于是，经过周边居民的许可，庞蒂在建筑的每一层上都展示这个"窗花"。公寓大楼的整个立面都是一个（可动的）装饰（这是他过去一直在想的娱乐项目）。建筑立面将允许进行"叠加"，即其中每个楼层都允许居民选择自己的"建筑外部颜色"，甚至是可以选择自己的"窗格划分方案"。"庞蒂曾经说过，这是一座几乎由居民自发设计的建筑。"

上图，住宅楼立面在"夜间"形成的图案。立面的开口布局在每一层都是不同的。吉奥·庞蒂住的公寓位于这座住宅楼的顶层。下图所示为公寓的客厅，还有"具有家具装饰的窗户"：后来窗户也装饰着"透明"的天使图案

上图，为整个公寓中都运用的对角线条纹的顶棚和地板。左上图，为卧室的场景。左下图，是从街道正立面穿越到后立面的视线

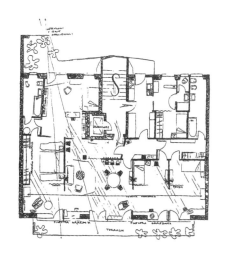

在第 11 届米兰三年展上的住宅方案，1957 年

在米兰三年展展区的这个临时展馆不是一座"小住宅"，而是一个在建筑中整体使用新工业产品的案例，这座建筑从建筑到家具都使用了工业产品：包括从轻型预制结构的菲尔系统（Feal system），到屋顶，再到窗户元素，还有外立面，这些构件全部由铝制成，同时也由菲尔公司制造，墙壁由在菲登扎（Fidenza）生产的彩色混凝土框架玻璃砖制成，还包括约（Joo）生产的"菱形"陶瓷瓷砖、倍耐力公司生产的橡胶地板、双色折叠隔墙［这种隔墙是为卡西纳公司设计的作为庞蒂的新家具，还有他为阿雷东卢切公司（Arredoluce）设计的灯，都是有两种颜色，也都依然作为示范性样板］。

这是建筑前入口：铝合金条框制成的标准外窗和建筑外立面

1957 年为阿雷东卢切公司（Arredoluce）
设计的塑料灯，1956 年为卡西纳公司（Cassina）
设计的"两片树叶"沙发

为建筑立面而铺设的菱形瓷砖：由于在浮雕式的表面上有照明效果，因此瓷砖的衬料也变成了"发光的"和"移动的"图案；从而，它使整座建筑就发出了光。1956 年，庞蒂展出了为塞拉米卡·约（Ceramica Joo）设计的"钻石"和"盛产"作品

为 Jsa 工厂（Jsa factory）设计的面料，布斯托·阿西齐奥（Busto Arsizio），1950 ~ 1958 年

1950 年，吉奥·庞蒂首次遇见了 Jsa 工厂的创始人路易吉·格兰帕（Luigi Grampa），并与他保持了长久的合作关系。格兰帕是庞蒂的好朋友，就像费德·谢蒂（Fede Cheti）和 MITA 公司的阿尔韦托·波尼斯（Alberto Ponis）一样，他也是那些印花面料生产的创新者之一，这些创新者曾经在 50 年代使意大利的"设计师"面料变得闻名遐迩。

吉奥·庞蒂对面料的热情来自他对印刷的喜爱："最终，难道不会有一个真正的、社会的、代表性的普遍胜利被印刷出来，并最终成为图像吗？"此外，在页面和布上，动作和重复会不停地呈现出来。任何设计和标志都能够被"拍摄和印刷"，并变成面料。

"水晶"和"钻石"，为 Jsa 工厂设计的面料，1957 年

"夏"，这是为 Jsa 工厂设计的面料，1957 年

邦莫斯切托（Bonmoschetto）的加尔默罗（Carmelite）女修道院，圣雷莫（SanRemo），1958 年

吉奥·庞蒂认为，神圣可以从欢乐中表达出来，正如在这个封闭式的修道院中就是如此，[与当时勒·柯布西耶设计的拉·图雷特修道院（La Tourette）形成了对比]。[1]

加尔默罗女修道院这个建筑的主角是与草木和天空相接触的白色之"墙"。它的中心就是礼拜堂；它是透明的，又是不透明的，它就被安置在"外部世界"和修道院之间（它没有墙壁，但是却有"幕布"。它从外部看是封闭的，从里面看又是开放的：开放后引入了外部世界的鲜花和绿叶，但这是一个被包围的、被墙环绕着的前院）。这个回廊是加尔默罗女修道院的另一个设计要点：回廊位于修道院的中心，没有更多的透明性，并且它的门廊由轻木通过十字交叉作为柱子。木质材料一直通向室内空间：在密室，在餐厅，在唱经楼，这些地方除了木制的白墙之外什么都没有。[2]

庞蒂需要花费三年才可能完成这项独特的工作（而且永远都不会忘记），三年中修女和建筑师会在一起讨论什么是女修道院，讨论什么是建筑。[3]正是建筑师向"加尔默罗的圣·埃利（Carmelites de Saint Elie）"说："修建修道院设计不是一个建筑问题，而是一个宗教问题。"并且，当勒·柯布西耶逝世后，正是修女们在修道院的教堂里为他做了一个弥撒，在修道院的礼拜堂中赞美柯布。[4]

这个项目是由吉奥·庞蒂和安东尼奥·福纳罗利负责设计建造的。

下图，是建筑的外墙：远处的左边只一个小礼拜堂；中心部位是回廊和密室建筑体块；右边是园林的墙体

左图，窗口的栏杆是一个十字架。下图，是礼拜堂的平面图，人们从礼拜堂可以清晰地看到前院的墙壁

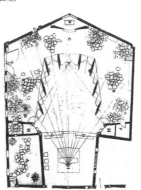

政府办公建筑，巴格达，1958 年

1955 年，伊拉克政府召集了很多建筑师到巴格达。例如为了设计城市文化中心邀请了建筑师阿尔瓦·阿尔托；为了设计歌剧院而邀请了建筑师弗兰克·劳埃德·赖特；为了设计体育场而邀请了建筑师勒·柯布西耶；为了设计大学邀请了建筑师格罗皮乌斯。邀请吉奥·庞蒂是为了设计一座政府办公建筑。

这座政府办公建筑就是倍耐力设计团队（the Pirelli team）的作品。倍耐力设计团队即是由庞蒂－福尔纳雷利－罗塞蒂工作室和瓦尔托利纳－德洛尔托工作室（Valtolina–Dell'Orto）组成。并且，庞蒂还将这座政府办公建筑与倍耐力大厦联系了起来：他说这是倍耐力大厦之后的第一个项目。[1]

庞蒂强调，这座政府办公建筑与周边独特的"气候"环境状况进行呼应，这种独特的环境就是城市建筑的历史已经消失殆尽。这就是为何整个地区几乎遮盖着庞大拱廊原因（有 16000 平方米），因为这些拱廊可以为所有的外部交通路线提供遮挡，可以保护车辆、行人和停车场。走出拱廊之外，可以看到建造起的两座建筑形体，分别是管理办公建筑大楼和行政办公建筑大楼，这两座办公楼彼此连接。建筑的外墙采用了灰蓝色瓷砖，还有可活动式的铝遮阳板。

在建筑模型中，这是从上面观看的建筑综合体。上图，是从底格里斯（Tigris）河看到的建筑综合体。在平面图中，是拱廊之上的楼板（下图）

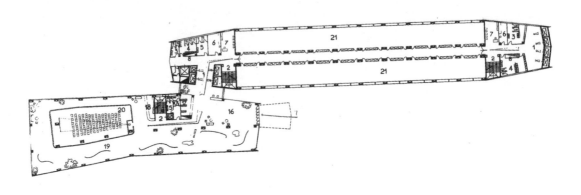

时间人寿大厦（Time and Life Building）八层屋顶上的礼堂，纽约，1959 年

这个礼堂是一座小型独立建筑，它位于哈里森和阿布拉莫维茨大厦（Harrison and Abramowitz's building）八层的屋顶平台上。它有一个"钻石形状的"体量。它不是这座摩天大厦建筑的一部分，但通过其覆盖式的庞蒂模式成为大厦的一部分。从上层建筑或天空中向下看，这座礼堂的体量以平台板的形式卷曲起来，由很多大型的彩色三角形构成，有蓝白色的，有蓝灰色的，有黑色的。它的这种卷曲是它有消失的倾向（今天，由于对建筑外部进行了改造，这种影响已经消失）。

在屋顶平台上的建筑

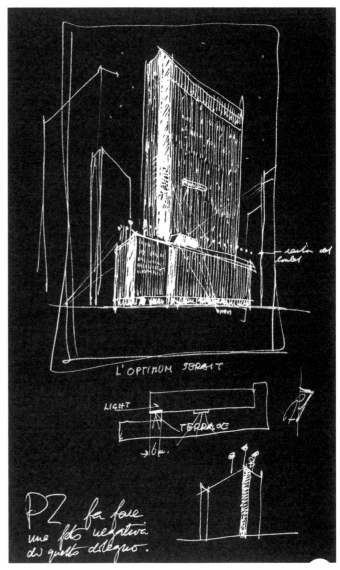

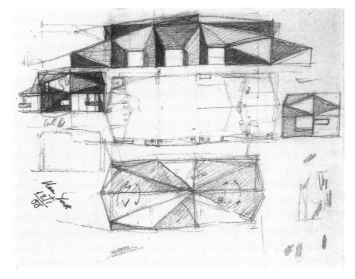

203

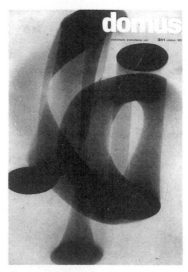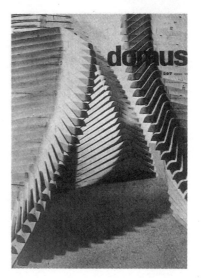

1950 年代的《住宅》杂志的封面

1950 年代的《住宅》杂志

在意大利（关键词仍然是"意大利"），在《住宅》杂志中，这个"著名的 50 年代"时期开始于 20 世纪 50 年代，然后几乎立即就结束了。

正如大家所说的那样，"工业设计"这个词早在 1948 年就已经在《住宅》杂志中出现；从 1948 年到 1953 年，莫里诺（Mollino）是 50 年代的第一位设计师，同时也是最后的一位工匠。梅洛蒂（Melotti）、莱安塔卢（Leoncillo）和丰塔纳公司（Fontana）设计的神话般的陶瓷也是在那个时期（"陶瓷给雕塑带来了一个第四维的元素：颜色"[1]）。1949 年，这一切与丰塔纳公司的"空间艺术"一起，突然出现了一个飞跃。

1949 年，《住宅》杂志发表了"悬挂在黑暗空间中的核形式被林中的光照亮"的封面，这是"原子时代的第一个涂鸦"。[2] 这是真的。正是在这样一个奇妙地发现混沌世界的时刻，我们发现了没有尺度的形式，同时也发现了人造物品（一个人造物仍然是最基本的形式）。

《住宅》杂志继续出版坎皮利（Campigli）、马里尼（Marini）的作品，同时也出版那些堆满了意大利轮船的艺术品。但是，杂志的这种感觉是为丰塔纳公司而设的，因为在 1951 年的第九届三年展上，丰塔纳公司在佛罗伦萨宫（Palazzo dell'Arte）空洞的楼梯中，曾经用氖光灯"照出一条弯曲的光线"；杂志出版这些内容也是为多弗（Dova）建筑立面尺度的绘画而设的，1952 年这些绘画被覆盖在扎努索（Zanuso）设计的建筑物上；同时，杂志也是为了 1953 年丰塔纳公司悬吊在巴尔代萨里（Baldessari）设计的电影院里的发光顶棚而设的，这些发光的顶棚是艺术家和建筑师之间进行充分合作的成果。"在空间时代和空间艺术中，无论是绘画还是雕塑……我们已经发现了新的艺术幻想作品。"[3]

在设计世界中，"发现"也是一个原始的新词语。它是一个设计的开端。如果你做一把椅子，你所要做的就是将两块薄板胶合板锚固在一起，就像是 1949 年韦加诺（Vigano）做的那样，或是把金属板拧弯曲，就像是 1950 年凯萨（Chessa）和德·卡利（De Carli）做的那样。这是一种关于"制作"的讨论，而不是"设计"。如果你制作一盏灯，只要用一把剪刀剪出一片金属板就足够了。例如，就像 1955 年索托萨斯（Sottsass）做的那样。而如果你创造一个空间，你只需要墙上有一个书柜和一个阴影即可，就像 1950 年泰德斯基（Tedeschi）所做的那样。即你必须能够在空间中拆卸、重新组装、积聚和去除家具。

人们为了"批量大生产"而发明出来这些物品，并把它们提供给一个自身还很年轻、很原始又充满热情的行业，也就是说，人们并不介意是否这种"批量大生产"会比一种工业和政治现实更有挑战性，或是更可能是一种祭品。这也是一种打破现实的手段，也是为了"挑战"手段、模式和材料，也是为了产生出不属于一个"阶级"的物品。所有这一切都出现在《住宅》杂志中。

你只需要瞥一眼《住宅》杂志的页面就会明白，理念的产生就是为了放弃。"批量大生产"的理念甚至没有像它们原来所设计的那样走太远，而只是感觉需要进行传播。行业也仅仅是被催促参与其中而已。面料图案？工业界就像原来一样从艺术家那里获得设计，并把这些设计图案打印出来。这些图案都是丰塔纳、多弗（Dova）、克里帕（Crippa）、卡尔米（Carmi）、祖费（Zuffi）、庞蒂和波莫多罗（Pomodoro）的设计作品，可以把这些图案装饰在家具、墙壁、门，或者服装上。工业界立即抓住了这个理念，那就是地板不需要设计，只需要"倾倒"即可。例如，1951 年庞蒂设计的"奇妙的"黑黄色橡胶地板就是如此[4]。或者在这种理念下，灯不需要设计，只需要"喷撒"即可。例如，1957 年卡斯蒂廖内斯（Castiglionis）设计的灯具就是由聚酯塑料薄膜制作而成。

在美国，乔治·纳尔逊（George Nelson）也提出了同样的理念。

于是，为了相互比较，意大利的设计立即转向了美国，而不是转向旧的欧洲大陆。当然，法国和芬兰除外，因为这两个国家分别与设计师普鲁夫（Prouve）和维克拉（Wirkkala）有关。所有这一切都在《住宅》杂志中有记载。同时，对《住宅》杂志来说，美国有伊姆斯（Eames），他设计的椅子的交错网状结构很轻巧，还有巴克明斯特·富勒（Buckminster Fuller），他设计的圆屋顶的网状结构也非常轻巧。美国还有沙里宁（Saarinen）和他设计的肯尼迪机场 TWA 候机厅，还有卡尔德（Calder）和他设计的巨大的"悬挂型可动式雕塑"。

1950 年代早期，"发现"同样也是一个地理学名词。建筑师们，甚至是"大师们"，开始走遍全球，开辟一个新的视野。例如，勒·柯布西耶在 1948 年去了巴西，1956 年到了印度，于是，在拉康布尔（Ronchamp）、昌迪加尔和艾哈迈达巴德的勒·柯布西耶就成了一个全新的人，甚至在 1958 年的布鲁塞尔展览会上的勒·柯布西耶同样也是一个全新的人了。再如，格罗皮乌斯于 1956 年去印度和暹罗（即泰国）。而庞蒂则去了巴西，在那里他遇见了尼迈耶，后来庞蒂又去了墨西哥，在那里他又遇到巴拉甘，再后来庞蒂去了委内瑞拉，在那里他终于遇到了全新的庞蒂，也就是自己完全改变了。同样，美国的伊姆斯和鲁道夫斯基分别在 1954 年和 1956 年发现了日本。而在 1952 年，日本与建筑师丹下健三一起走上了世界历史的舞台。

所有这一切都出现在了《住宅》杂志中。并且，在 50 年代早期，《住宅》杂志本身就是一个"50 年代的产物"，在这本杂志中，所有的一切都被尝试混合在了一起，有艺术、手工艺、设计、建筑，每一位艺术家、设计师、建筑师都参与其中了。《住宅》杂志被安置在一座工作室里，而这正是吉奥·庞蒂的工作室。50 年代早期，他的曾经是车库的工作室对所有人和材料都是开放的，因为这些人和材料都是令人兴奋的"新材料"啊。庞蒂在车库里编辑制作《住宅》杂志，可以不受任何约束，还可以手工制作，但是出版商正在建立一个"工业"分发体系，用这个体系可以把《住宅》杂志送到每一个国家。这就是《住宅》杂志所创造的奇迹，当然也是它的秘密。

然而，早在 1954 年，《住宅》杂志本身就与庞蒂一起促成了《工业风格》（Stile Industria）杂志的创立，这是一本由罗塞利创立的设计杂志，它获得过"金罗盘设计奖（Compasso d'Oro）"。我们可以看出，此时在不同的渠道中已经开始进行不同的运动了。工业设计变得越来越工业化。艺术去了双年展，工艺品去了三年展，而《住宅》杂志则参加了当时所有"伟大的艺术展览"，它没有看出这些迹象，因为它没有设对艺术的报警信号系统，甚至没有注意到自己身边的重大事件，例如意大利画家皮诺·加利齐奥（Pinot Gallizio）在 1956 年创造了有诗意的反对技术的"工业绘画"，又如法国艺术家伊夫·克莱恩（Yves Klein）在米兰的阿波利奈尔画廊（Galleria Apollinaire）举办的首个展览。

这些年来，《住宅》杂志室内建筑设计关注的内容都是它所记载的内容。这本杂志记录了阿尔比尼（Albini）和加尔德娜（Gardella）真正的原创作品，同时也记录了由他们所发展的米兰主义风格，还为新艺术风格时尚留出了一席之地。幸运的是，《住宅》杂志在这个时期得到了很多人的保护，这些人不仅包括 60 年代出现的新人才，还包括两位不受米兰风格影响的名人：他们就是年轻的索托斯（Sottsass）和吉奥·庞蒂本人。在庞蒂 60 岁的时候，当提到他的赞助人时，他还保持着全新的真正的创造力和清晰的思路，而这一切都反映在《住宅》杂志中，这本杂志其实就是庞蒂的一本日记，他从中可以知道自己应该汲取哪些经验和教训。

圣卡罗（San Carlo）医院的教堂，米兰，1966 年

1960 年代：推敲立面

1950 ~ 1960 年代，吉奥·庞蒂在建筑设计和艺术设计方面的创造力不断增长，到 70 年代达到了最高峰。随着吉奥·庞蒂年龄的增长，他拥有了带有幸福感的新视野，于是他的"伟大时代"开始了。这个时代也可以称之为"辉煌的时代"，这是庞蒂谈论勒·柯布西耶时提到的名词，当时新的勒·柯布西耶刚从拉康布尔、昌迪加尔和艾哈迈达巴德回来。[1] 我们不仅可以在庞蒂的设计中看到这个"辉煌时代"的到来，还可以在他出版《住宅》杂志的方式中看到这一点，他的出版方式是简洁的，诗意的，甚至是以寓言的形式进行。并且，当他以这种方式越来越多地谈论形式和想象力时，他像凡·德·维尔德（Van de Velde）[2] 一样，"美"超越了"问题"而占据了统治地位。

在这 10 年中，许多伟大的艺术家和建筑师去世了[3]，这是充满了吉迪恩（Giedion）所说的"希望和恐惧"的 10 年，同时也是富有"黎明般的、复兴的、充满新形式景象……"的 10 年。[4] 我们可以最大限度地总结庞蒂的思想和作品，那就是"建筑设计就是要用来看的"。这是庞蒂的最后一句话，它综合了维特鲁威（Vitruvius）的思想，同时又是以庞蒂自己的风格总结出来的。庞蒂建造建筑，同时又"解释建筑"。庞蒂从 1963 年设计香港的瑞兴大厦（Shui-Hing building），到 1964 年和 1966 年分别设计了米兰的圣·弗朗西斯科教堂和圣卡洛教堂，再到 1967 年设计了米兰圣保罗大街（Via San Paolo）的 INA 大厦（INA buildings）。1967 年他设计了位于荷兰的艾恩德霍芬（Eindhoven）的女王百货公司（Bijenkorf），还有 1967 年设计的很多"三角形的、彩色的摩天楼建筑"，他是在推

敲"立面"，推敲立面上的缝隙和表层材料，看它们是否使用具有强烈反射性的"菱形"瓷砖，他还推敲立面，看这些立面是否与建筑结构和平面"毫无关系"。"建筑设计就是要用来看的"，因为建筑也是一种公共景观："建筑的外立面也就是街道的墙壁，而城市又是由街道组成；因此，建筑的外立面就是城市的可见部分，它们是城市能够展示的一切。"[5]

最上图，1964 年吉奥·庞蒂正在为萨勒诺·陶瓷·达戈斯蒂诺（Salerno Ceramica D'Agostino）公司进行设计工作。下图，是 1967 年吉奥·庞蒂为位于荷兰艾恩德霍芬的荷兰女王百货公司设计的外墙。右图，是 1967 年庞蒂设计的"三角形摩天楼建筑"的平面图

尼玛齐（Nemazee）别墅，德黑兰，1960年

　　这是在委内瑞拉的普兰查特别墅（Planchart）和阿雷亚瑟（Arreaza）别墅之后庞蒂设计的第三个别墅，他构思这座别墅时所提的概念就是过去常说的"生活在那里就是快乐（joie d'y vivre）"。[1]这座尼玛齐别墅的建筑内部和外部都围绕一个2层高的大型中心房间布局，建筑中间有通透的视线，富有吸引力。

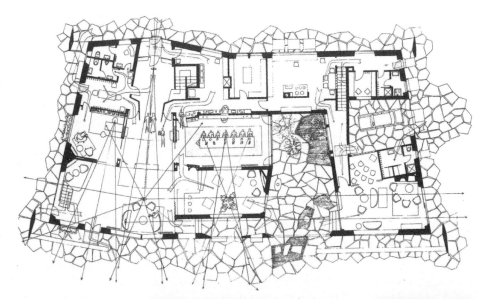

　　右下图，尼玛齐别墅的前入口近景，面对由约（Joo）设计的"菱形"瓷砖铺砌。左下图，由福斯托·梅洛蒂（Fausto Melotti）设计的饰有陶瓷匾牌的内院墙壁。这是一层平面图

208

为西库塔的亚得里亚海会议（RAS，RiunioneAdriatica di Sicurta）设计的办公楼，米兰，1962 年

　　这座办公楼位于市中心的一块不规则场地上，它是一座建筑综合体，其中包括一座大型公寓楼和一座花园。

　　今天，在这座建筑建成 25 年之后，它依然屹立在那里，带着市民般的历史文脉，展现着庞蒂想在它身上实现的"表达礼仪"。但是我们从庞蒂那里知道，他原本想要实现的并不是实际使用的"内向型"设计，也就是说，建筑物的外轮廓与街道几乎是齐平的，因此大花园只能设计在建筑内部，从而使建筑成为一座"外向型"的建筑。由于较大的建筑从街道的边缘向后退线，因此在一座架空的广场下面设置了停车设施。这是一个"照顾城市"的解决方案，同时庞蒂想要的建筑立面采用明亮的瓷砖铺砌，而不是现在使用的红色花岗岩立面。[1]这个项目是由庞蒂·福尔纳罗利·罗塞利工作室与波尔塔卢皮工作室（Studio Portaluppi）合作完成的作品。

　　左图，是办公楼的正立面和俯瞰的内部花园。左下图，是所选的"内向型的"解决方案。右下图，是第一个"外向型的"方案

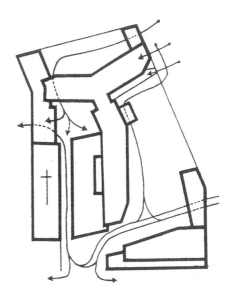

蒙特卡蒂尼（Montecatini）文体馆的大厅，米兰商品交易会（Milan Trade Fair），1961 年

这是由吉奥·庞蒂和科斯坦蒂诺·科尔西尼（Costantino Corsini）共同设计的建筑，建筑施工图是由皮诺·托瓦格里亚（Pino Tovaglia）设计的。

那些高高的具有不同直径的铝制圆柱体，包含着很多展示柜，看起来好像是"悬浮的物体"：它们就像是顶棚上的圆锥形附件，由帆布制成，亮起来之后又消失了。

这些圆柱体是由电镀的铝制成，采用的是天然的蓝色；在玻璃橱柜中的模型是为"蒙特卡蒂尼世界"而设计的

1961 年内尔维设计的位于都灵的国际劳工展览会［"意大利 61（Italia '61）"］的建筑布局

这座建筑是内尔维和庞蒂之间的一次临时合作的作品，两人的工作关系很好。内尔维设计了都灵国际劳工展览会的建筑，而庞蒂设计了室内布局。

内尔维设计的建筑是一座巨大的建筑结构，由很多独立的单元组成。其中包括 16 个高度为 25 米的钢筋混凝土柱，每个柱子都支撑着一个方形的钢制"伞"，伞的每条边有 40 米。相比之下，庞蒂的室内布局设计则是基于一种薄而轻的隔墙系统，这种隔墙系统可以被很彻底地拆除。这样，人们就可以在这样一座"永久性"建筑中进行这种"临时性"的展览了。但是，庞蒂以一种独特的方式排列这些隔墙，以至于你总是能够看到所有的柱子。也就是说，你可以同时在视线中看到 4 ~ 8 个柱子。因此，庞蒂设计形成的室内每一个站点都是开放的，人们可以看到独特屋顶的壮丽景观［这是庞蒂与贾恩卡洛·波齐（Giancarlo Pozzi）合作设计的］。

1960 年为米兰的卢米（Lumi）公司设计的灯：这是一片 40 平方厘米的发光面板

王子公园酒店（Parco dei Principi），罗马，1964 年

　　庞蒂设计了这个酒店的一部分，就像他在设计这座酒店位于索伦托（Sorrento）的姊妹机构一样[1]，他所设计的部分也是他最钟爱的部分。[2] 庞蒂并不是设计出了一个建筑作品，而是提出了他最喜欢的一系列设计内容。例如，他使用具有迷幻性的镜子隔离和减轻建筑的顶棚；他将由梅洛蒂（Melotti）设计的白色大理石板和陶瓷板插入暗白色抛光的柱子和墙壁；他将单层连续的白色大理石地板布满了镶嵌的装饰；他还只使用除了白色以外的其他另一种颜色，这里使用的是绿色；他还将由约设计的绿色陶瓷鹅卵石作为"花园主题"使用在建筑立面上，甚至在建筑的室内设计中。

　　该项目由庞蒂·福尔纳罗利·罗塞利工作室的庞蒂设计，合作者是蓬齐奥（Ponzio）。

　　建筑的立面和室内，庞蒂用由塞拉米卡·约（Ceramica Joo）制作的绿色陶瓷鹅卵石进行装饰。在中央大厅，右上图的顶棚上设置了镜子

212

位于卡波·佩拉（Capo Perla）的住宅区，厄尔巴岛（Elba），1962 年

在规划设计一座位于卡波·佩拉的旅游综合体时，庞蒂设计了 10 种类型的小房子，包括一座餐厅和一座酒店。庞蒂在现场逐个研究这些小房子，以便使其与景观和场地相匹配。最终他建成了两座房子：一座是"适应条形地块的长房子"，另一座是具有水晶形平面的"八角形房子"，因此这座建筑在各个方向都有很好的景观，注意入口是设在建筑的角部。在那些未建成建筑的地方，有一座"适合小地块的塔楼式房子"，具有八角形平面，其高度与周围的树木一样高大，这座建筑并不对这些树木造成威胁。建筑的墙体在绿树环绕之中，同时也被绿树覆盖着。

该项目由吉奥·庞蒂与切萨雷·卡萨蒂（Cesare Casati）合作设计而成。

左图，八角形的房子。上图，在模型和图纸中看"塔楼屋"

213

蒙特利尔塔项目，1961 年

　　庞蒂非常喜欢"蒙特利尔大厦"这个项目，但最终这座建筑没有建成，1961 年庞蒂曾经这样描述这个项目："如果在一座办公楼中，其立面所代表的尺度就是其中一个独特的、包罗万象的公司的话，那么在一座公寓大楼中，其尺度就应该代表公寓、私人住宅的尺度，尽管在整座建筑的大型尺度上，建筑应该恢复到人体尺度。"

　　在"蒙特利尔大厦"中，单层或复式的个人公寓通过三种或四种尺寸的标准窗户图案让自己具有可识别性，同时也通过立面上的凸起物来标识自己，这些凸起物使建筑物看起来像"并排耸立的塔"。因此，庞蒂就是这样令人吃惊地通过建筑外部设计表达建筑的内部，他成功地采用这种"有节奏韵律的"立面划分达到了建筑垂直方向的设计效果，这是庞蒂的一种发明，同时也成为他的一种设计方法。

　　庞蒂在"蒙特利尔大厦塔楼"的前面设计了很多花园，花园专门设有空中走廊，走廊上有悬挑出来的屋顶遮盖。这座屋顶花园为下面的停车场和商店形成了绿色屋顶。

　　该项目是由吉奥·庞蒂与内森·夏皮拉（Nathan Shapira）一起合作设计而成。

庞蒂在蒙特利尔大厦塔楼的前立面和侧立面写道："住宅楼应该以这样一种方式体现自己的特点，那就是任何人都可以从建筑外立面指出哪是自己的公寓。"

为伊斯兰堡而设计的一个反-立面式"遮阳"理念，1962 年

如果我们把遮阳板设置在建筑立面的边缘，通常会在立面上构成一种由单一元素组成的规则图案。根据庞蒂的说法，[1] 这个想法是用一个完整的穿孔的"第二立面"代替遮阳板，这个第二立面就是一种反-立面。它被设置在"内部"立面前面的 80 厘米处，因此不仅可以使建筑保持荫凉，而且也创造出不同的开窗模式。庞蒂解释说，"我设计这些立面没有其他目的，只是想从中获得一种自然发生的模式，并且只是凭借自己对这种特定的韵律性设计的一种模糊记忆而设计，这种韵律性的排布方式是这个国家的建筑所独有的特点。但是现在，当一片一片地观察这些反-立面时，我已经看到了很多非常适合大运河的建筑立面作品。"

这是 1962 年庞蒂设计的在伊斯兰堡的巴基斯坦之家酒店，我们也许可以从中看到这个反-立面式"遮阳"理念早期的、不成熟的版本。

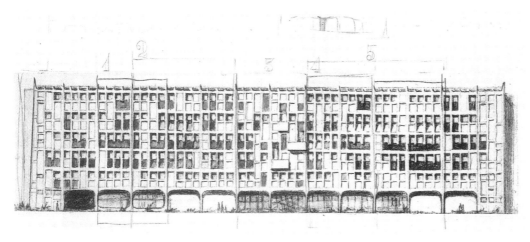

上图和下图，位于伊斯兰堡的巴基斯坦之家酒店，1963 年。在左侧的手绘图中，这就是一个"反-立面"的理念

瑞兴百货公司（Shui-Hing）大楼正立面，中国香港，1963年

庞蒂最亲爱的中国客户丹尼尔·库（Daniel Koo）给了他一个机会，那就是让他在香港设计一个"庞蒂式的"建筑立面。

在弥敦道（Nathan Road）上的大型建筑中，这个小巧的、只有12层的建筑立面成为庞蒂原则的宣言，同时它也确实是一个令人惊奇的"庞蒂式的"建筑立面。首先，它通过差异化的立面处理揭示出建筑的内部功能，即瑞兴百货公司大楼的一到四层是商店，其余的楼层是办公室。它揭示出这样一个事实，即这座建筑只是一个"悬浮的"屏幕。在建筑的顶层有屋顶平台，人们可以通过这个立面屏幕上的没有镶边的玻璃窗看到天空。就像是莫利诺（Mollino）曾经说的那样，"窗户"这个词来自撒克逊人（Saxon）的"风之眼"的说法。[1]他用菱形的外形塑造了阳光射进来的图案（不仅建筑立面陶瓷瓷砖的分面像钻石，窗户也像钻石，因为窗户的玻璃微微向外凸出，窗户自身的前面还稍微弯曲）。这座建筑是一座"自发光式的"建筑，因为建筑的两侧有两个会发光的垂直狭缝，当夜晚降临的时候，立面看起来像是从建筑物自身"分离"出去一样；并且这座建筑也似乎与两侧相邻的建筑"分离"开来。

在建筑模型中的建筑夜间效果。在白天现实照片中的建筑效果

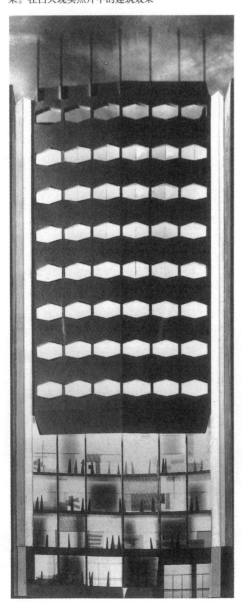

为丹尼尔·库设计的别墅，中国香港，1963 年

这座别墅位于香港绿色多山的郊区。在这里能够看到南部和北部的高地：别墅的两片前墙在不同的地坪标高处被不同形式的窗户穿透。在客厅里，楼板"上升"到后墙上，直到后面的窗户。

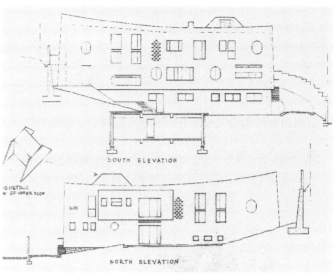

在奇瓦泰（Civate）（布里安扎（Brianza））的庞蒂第二住宅，1963 年

庞蒂的这座住宅周围都是田野，但是这里并不是一座花园。庞蒂的第二住宅比 1944 年他建造的第一住宅有了提升，因为这座住宅拥有一个大屋顶，还有白色的墙壁。

在巨大的客厅里，有蓝色的陶瓷地板和白色墙壁，那个具有圆筒状通风帽的独立壁炉由黑色的铸铁制成。那座青铜雕塑是由利贝罗·安德烈奥蒂（Libero Andreotti）设计制作的

圣弗朗西斯科教堂（San Francesco），米兰，1964 年

圣弗朗西斯科教堂的建造没有其他选择，它只能被完全建造在一座古老的花园里，并且仅有一个狭窄的建筑前立面对着道路，也就是前院。因为它建造在两座相邻的建筑之间，这两座建筑也是为了宗教目的而由庞蒂设计的。这座教堂的原创性就在于庞蒂将三个建筑的正立面连接起来，形成了一个整体而又壮观的主题立面：即教堂的前院成了这座建筑"外部的"中心。[1]

在这座教堂里还有一条让人感觉不到什么的入口大坡道，坡道上有两条向外倾斜的栏杆，逐渐向外展开。这个特征在 1966 年庞蒂设计的圣卡罗教堂中再次出现，这个坡道看上去似乎从地上升起，然后进入教堂的内部（这里的主要问题是如何让建筑物能够让人感觉已经"离开"地面）。在教堂的内部，祭坛是独立的，集会的人们可以围绕在它周围。小礼拜堂都有门，这样可以将它们与教堂的中殿分开（中殿是庞蒂的另一个发明）。

（如果教堂是一个活生生的实体的话，那么随着时间沉淀下来的装饰就会在教堂里积累起来。于是，这座教堂就是如此。庞蒂在他生命的最后日子里，曾想在教堂中加入属于自己的装饰品：他心里想的东西是很轻盈的、用纸作的人物，可以用钢丝吊在的教堂的十字翼上在空中摆动；并且在祭坛周围，在草木和鲜花中要安放养鱼缸）。[2]

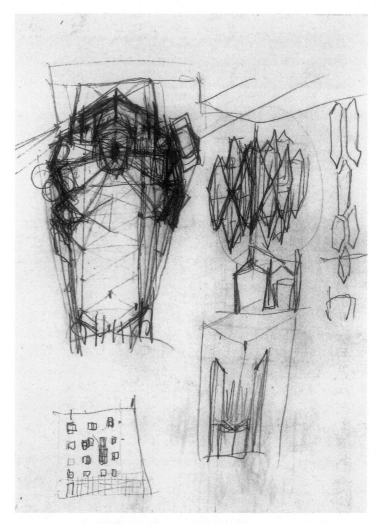

右上图，朝向前院的窗户草图和建筑平面草图。右下图，带入口坡道的前院细部。对面是建筑的正立面

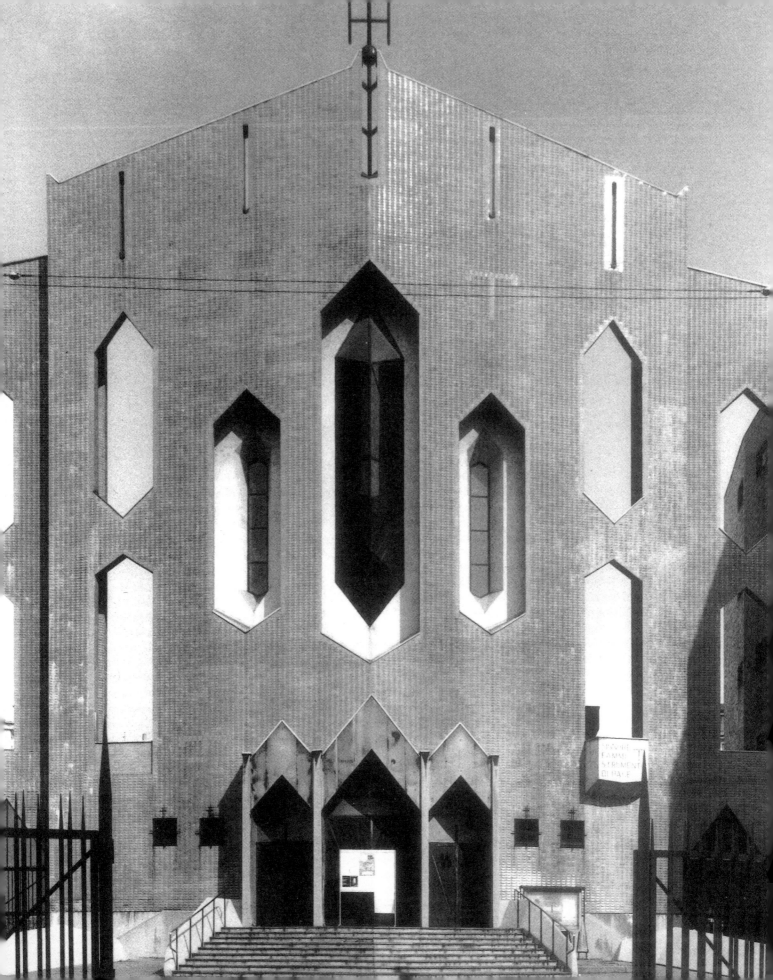

1960 年代的方尖碑

《住宅》杂志的方尖碑（Obelischi di Domus）[1] 是吉奥·庞蒂想出来的一个奖项，"我们要根据当时出现的设计灵感事件，每年授予一次或多次这个奖项。"从本质上，这个奖项设置的基础就是"赞美"［1963 年，这个方尖碑奖被授予了埃德加·考夫曼（Edgar Kaufmann）、雷（Ray）、查尔斯·埃姆斯（Charles Eames）、拉尔夫·埃斯金（Ralph Erskine）、何塞·安东尼奥·科德奇（Jose Antonio Coderch）、鲁特（Rut）和塔皮奥·维克卡拉（Tapio Wirkkala）以及《建筑评论》杂志（the Architectural Review），后来方尖碑奖只授予那些富有想象力的人们］。

方尖碑是吉奥·庞蒂在一系列的展览中"表达自己"的方式，这些展览是庞蒂 1964 年在米兰为他的理想标准展厅（Ideal Standard showroom）设计的。[2] 庞蒂的理念认为：他关注的不是在艺术画廊里的艺术展览，而是那些建筑师、艺术家、设计师们临时性的和实验性的自由"表达"展示，因为这可以创造出一个短暂的时间和特定的空间，也就是这个理想标准展厅。人们可以从街上观望理想标准展厅，路人们将它视为奇观［这种"表达"被各种各样的人物所展示出来，这些人物包括穆纳尔（Munari）和皮斯托莱蒂（Pistoletto）、索塔斯（Sottsass）和卡斯蒂廖尼斯（Castiglionis）］。

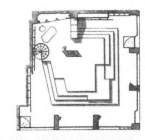

1965 年在米兰的理想标准展厅"表达"展中的方尖碑。右图，理想标准平面图，其中有很多不同标高的平台，都是由庞蒂设计的

安东·布鲁克纳（Anton Bruckner）文化中心的竞赛项目，林茨（Linz），1963年

　　1966年，吉奥·庞蒂是这样描述安东·布鲁克纳文化中心这个项目的，它是"一座成功的竞赛落榜成果"。它使庞蒂有机会尝试和调整那个"架空的大平台"的想法，平台下面是停车场，平台上面可以集中建造一个由很多独立建筑构成的"建筑景观"。这些建筑包括大礼堂、小礼堂、衣帽间、餐厅、中心主任住宅、"布鲁克纳里安（Brucknerianum）"或是小型博物馆和美术馆。"每一个建筑元素都以自己真实而独特的形式显现出来，因为建筑的外部形状与其内部的功能完全相对应。形式，形式，就是要表现形式；而不是要把一个形式挤压进另一个形式"。[1] 该项目由吉奥·庞蒂、科斯坦蒂诺·科尔西尼（Costantino Corsini）、吉奥吉奥·威斯克曼（Giorgio Wiskemann）和埃米利奥·贾伊（Emilio Giay）合作设计而成。

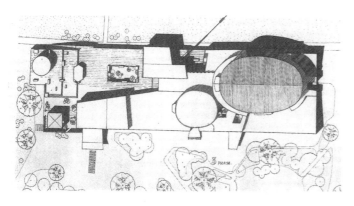

左图，建筑的屋顶平面图。下图，从多瑙河看建筑的立面。最底部图，从公园看建筑的立面

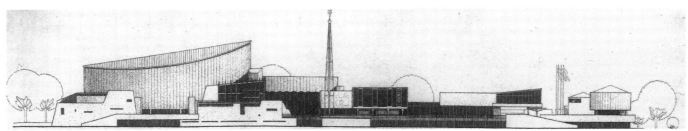

为吕拉哥·德艾尔芭酒店（Lurago d'Erba）的博纳奇纳（Bonacina）设计的"连续式"扶手椅，1963 年

为索伦托（Sorrento）设计的瓷砖，1964年

"我在索伦托设计了一座酒店，虽然没有必要，但还是想使这座酒店的100个房间拥有各自不同的地板。我从自己过去喜爱的瓷砖中进行选择，无论在哪里使用它们，都必须设计出比我需要的瓷砖更多的铺砌图案。因此，我在30个不同的设计中，每个都允许出现两种、三种或四种组合，这样就会创造出100个设计。此处再现的就是其中一种瓷砖铺地方案，它是我最喜欢的一个设计。我总是认为艺术有无限的可能性：例如，我们给某人一个22平方米的空间，即使人们几

个世纪以来一直在提出无穷无尽的设计方案，但是，我们总会有一个新的设计出现。因此，我们永远不会有最后的设计……"[1]

位于索伦托的王子公园酒店（Parco dei Principi）的100种不同的地板，它由白色、浅蓝色和深蓝色的瓷砖制成，这些瓷砖是由位于索伦托的陶瓷·达戈斯蒂诺公司（Ceramica D'Agostino）生产的，这些瓷砖符合庞蒂对单色装饰的喜好。

这是为位于萨莱诺（Salerno）的陶瓷·达戈斯蒂诺公司设计的瓷砖

"树叶下的甲虫"，1964 年

　　吉奥·庞蒂在《住宅》杂志的页面上刊登了这座小住宅项目，他甚至出版了 1∶50 比例的用于实施建造的建筑平面图，对任何人来说都可以直接用它来建造这座建筑了。[1] 这座小住宅全部由砖和瓷砖砌筑而成，就连住宅内部和外部的家具也是砖砌的；屋顶由瓷砖铺砌，就像一片大"树叶"，"树叶"屋顶伸出建筑，从而形成门廊。所有的砖和瓷砖都试图被设计成一种原型，可以用它进行再设计并形成多种变形。而这就是他所做的事情。1970 年，建筑师南达·维戈（Nanda Vigo）建立了自己版本的甲虫和树叶建筑，这正是她和庞蒂这两位建筑师之间的"灵感偶遇"。[2]

下图，建筑平面图，其中表示的是在屋顶阴影下面的露天砖砌家具。右图，瓷砖铺砌的建筑屋顶。底图，该建筑的立面图

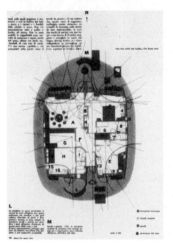

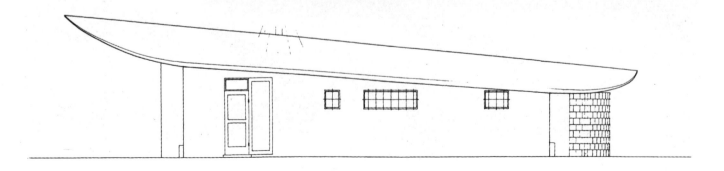

伊斯兰堡的政府部委大楼，巴基斯坦，1964年

1962年，庞蒂·福尔纳罗利·罗塞利工作室接受了设计伊斯兰堡政府部委大楼的委托。伊斯兰堡是当时西巴基斯坦的新首都，整座城市正在建设中，目的是为了实现康斯坦丁·佐克西亚季斯（Constantin Doxiadis）和罗伯特·马修（Robert Matthew）的城市计划。这座建筑是一项需要短时间内完成的重要工作。它是一项将要在一个荒凉环境中建造起来的大型建筑群。

部委大楼不是作为一座单独的建筑来设计，而是要成为一个建筑空间的"系统"，需要适应可能出现的功能变化。作为一个整体，这些部委大楼要在同一尺度上形成开放的景观，但它们所包围的空间却要满足更小的人体尺度。

在这个特殊的基地上，这座建筑群结合使用了预制配件，这些预制配件是由钢筋混凝土制成的，有的构件甚至是现场浇筑的。并且该建筑群还使用非常简单的元素，运用纯粹的几何形状，这些元素在整个建筑系统中不断变换与重复使用。这座建筑群的建筑设计和结构设计施工图有1500张，保证了建筑可以在不到两年的时间内及时完成。有时候，建筑的施工现场会同时雇用5000名工人进行现场建造。

负责这项工作的阿尔贝托·罗塞利（Alberto Rosselli）说，"我们的目的不是要把西方建筑的经验转移到巴基斯坦，而是要创造一个全新的建筑群。即我们要拒绝追求纪念性的和功能性的建筑设计方法。"[1]

这座建筑群的结构顾问是洛卡特利－德·贝尔纳迪尼斯工作室（Locatelli–De Bernardinis）。

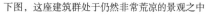

下图，这座建筑群处于仍然非常荒凉的景观之中

圣卡罗医院的教堂，米兰，1966 年

这些年来，当我们介绍庞蒂的建筑设计作品时，他最关心的是指出他的建筑设计作品与他的"设计原则"具有一致性。我们可以从这座教堂建筑中总结出很多庞蒂的设计原则。

首先是"形式主义的设计原则"。菱形平面和教堂的入口横断设置在中殿处，这些都是"形式主义的设计"。并且，这座建筑具有"虚幻性"的效果，这是庞蒂的另一个设计原则，这座建筑将钻石覆盖在金刚石切割的瓷砖上，从而使建筑看上去"显得"更轻盈，更细长，甚至比实际尺寸显得更大。然而，根据庞蒂的另一个设计原则，像洗礼堂、礼拜堂和楼梯等这些辅助功能要放在辅助的建筑体块之中，这些辅助的建筑体块通常是小型辅助建筑，而教堂本身只能是纯净的、简单的，其目的就是要表达教堂中殿的形式（这是庞蒂的另一个发明，即地板从教堂中心朝着教堂的中殿两端逐渐升起；因此，人们可以从教堂的一端清晰地看见教堂另一端的祭坛）。

此外，庞蒂将建筑物正立面中的开口方式设计为夜间可以"自发光"的形式：即建筑的北立面有巨大的菱形孔洞，建筑的南立面有细长的开缝。这是一个与光共舞的建筑设计，排除了其他任何的"装饰设计"。

这座建筑立面的开口图案是庞蒂最后一些建筑作品中的重要主题；他如此重视这些开口图案，以至于这种设计更多地注重立面开口，而不是立面本身。

另外，入口坡道的设计是又一个有趣的设计内容。这个坡道有倾斜的栏杆，就像一座吊桥跨过建筑与地面之间的空隙。教堂如何与医院通过一个带屋顶的连廊进行联系？这条坡道就是庞蒂对这个经常出现的问题所提出的解决方案。

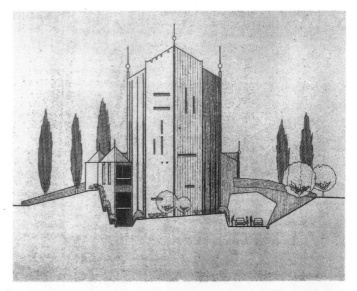

下图，该平面图展示了教堂的两个相对的入口坡道。见上图，这是东侧立面，北立面上的坡道是一座"桥"。在建筑模型中，这是南侧的后立面

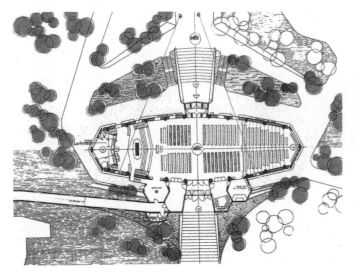

226

左图，建筑的北前立面有菱形
窗（见下图的照片）。在建筑内部
的照片中，这是通往祭坛的台阶

奥罗帕巴西利卡基督教堂（Basilica of Oropa）里的天盖（Ciborium），1966年

庞蒂将他所设计的非传统形式的天盖称为"建筑发明"。这个天盖是非常传统而又学术的奥罗帕巴西利卡基督教堂中的一个著名圣所。[1]

他设计的天盖是一个细长的金属结构，高度为16米，仅通过两个支撑矗立在地面上。这是一个发光的空体结构，几乎是一个需要向神"诉说"的特技般的惊险结构，我们可以在它上面挂"装饰品"，例如旗帜、能发射线的球、皇冠，所有这些装饰品都镀了鎏金铜，与这个天盖结构所覆盖的饰面材料一样。吉奥·庞蒂进行这个设计的合作者是雕塑家马里奥·内格里（Mario Negri）。结构设计的计算是由利奥·芬齐（Mario Negri）完成的。

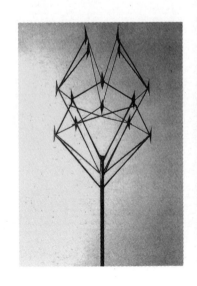

在右侧的模型中，是天盖的侧视图。最右侧，是巴西利卡基督教堂里的天盖

在德·尼厄伯格画廊（De Nieubourg）的吉奥·庞蒂，米兰，1967 年

这一时期，吉奥·庞蒂遇见了年轻的托塞利，从此他们开始频繁见面。1967 年，佛朗哥·托塞利（Franco Toselli）在米兰开设了他的第一个画廊，他还在画廊中展出了庞蒂的作品。托马索·特里尼（Tommaso Trini）这样评论画廊："这是一位有想法的人的画廊"[1]，这里除了举办"展览中的展览"，还要表达这个人的想法。[2] 10 年后，当吉奥·庞蒂 86 岁时，他惊喜地收到了托塞利另一个展览的邀请函，这个展览包含了他在 20 年代和 30 年代的很多图纸和绘画，对庞蒂来说，这是一次充满诗意的绽放。

最左侧顶部图，"洛杉矶大教堂"的雕塑。一些人将这个雕塑解释为一个建筑设计作品，它实际上是一个 4.20 米高的巨大的天使，由 5 毫米厚的不锈钢板制成，米兰·洛马格那的格雷皮（Greppi of Milano Lomagna）制作。左图，这是由一块铁皮制成的门，同样由格雷皮制作；最左侧底部图，这是一个"三人座椅"，为意大利家具品牌特克诺公司（Tecno）设计的原型，其四周的平板都是为丰塔纳艺术公司（Fontana Arte）设计的。

为维尼尼（Venini）设计的"厚彩色玻璃窗"，穆拉诺（Murano），1966年

"厚彩色玻璃窗"是庞蒂的另一项发明。庞蒂说，"我注意到在威尼斯的玻璃工业中心穆拉诺的维尼尼窑中有很多厚厚的玻璃块，就产生了一个想法，那就是想用它们制作彩色玻璃窗，并且利用这些厚玻璃的'内部图案'，包含断裂、气泡、掺入的不同颜色的浆料和各种材料，都浸没于玻璃的冻结深度。这些厚彩色玻璃窗由玻璃块制成，因此非常重，如果采用常规的铅丝安装是不可能成功的，因此我想到将这些玻璃块放置在垂直钢滑片之间，而不是捆绑在一起。同时，这里还有一种新的'厚彩色玻璃'，它不但可以改变颜色的透明度，而且还可以使光在玻璃块的内表面进行折射。"[1]吉奥·庞蒂和维尼尼和托尼·祖凯泽（Toni Zuccheri）一起生产出了"厚彩色玻璃"，并将其用在了米兰圣卡罗医院的教堂设计中。

右图，是一个玻璃块。下图，安装厚彩色玻璃之后的两个窗户：在规则的框架中安装的单个元素总是各不相同，因为这些厚彩色玻璃块不可能出现重复的情况

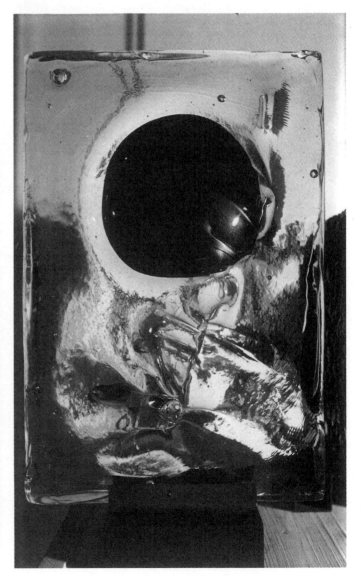

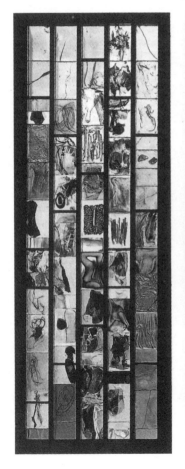

为陶瓷·弗拉内奥·波齐（CeramicaFraneoPozzi）设计的成套晚餐餐具，加拉拉泰（Gallarate），1967 年

庞蒂的设计思想是，所有的盘子都要做成相同的大小和形状，但是每个盘子具有不同的装饰设计。这样一来，所有的盘子就在桌子上形成了令人惊喜的组合。

左图，是一套已经准备好了，期望不会出现重复的盘子。下图，是经过后期装饰的盘子。盘子上的装饰图案不再是一种简单的元素组成设计，而是变成了一种"复杂的"东西，需要设计师将圆形图案进行横切，然后进行正面或反面的变动组合。

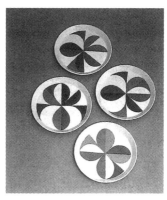

荷兰女王百货公司（Bijenkorf）的正立面，荷兰埃因霍温，1967 年

庞蒂设计了这家百货公司的正立面。由于该机构内部的原因，百货公司需要建筑的外墙是一个整体，不能间断。因此，建筑外立面将服务于百货公司的"外部"功能，庞蒂认为"这个外部"功能就是百货公司与城市和路人的视觉关系。

因此，百货公司的立面应该非常明确，就像一个"信封"一样，应该具有一条长而有光泽的条纹，这个条纹由卡斯特拉蒙特的萨瑟（Saccer of Castellamonte）制作的绿色的、菱形切割的瓷砖构成，它们被有节奏地分割成慢节奏的节拍，这种模式可以无休止地进行重复。这个条纹还会插入立面开口，这些开口不是窗户，而是一种旨在能够产生所期望的"夜间景观"的"发光设计"。埃因霍温市的市民立即给它取了一个名字，即打卡板或穿孔卡。

后来，庞蒂想将商店旁边一片未使用区域变成"露天表演空间"，他成功地做到了，并给这块空间提供了雕塑，为公众设置了座椅，还为音乐家和杂技演员设计了舞台。埃因霍温市的市民曾经把它称为广场。吉奥·庞蒂在这项工程中的合作者是建筑师西奥·布斯滕（TheoBoosten）以及雕塑家马里奥·乃格里（Mario Negri）和弗兰斯·哈斯特（FransGaast）。

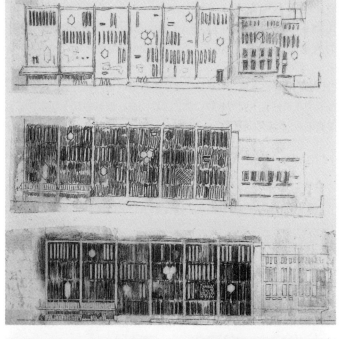

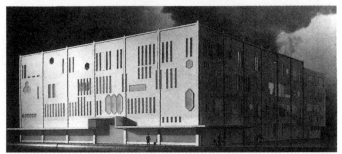

荷兰女王百货公司正立面
的草图、模型和现实照片

位于圣·保罗大街 7 号的 INA 大厦的立面，米兰，1967 年

"对于街道狭窄、烟雾弥漫的城市来说，天空会使闪亮的建筑立面变得熠熠生辉。"[1]这就是庞蒂为米兰"推广"或建议的建筑立面。建筑立面要采用瓷砖，因为雨水会将它们冲刷干净，这些瓷砖还要用菱形切割的方式来制成，这样可以反射阳光；平的立面要配上发光的玻璃窗，这样的立面可以反射出天空，将天空带入街道；"通风性的"建筑立面看上去显得似乎没有重量或厚度，从而使得建筑立面反映的不再是虚实之间，而是反射与非反射表面之间的关系了。并且，这种相互作用包含一种具有原创性的"韵律节奏"，这是一种可以细分建筑立面的重复性模式。同时，在这种"节奏"模式的每个节拍中，建筑的开口模式都是不同的，并且一直都是仔细设计的。即在建筑立面的下部会有更多的玻璃，而在建筑立面的上部使用的玻璃会更少。"为什么我们总是满足于那种懒惰型的排列式开窗方式？为何总是将窗户之间设置成相同的距离？"建筑立面是"街道的墙壁，而城市又由街道组成。因此，建筑立面是城市中人们可以看见的部分，它们都是城市的外在风貌。因此，建筑也会为城市风貌做出贡献。"[1]

左下图，建筑立面上部的细部设计。建筑的立面砌筑的是由塞拉米卡·约（CeramicaJoo）设计的拥有光滑和雕刻小表面的灰色瓷砖。在陶瓷饰面的接合处以及底层窗户之间设置了一条连续的铜质"雨篷"

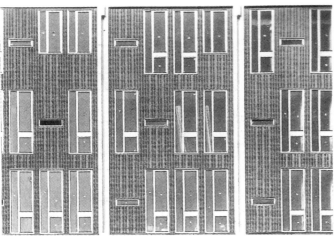

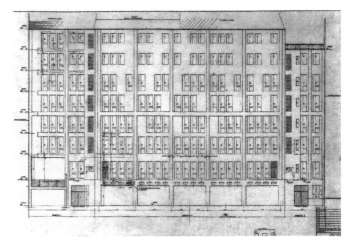

为意大利家具品牌弗莱克斯公司（Arflex）设计的沙发，米兰，1966 年

　　这是一个不需要改变形状就可以变成一张床的沙发，这个沙发的背部是中空的，其中可以"放置"床单和垫子。并且这个沙发还配有一盏可以用于夜间阅读的灯，在它的侧面还设有一个口袋，可以放置书籍和杂志。它属于一种设计原型。

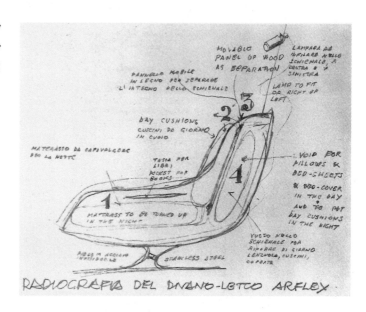

下图，作为长沙发的沙发床
上图，作为床的沙发床

为丰塔纳艺术公司（Fontana Arte）设计的灯具，米兰，1967 年。为意大利著名的家居品牌古齐尼公司（Guzzini）设计的灯具，马切拉塔（Macerata），1967 年

为丹尼尔·库（Daniel Koo）设计的别墅项目，马林县（Marin County），加利福尼亚州，1969 年

这座别墅建在一座小山上，目前仅存几张设计草图。[1] 这座别墅的设计想法是在一座圆形建筑上覆盖一个像树叶一样的大屋顶，建筑内部用弯曲的隔墙进行划分，从而形成令人感到惊奇的"最小"通道，在整个通道路线上会有意想不到的空间扩大和弯曲（庞蒂在设计草图上这样写道："帕拉迪奥说：让房子像一座小镇，同时让小镇像一座大房子"）。这座别墅的立面开口是采用倾斜角度切割出来的，开口有宽有窄，穿过厚厚的建筑外墙，在立面上形成窗口或裂缝。

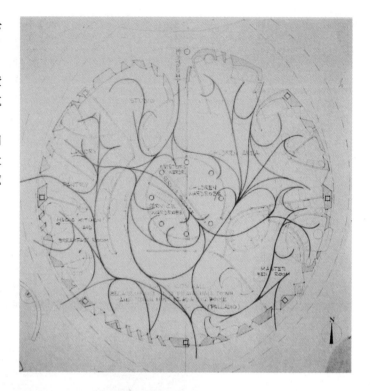

"建筑师的头脑"，吉奥·庞蒂于 1969 年绘制的画

具有三角形平面的彩色摩天大楼，1967 年

"摩天大楼的出现"是《住宅》杂志出版的这些建筑模型中的重要主题：因为"摩天大楼也意味着它是被人们观看的对象"，而这些具有三角形平面的摩天大楼改变了人们从不同的角度观看它们的形象。这些摩天大楼也可以是彩色的，为什么不呢？因为它们的表面会有很多灯光设计，实际上它们可以被称为"闪光的摩天大楼"。因此，"摩天大楼不应该是孤立的，而是应该彼此相互邻近。如果摩天大楼的平面图是三角形的话，我们可以把它们设计得非常靠近，因为它们相互之间并不阻挡彼此的观景视线，而是会使人们从每个窗口都可以看到无限远的地方。"[1]

根据庞蒂所言，这些彩色摩天大楼不是设计项目，而是一种纯粹而简单的"推销"广告或建议。这就是我们想象之中的摩天大楼。[2]但是，庞蒂作为一位创造者，并不是一位预言家，因此他的想象力是与他所处的时代同步的，是一种可能性的设计。

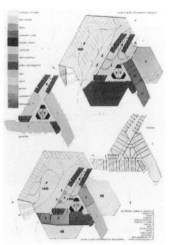

左图，三角形平面的摩天大楼建筑群，这是用格子图案的彩色纸或银箔装饰的卡纸板模型；下图是建筑平面图，各个不同的功能区都用不同的颜色划分出来

三角形平面的彩色摩天大楼建筑群，1967 年

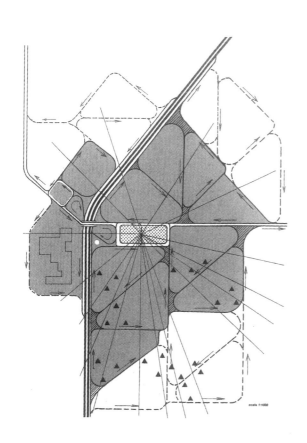

"奥蒂利奥（Autilia）"，1968 年

庞蒂的设计理念是：由于一座城市总是从十字路口开始创建，而且现在所有的十字路口都被汽车占领了；为了适应城市的扩张，我们应该设计出一种经典的、不间断的"四叶式立体交叉口"，其中包括住宅区，并将它逐步延伸出去，从而形成单行道系统的大型"岛式"居住区。

这就是吉奥·庞蒂在 1960 年代末期提出的城市发展设想：即新的城市中心应该设置在公园和花园之中，并从旧中心区中分离出来，距离快速交通系统要近。

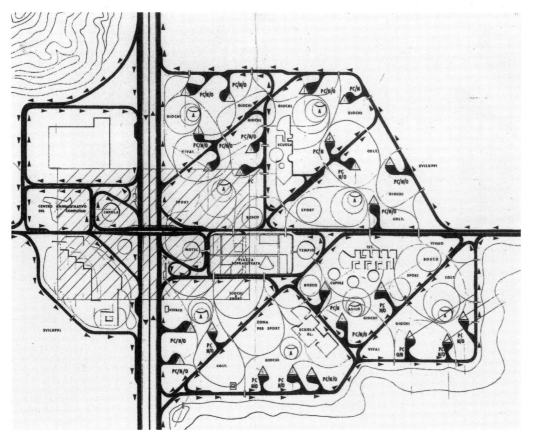

左图："在一个开放的高速公路干线之间的交叉点上，有来自大城市的分支道路，也有连接农村开放空间的尽端式道路，还有更小的次干路。"要产生新的城镇，必须划分道路的等级，有为汽车交通服务的主干道，有次级干道，还有人行道。上图的设计方案就是其中一种设计变体

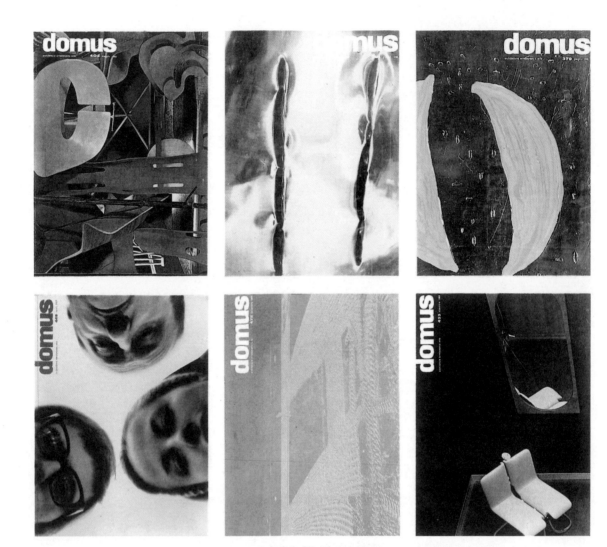

1960 年代的《住宅》杂志封面

1960 年代的《住宅》杂志

《住宅》杂志在 60 年代开始得比较晚，而结束得更晚。1969 年 8 月，在《住宅》杂志的 477 期的封面中刊登了由伦敦的建筑电讯派（Archigram）设计的"瞬间城市"，其中有一座由格罗皮乌斯设计的大厦，它是格罗皮乌斯设计的最后一座大厦，这座大厦刚刚在德国建成。这座大厦可以作为 60 年代的象征，这是一个有三代建筑师同时盛行的年代，"变革"就发生在每个人的面前，人们在"这同一时间中"经历与沟通，而《住宅》杂志则记录了所发生的一切。

在 60 年代刚开始的时候，《住宅》杂志改变了页面的尺度和布局，即采用全页图幅，使图像成为杂志图面设计的规则。同时，杂志还采用了一种几乎是图解的方法，因为庞蒂一贯非常"尊重"作者个人的观点，这是他的一种习惯［当时，《住宅》杂志有几个"大事件"展现出杂志极大的视觉曝光率，其中所有的照片都是由卡萨利（Casali）和穆拉斯（Mulas）拍摄的］。庞蒂既是《住宅》杂志的主人，又不是主人。他把这种做法也传给了年轻的卡萨利，而且卡萨利后来也成为《住宅》杂志的主编。庞蒂的做法就是：要基于"作者"来运行整个世界，这是能保证杂志出版质量"最重要"的事。在建筑方面，《住宅》杂志推出了许多大家公认的人才，同时也推出了许多新发现的人才。例如从斯卡帕（Scarpa）到卡恩（Kahn）和霍莱因（Hollein），从科德尔奇（Coderch）到斯特林（Stirling）和矶崎新（Isozaki），从泽维·霍克（ZviHecker）到皮亚诺（Piano），从莫雷蒂（Moretti）到范·艾克（Van Eyck）、玛吉斯特雷蒂（Magistretti）、曼贾罗蒂（Mangiarotti）和恩里科·卡斯蒂廖尼（Enrico Castiglioni）。杂志还重新发现了一些人才，例如从申德勒（Schindler）到查里奥（Chareau）和艾琳·格拉伊（Eileen Gray）。在设计界也是如此，杂志新发现的人才还包括从恩佐·马里（Enzo Mari）到乔·科隆博（Joe Colombo），再从阿尔维希尼（Alviani）到阿基佐姆（Archizoom）。即使是评论家皮埃尔·雷斯塔尼（Pierre Restany），也在 1963 年加入《住宅》杂志成为一位"作者"，同时也是一位个人艺术家，就像伊夫·克莱因（Yves Klein）、克里斯托（Christo）和塞萨尔（César）一样［后来，切兰特（Celant）也成了杂志的作者，然后便是博尼托·奥利娃（Bonito Oliva）］。因此，《住宅》杂志成了作者们的理想家园。事实上，这些作者才是真正意义上塑造这本杂志的人：埃姆斯（Eames）为《住宅》杂志拍摄了沙里宁的 TWA 大厦，并将其作为"拥挤的建筑"；还有维尔卡拉（Wirkkala），他为《住宅》杂志拍摄了位于昌迪加尔（Chandigarh）的勒·柯布西耶设计的具有印度色彩的建筑；梅洛蒂（Melotti），作为一位伟大的倡导者，是《住宅》杂志的诗人；索特萨斯（Sottsass）也是一位伟大的倡导者，他使《住宅》杂志成为自己非凡的日记；丰塔纳（Fontana）为《住宅》杂志设计了封面（丰塔纳从 30 年代早期就一直是《住宅》杂志的朋友，直到 1965 年走到生命的尽头都是如此）。

在这种背景下，《住宅》杂志本身从某种程度上就是一个"创造环境"的实例（庞蒂曾经倡导建筑设计要有"创造环境"的理念，在这 10 年中的前 5 年中，他一直都在为《住宅》杂志写稿，进行关于"现存文脉"的讨论。吉奥·庞蒂在《住宅》杂志中曾经这样说："……虽然《住宅》杂志没有参加数量多、类型各异的设计流派，但是一直想报道这些设计流派的设计成果和表达，因为这些设计成果始终都表达了真正'原创的'价值观。我们也许应该奖励这种对自己的观点倾向所进行的'内省式自我否定'的态度（即始终承认是自己有问题），因为当为这些设计上的蓬勃发展、离经叛道或复兴再生担心的时候，我必须认识到，离经叛道和复兴再生是与设计师的偶然性设计表达完全不同的，因为它们表达了一种打破过去和对未来开放的态度，即要创造一个更自然，更有创造活力的建筑设计想象力。"[1]

因此，尽管存在反对意见，庞蒂仍然给《住宅》杂志创造了自由发展的空间。即使庞蒂是一位积极的"推进派"（例如他设计了"彩色摩天大楼"），当他并不是一位"空想家"：他的未来就是今天的可能性。另一方面，在这一期《住宅》中，庞蒂被非常具有特点的乌托邦概念所诱惑，爱上了"不明飞行物（UFO）"，并把它延伸为引发幻想的接收天线。通过使用这种"具有增值性的"设计原则，出现了越来越多的设计产品，它们的数量比设计者还要多，这些产品都陆续在《住宅》杂志的页面中刊登出来。于是，"维也纳星球"出现了，接着"伦敦上空的彩虹"、日本新尺度、模拟空间和虚拟客户（能够在"可移动房屋系统"中漫游的那部分人）也都接连出现了。

而且，《住宅》杂志继承了这一切。这本《住宅》杂志对皮卡（Pica）的重要天赋是有亏欠的。在该杂志"2001 年"的版本中，皮卡和里克沃特（Rykwert）做了精湛的历史分析，虽然这个分析是"隐形的"，但却是确实存在的。同样，波罗米尼（Borromini）和他设计的充气建筑也是如此。

但与此同时，1966 年在欧普艺术（OP Art）的伪装下加入《住宅》的评论家托马索·托里尼（Tommaso Trini）逐渐在《住宅》杂志与艺术之间建立起新的联系，这是一种更加直接的联系，是一种与设计完全不同的联系。像默茨（Merz）、鲍里尼（Paolini）和帕斯卡利（Pascali）这样的年轻艺术家于 1968 年出现在《住宅》杂志上，因为在 1967 年之前该杂志的封面都由皮斯托雷托（Pistoletto）设计，并且 1966 年杂志的封面都是关于贝伊斯（Beuys）住宅的意想不到的图片。

1960 年代《住宅》杂志的页面

241

"小座位扶手椅"，1971 年

1970 年代：幸福

1970 年，在霍夫曼（Hoffmann）和路斯（Loos）诞生的第一个世纪里，吉奥·庞蒂即将 80 岁高龄。在生命的最后这些年里，他完成了两件优秀作品，分别是 1970 年设计的塔兰托大教堂（Taranto Cathedral）和 1971 年设计的丹佛博物馆（Denver Museum）。他还设计出一件新产品，那就是 1971 年设计的"小座位扶手椅"；同时还创造出一种设计织物（1970 年）、瓷砖地板（1976 年）和瓷砖外墙（1978 年）的新方法。他一直不断地写作、绘画和倾听。

在这个时候，他的想法越来越多地围绕着"家"和居住在住宅里的行为展开。他提出了一座具有可移动式墙壁的"多功能"住宅的提议，但这个提议从未被采用，因为已经超出了设计领域的能力范围。它表现了一种思想和生活的方式，而这种方式却是庞蒂最终的目标，也就是说，这是庞蒂一直在努力传达的东西。"住宅设计应该是一件简单的事情。当人们从外面观看住宅的时候，当人们住在住宅里进行体验的时候，我们可以从他们所经历的快乐程度对住宅设计做出评判"（在 1971 年那个喧嚣的年代，吉奥·庞蒂始终保持着独立思考的状态）。

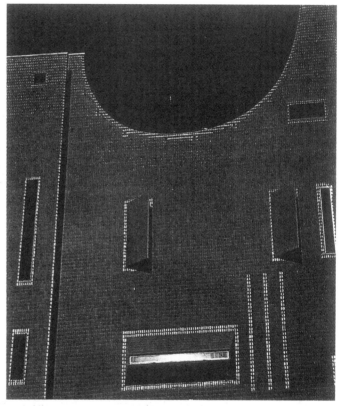

右图，1971 年丹佛美术馆的立面图细节。下图，"帆船状"的塔兰托大教堂的手绘图，1970 年。右下图，为沃尔特·庞蒂（Walter Ponti）设计的床脚轮，1970 年

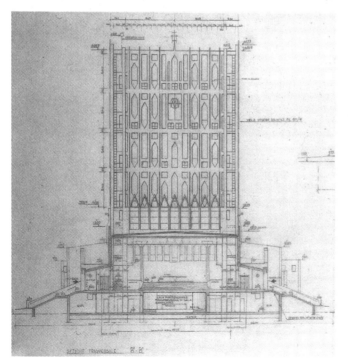

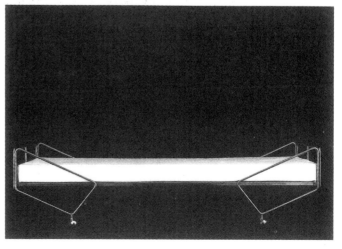

为布斯托·阿西齐奥的 Jsa（Jsa of BustoArsizio）设计的天鹅绒面料，意大利瓦雷泽市（Varese），1970 年

为英国诗恩碧公司（C&B）设计的"诺韦德拉（Novedra）"扶手椅，意大利的诺韦德拉泰市（Novedrate），1968 ~ 1971 年

1968 年[1]，当时庞蒂已是 77 岁的高龄，他设计了这个玻璃纤维制成的小扶手椅，这件作品参加了 1971 年举办的"都灵展"。在这件作品清晰的外观中可以看到，深斜对角线加筋肋的使用是非常明显的。它所采用的面料也是由庞蒂设计的（这件扶手椅被放置在具有同样设计图案的地毯上，让人感觉凭空"消失"了）。庞蒂还设计了另一个版本的扶手椅，椅子具有一个平坦的外表面和两个前脚轮。

"一把小座扶手椅"，1971 年

"为了坐着舒服，你的腿需要交叉放置，因此只需要很少的座位面积，但椅背需要的面积比较大：就像是倾斜地坐着"。这个秉承着"少即是多"理念的椅子并不是一件设计作品的变体，而是一种新的发明[它的原名为"加布里埃尔（Gabriela）"，是由"圣·比亚焦·陂市（San Biagio Po'）"的瓦尔特·庞蒂制作的，现在这件扶手椅由罗马的帕卢卡（Pallucca）公司生产，它的名字改为"庞蒂庞蒂（Pontiponti）"，以此纪念它的设计者和历史]。[1]

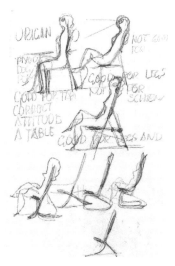

蒙泰多里大厦（Montedoria），米兰，1970 年

这座建筑由两个形状和大小都不同的、但又连接在一起的建筑形体组成。庞蒂在设计这座建筑的时候，采用了他在设计其他城市建筑物正立面时惯用的典型解决方案，因为建筑前立面的尺寸受到建筑规定的严格制约：庞蒂赋予了建筑前立面一种"节奏"，那就是在前立面上设置了一系列垂直的模块化的部件（并且在每个部件中都设计了不同的开窗模式）。除此之外，正立面的表面略有凹凸变化，上面贴着能够反射阳光的陶瓷贴面，玻璃窗与建筑立面一起闪烁着，映射出了天空的景象。

该项目是吉奥·庞蒂和安东尼奥·福纳罗利（Antonio Fornaroli）一起设计的作品，是庞蒂·福尔纳罗利·罗塞利（Ponti Fornaroli Rosselli）工作室的代表性作品。

上图，位于安德鲁·多利亚大道（Via Andrea Doria）上的正立面。右图，是背立面，其中有一个较矮的建筑形体，这个形体表面贴上了绿色的菱形瓷砖，表面非常光滑

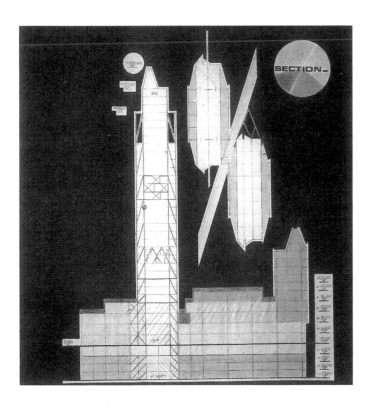

德国慕尼黑行政中心竞赛项目，1970 年

　　这个项目的设计想法是要将中心不同的构成要素组装在一个单独的大型平台上，这些构成要素的每一个都非常独特，并具有可识别性，同时将会把这个大平台布置成花园。这些要素包括两座细高的高层办公楼、两座低层的百货公司和一座圆形的礼堂。

左图，该建筑的模型。
上图，该建筑塔楼的剖面
图和平面图

从 1970 年的"适宜性住宅（La Casa Adatta）"到 1972 年的"2 Elle"系统

"适宜性住宅"是 1970 年吉奥·庞蒂在米兰举行的"现代实验住宅展"（Eurodomus 3）上展出的一个设计提案，这个方案参加了随后举办的系列展览。这是一个在"小型"地块上建造"大型"住宅的现实案例，并不是乌托邦式的空想。对于人的需求来说，"大"是必要的，只要能够形成可视空间就行（这始终是庞蒂的设计概念），同时，就实际面积而言，"小"又是今天不可避免的要求。在这里，"当你处于一个 80 平方米的小公寓里时，你可以通过完全打开可以滑动的隔板墙，从而使 60 平方米的空间达到一览无余的状态。"[1] 庞蒂把这种设计作为一种方法，从而提出了一种设计惯例。那就是一种在"多功能"空间中的生活方式，在这个空间中，家具应该是轻便可移动的，同时也是可折叠的。他采用的彩色小家具重量轻，成本低，占用空间小，而且很有趣味。

这种家具是由圣·比亚焦·陂的沃尔特·庞蒂于 1970 年设计的[2]，两位庞蒂先生的名字巧合也是一种欢乐的源泉。[3] 这些桌子很小，由于它们的叶状结构涂了颜色，并向上抬起，使得它们显得非常大。所有的橱柜都很小，上面涂了两种颜色，并且高度只有 1 米多。他们鼓励实现"小"的效果。其中还有一项发明，那就是一个双人迷你书桌，其中还包含两个组合式旋转座椅。所有的家具都设计有脚轮，以便于快速地改变场景，后来庞蒂甚至要考虑通过悬挂类似窗帘的分隔构件进行空间划分。尽管庞蒂期待在属于大家的土地上出现一种"轻薄透明的风格，这与简化的社会习俗相关，也可能与一种追求自由游牧生活的想法有关，"[4] 但这确实是庞蒂 80 岁时的想法。20 世纪 40 年代，他在《风格》杂志中曾经这样写道。

同时，他并没有在那里停止。在这些年来的独处中，他一直在思考基于这种类型公寓的建筑工业化的理念，这类公寓包括 1971 年庞蒂为费尔公司（Feal）设计的多层建筑的设计方案[5]，并且还设计了一个系统［他于 1972 年向萨谢（Sacie）推荐了这个系统，他将这个系统命名为"2 Elle"][6]，因为这个系统使用这些"多功能的"公寓建造塔楼，在垂直交通的中央核心周围布局了住宅单元聚集体，从而使得整座大楼都是多功能的［将塔楼设在公园里，这与庞蒂的想法相关联，因为他想根据"小区路口"的建筑标准在城市外部建设新的住宅区。详见"奥蒂利奥（Autilia）"，1968 年］。[7] 他的想法被采纳了，尽管还存在一些住宅问题。针对他的这个从未实现的"2 Elle 系统"，他可能会说："一个来自我最早岁月想法的设计，已经出现在我最后的设计中"（1975 年）。[8]

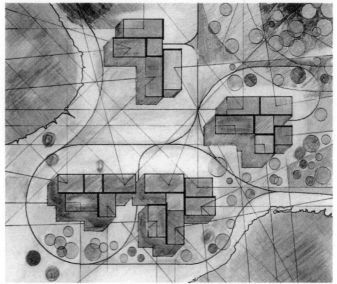

上图，1971 年为费尔公司制作的多层建筑的模型；右图，"2 Elle"系统的方案，1972 年

沃尔塔·庞蒂制造的适合"适宜性住宅"的家具

上图，1956 年设计的有可移动式墙壁的公寓平面图（《住宅》，230）

塔兰托大教堂（Taranto Cathedral），1970 年

塔兰托大教堂是开始在人们心中取代倍耐力摩天大楼地位的建筑，该教堂的建造秉承着一个前所未有的理念：那是一艘"帆船"，人们直接这样称呼它，它用帆船代替了圆屋顶或塔楼，并以此作为从远处就可以看到的地标。

"帆船"是面向天空的建筑正立面。用庞蒂的话来说就是："我认为建筑有两个立面。一个较小的立面在入口前台阶梯段的顶部，那里有门可以进入教堂。另一个更大的立面则只有人的视线和风可以感受到，那是一个"为空气"设计的立面，上面有 80 个窗户开向无限而神秘的维度。"[1]

"这个几乎是无关紧要的'帆船'结构本身就是教堂，"这是路易吉·莫雷蒂（LuigiMoretti）对塔兰托大教堂的评论。他抓住了这种建筑非礼仪性、宗教性的特点，在教堂上方高 35 米的地方升起这个"帆船"造型，虽然教堂与"帆船"之间并没有内在联系，但是"帆船"却成了教堂外部的"赞歌"，形成了在建筑物前部的水面上因反射而强化的外部奇观。塔兰托大教堂的前部由两片细长而平行的穿孔墙组成，相互的间距是 1 米，光线可以在两片墙上发挥作用，这种手法在建筑设计方面简直是一种杂技式的练习，两片墙体之间"混合了实体与虚空"，[2] 向天空献祭。教堂的人群聚集在教堂内部（也就是平屋顶下面），但是这里所传达出来的精神同样也很清晰明亮。那是一个由白色和绿色所组成的空间，两侧是穿孔的墙壁，这是一个整体的庞蒂式的设计作品，其中包含两幅壁画图像的设计。这里没有其他装饰，也没有来自其他任何人多余的添加物。古格列莫·莫特雷斯（Guglielmo Motolese）大主教作为庞蒂的一位开明客户，在设计的过程中保护了"他的"建筑师。到目前为止，这座城市从未对这座建筑物这么关心：大教堂的外观包括水面现在正受到人们的攻击，因为大家认为这个设计过于草率和投机，而不是像建筑师所希望的那样被绿色植物所围合。[3]

在塔兰托大教堂落成的当天，在政府当局发表完演讲之后，建筑师又进行了演讲，人们给予演讲热烈的掌声。那是一次来自人群的很长时间的雷鸣般的掌声，听上去不像是为讲演而鼓掌，而更像是人们表达渴望。第二天，塔兰托城的人们来到大教堂，用花盆和植物装饰这座建筑，以此响应建筑师的梦想，因为建筑师梦想着未来大教堂的白色墙壁将爬满绿色藤蔓。

（我们一直保持为人群的掌声录音，而不是为讲演内容录音，因为那雷鸣般的掌声有整整 10 分钟啊。）

这是大教堂的侧面。对页中，建筑立面上的"帆船"造型被反射在水面中

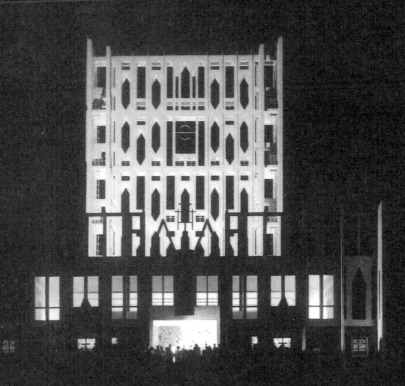

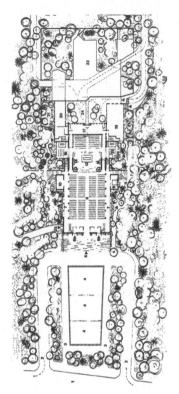

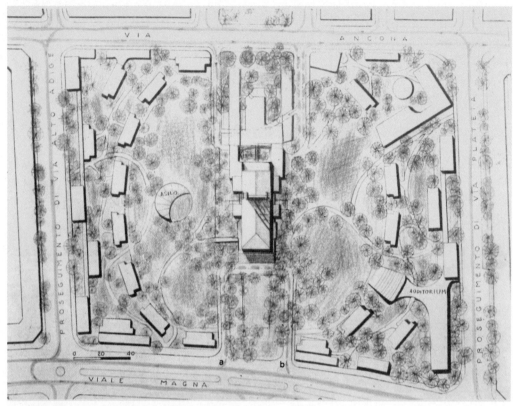

塔兰托大教堂，1970 年。上图，
大教堂的平面图，建筑的前面是水面。
左上图是"大教堂周围的建筑环境"的
总平面规划草图。右图，是对"帆船"
的研究

上图，是塔兰托大教堂的外观和
中殿的细部。左图，是大教堂的祭坛

布堡平地（Plateau Beaubourg）竞赛项目，巴黎，1971 年

庞蒂注意到[1]，巴黎城市结构中的伟大"地标"全部位于一个主要的方向，大致在东西方向，与塞纳河的中央延伸线平行，也对应巴黎圣母院（Notre Dame）的轴线。而布堡平地与莱斯·哈利斯中央市场（Les Halles）建筑综合体一样就位于这条相同的轴线上。如果中央市场要与布堡平地建立联系，而不是要拆除布堡平地的话，那么将会创造出另一个"地标"，那将是一个以同样的尺度沿着塞纳河轴线的纵向特征，这会成为城市中另一个伟大的地标。

这是项目的起源，它主要是一个"城市建筑"的项目，因此完全不符合设计竞赛的要求，人们非常清楚地把这个项目当作为展览和艺术活动建造的集装箱。因此，庞蒂自己放弃了设计竞赛。但这却是一次有趣的对城市规划做出回应的机会，庞蒂决定拆除美丽而空荡荡的巴尔塔（Baltard）的中心市场，因为这个规划已经不符合新兴的文化态度了。

庞蒂提出，莱斯·哈利斯中心市场应该被用作巨大的展览空间，并通过露天艺术"花园"将它与布堡平地连接起来，花园可以通过拆除两个划分它们的体块来实现，这样就可以在布堡平地上安放这个建筑综合体的"大脑"——最精细的组织和管理神经中心。同时，在布堡平地上建有伟大的"垂直"地标，它将阻止和抑制来自莱斯·哈利斯中心市场的"水平式"运动。我们可以看到一面高墙，外面覆盖着发光的彩色电梯（这难道是对在"E42"展览会中的"水和光之宫殿"的回应），这是一片可以展示巴黎天空变幻的美丽光线的墙体。在那些年里，继塔兰托大教堂的"帆船"概念之后，庞蒂的设计想法越来越用到光线。

该项目是庞蒂和阿尔伯·托法拉利（Alberto Ferrari）合作设计的作品。[2]

在图中，纵向和横向的剖面图。在模型中，布堡平地与周围环境之间的关系

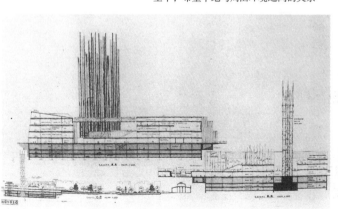

丹佛艺术博物馆，美国科罗拉多州丹佛市，1971 年

"为什么这些弯曲的轮廓线设置在墙的顶部？当你看建筑平面图时，就会发现这些轮廓线是在一个水平设计中要实现的理想的垂直投影，目的是要形成美丽的曲线。它们是建筑平面图的地面轮廓在天国的投影。"[1]

我们再次可以在这里找到庞蒂的理念，这完全是可能的，因为这里的墙壁纯粹是一片围绕建筑体积的围墙，并且这片围墙从屋顶花园的标高上继续上升，同样也围绕着屋顶花园。它们作为墙壁，其唯一的功能就是将博物馆的静态体量（两个六层高的并置立方体）进行视觉转换，使其成为一系列分离的"垂直图像"，这些"图像"能够随着阴影的变化而变化，并充满那些"捕捉光的陷阱"（这些"陷阱"实际上是墙壁上的洞口，它们的表面铺砌有菱形瓷砖，"几乎有近100万个经过特别设计的、刻面玻璃砖的铺砌方式，每一块都是经过手工砌筑"）。[2]

这座垂直的博物馆通过人工进行照明。因此，建筑的墙上没有设置窗户，但是却采用了典型的庞蒂式风格——裂缝。人们通过缝隙可以从建筑中瞥见城市和遥远的落基山脉（Rocky Mountains），感受到这意想不到的"狭窄的"景色。在晚上，被灯光点亮的建筑缝隙是这个城市独特的景象。丹佛市博物馆立刻被人们冠以"城堡、堡垒"的称呼。吉奥·庞蒂对此感到非常高兴，因为"艺术就是宝藏，而这些纤薄但又静心守护的墙壁捍卫着它"。因此庞蒂说："只有当艺术作品容易遭受光、热、冷、水、雪、风和小偷的损害时，它才应该被放在博物馆中。但是，有生命力的艺术作品应该放在博物馆的外面，就像在威尼斯城市艺术中的建筑一样，为什么丹佛不同样如此？"[1]

丹佛艺术博物馆是由吉奥·庞蒂与詹姆士·萨德勒（James Sudler）和乔尔·克罗嫩韦特（JoalCronenwett）合作设计的，同时也与该博物馆的馆长奥托·巴赫（Otto Bach）进行了协商。

下图，丹佛艺术博物馆的外墙

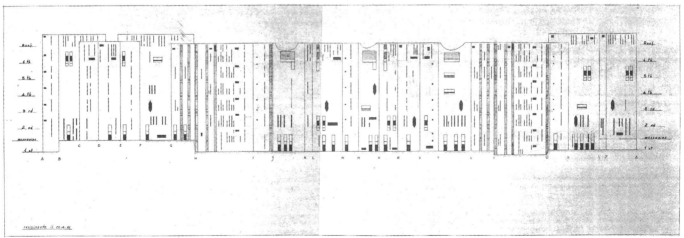

丹佛艺术博物馆。下图和右图是该博物馆
的二层平面图和总平面图

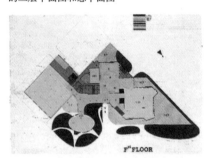

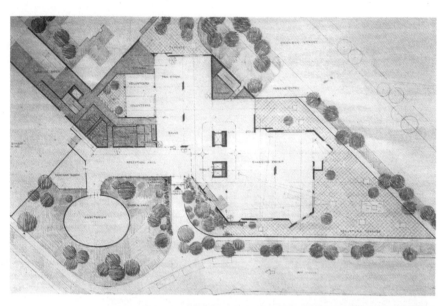

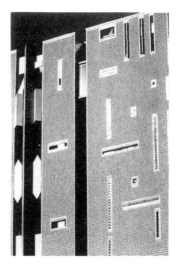

这是丹佛艺术博物馆立面上的缝隙，白天和夜晚时的效果，以及屋顶花园围墙上的弯曲的轮廓线

萨瓦保险大厦（Savoia Assicurazioni building），米兰，1971 年

  萨瓦保险大厦是庞蒂在米兰设计建造的最后一座建筑。这件作品位于城市的边缘，旁边有一个大花园，它是城市建设的一个好案例。在这件作品中，庞蒂喜欢指出由正立面的角度变化而产生的"垂直度"对建筑的影响，他认为这样使得建筑看起来比它实际的还要高（"艺术的真实性就在这种幻觉的力量之中"）。"建筑给人们的印象效果更多地取决于建筑的立面而不是体块：人们可以从建筑陶瓷面砖的反射中发现它是动态的而不是静止的，可以根据人凝视的方向感受到建筑印象的出现与消失。"

  "当你凝视建筑时，建筑的目的是为了揭示其超出物质之外的内容。就像是随着太阳的旋转，建筑伴随着自然界的万事万物变化在每一个不同时刻都发生着变化……"[1]

258

"用树叶"设计的立面，中国香港，1974 年

  该建筑立面上的那些在彩色的陶瓷卵石中的巨大树叶从楼板中跑出来，与窗户进行嬉戏，给建筑的立面带来了自由的节奏和尺度。

在萨尔茨堡设计的铺地，1976年，在新加坡设计的立面，1978年：20世纪70年代庞蒂的色彩

在吉奥·庞蒂的作品中，颜色总是与设计一起诞生。从他的陶瓷艺术到他过去几年的摩天大楼项目中都是如此。但是在建筑设计方面，他的颜色设计从来都不是一个"理论"的信号（就像勒·柯布西耶的"人为的快乐"一样，他有时会批评柯布："我们应该指出，颜色所带来的欢乐应该在建筑设计的整体合理性中来表达……对我来说，柯布使用的这些颜色看起来很值得怀疑……"[1]）同时，庞蒂的颜色也不是一种"可以应用的超级图形"，例如在70年代日本的情形那样。在1978年，庞蒂设计了新加坡建筑的陶瓷立面，该建筑设计的基本原则是采用多种颜色构成一种图案。

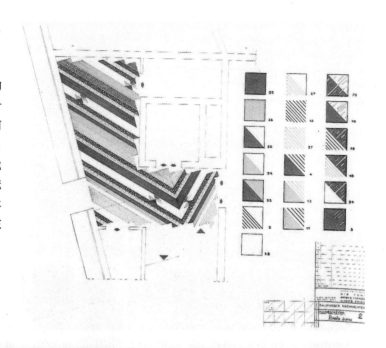

下图，1976年在萨尔茨堡的《萨尔茨堡人新闻报》办公室的底层平面的铺地设计。右图，是该建筑的三层平面的铺地设计

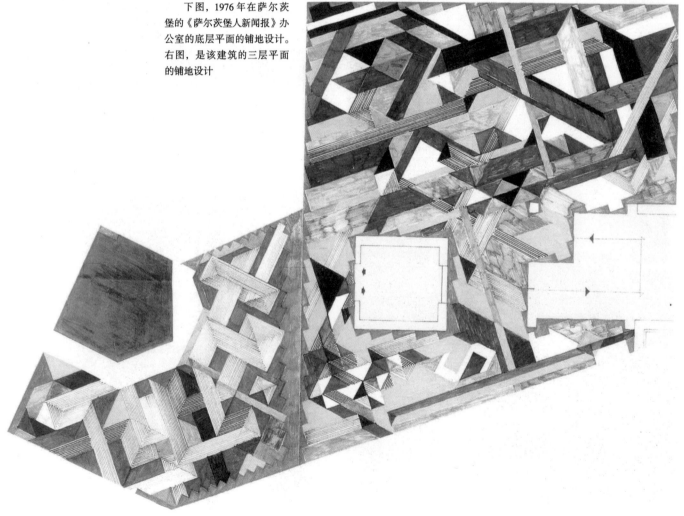

260

1978年，为新加坡的瑞兴百货公司
（Shui-Hing Department Store）设计的建筑立
面，采用了达戈斯蒂诺（D'Agostino）瓷砖。
下图是该建筑正立面的素描图

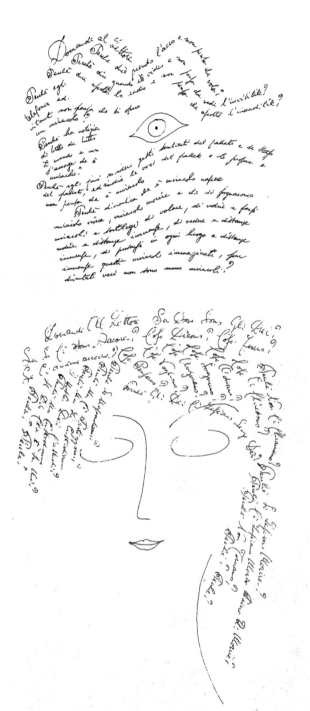

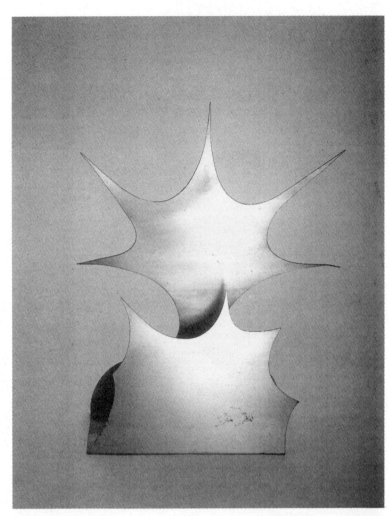

1976 年的 "画出思想" 作品和 1976 的 "切割思想" 作品（黄铜板，高 70 厘米）（A.G.P.）

1970 年代的《住宅》杂志

1973 年，《住宅》杂志为自己制作了第一个 "自画像" 展览，因为当时有人邀请杂志到"卢浮宫"参加展览。[1] 为了能审视自己的过去，并将其当成历史，《住宅》杂志[2] 现在转向研究建筑和设计中的群体"问题"。其中包括在这里和世界各地的相似的建筑和设计作品。这样做的冲动来自卡萨蒂（Casati）公司。这个公司试图冷漠而快速地解雇它的 "作者"，即使这些作者当中包括富勒（Fuller）、斯特林（Stirling）、霍尔丁（Holtein），还有索尔索纳（Solsona）、矶崎新（Isozaki）、拉姆斯登（Lumsden）、盖里（Gehry）、贾恩（Jahn）、克莱厄斯（Kleihues）和博塔（Botta），因为该公司强调的是 "作品"。这样，现代工业界与公众直接相遇在一起，开始了一场乒乓球比赛。《住宅》杂志曾经作为设计师的 "家" 的感觉几乎消失了。因为孩子入侵了博物馆。

在全球视野中最优秀的案例就是皮亚诺和罗杰斯（Piano and Rogers）的布堡项目了，它反映了当时全世界的状况。《住宅》杂志对这个项目提出了很多问题。[3] 然而，《住宅》也出版了一件对布堡项目漠不关心的艺术作品。比如评论艺术家格内蒂（Agnetti）和艺术评论家巴特科克（Battcock）等人的文稿、古兰经（Corà）中的诗性实验，还有马里奥·默茨（Mario Merz）的文章、尼古拉·德·玛丽亚（Nicola de Maria）的作品，以及吉诺·德·多米尼克斯（Gino De Dominicis）设计的封面。[4] 在这本杂志中，生活中的艺术正在向前迈进，小心翼翼，充满热情（"这本杂志是进行艺术观察的一个独特地方，同时它自己也观察自己"，《住宅》，583，1978 年）。

吉奥·庞蒂从外部观察着这本杂志，他喜欢马里萨·默兹（Marisa Merz）的诗。[5]

20 世纪 70 年代初，庞蒂在《住宅》杂志上刊登了塔兰托大教堂、丹佛艺术博物馆、"小座扶手椅"、埃因霍温（Eindhoven）的童话广场[6] 以及 "适宜性住宅" 的梦想这些作品。在这之后，庞蒂的作品不再出现在《住宅》杂志上了，尽管他还在继续做设计。也许从他的年龄和天神般的视角来看，《住宅》杂志已经不够级别了。

1970 年代《住宅》的页面

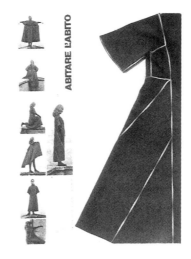

1970 年代《住宅》杂志的封皮

文选

意大利住宅

［来自：吉奥·庞蒂，意大利住宅（La casa all'italiana），《住宅》杂志编辑，米兰，1933 年］

家中的"舒适性"来自于一些更高级的东西，例如居住者可以通过建筑获得一种进行自我思考的方式（第 1 页）。

现代性仅仅是其中的一种选择，它只是一种活跃的、充满激情的、可以考虑的选择（第 28 页）。

今天，在建筑的演变中存在一种道德层面……那就是一种追求理想主义的决心，它可以使我们为我们的生活创造出一种更加纯粹的形式，并且会使我们遵从这种决心（第 40 页）。

意大利人应该需要那些真正古老的和现代的东西。即真正的古董就是它所代表的东西，我们需要保护它，真正地珍惜和尊重它。但是，今天真正的东西必须是现代的；今天所制造的一切，如果不是现代的东西，那么它一定是虚假的，就像今天所制造的假"古董风格"一样。我们必须涤荡自己，要永远清除这些有害和令人感到丢脸的虚伪的品位（第 65 页）。

当灾难降临到一台机器上时，它会因此而揭示出自己的工作能力；人和机器是一样的，我们也能够体会生物体的不可靠性、工作的技巧和努力的优雅（第 107 页）。

为了具有装饰价值，绘画不应该从根本上只追求"装饰性"；因此，首先应该明确绘画就是绘画，是精美的绘画，而且只是绘画（第 120 页）。

现代性意味着要消灭传统，这是人们的一个共同观点。相反，现代性还懒于开发传统，因为传统也会杀死现代性……传统本身要保持经久不衰，只能依靠有生命力的能量，也就是只能依靠现代性。

传统中隐藏着发挥作用的力量。我们会不时地令它们展现出来，即使它们似乎根本没有出现，但是一直通过最活跃的方式发挥着作用：即传统只是由真实性组成。那些最靠近传统的人，最热情地为传统服务的人，他们并不是利用传统的人，因为他们对自己和自己的工作有着高高在上、坚定不移的雄心，同时也具有一种无懈可击的精神，可以使自己无条件地投入全部的精力和激情，来表达他们自己和自己的时代（第 150 页）。

与勒·柯布西耶的会面

［来自《男装（Uomo）》，一本由瓜尔多尼（E.Gualdoni）出版的文学杂志，米兰，1944 年 10 月］

我是在一次关于建筑设计的"伏尔塔会议（Volta Convention）"上遇见勒·柯布西耶的。他的脸显得很年轻，但是却带着冷漠的、极不情愿的表情，鼻子上架着一副很厚实的眼镜。我从来没有见过斯特拉温斯基（Stravinsky），毕加索曾经给他画过钢笔画画像，但是如果毕加索也

同样给勒·柯布西耶画一幅钢笔画画像的话，那么极有可能会画成一个正在吐痰的人物形象。

勒·柯布西耶这个人既是建筑的先知，同时也是建筑师。当谈到他为小城镇设计的一座博物馆时，他冷静地在我们面前展示出博物馆的图纸，想以此欺骗我们对他的期望。他喜欢"讲技术，谈业务"。这是一座具有螺旋形平面的博物馆，随着时间的推移，还应该包含其他附加元素。

他非常冷静地阐述了这个博物馆的设计理念；这是一个像往常一样的方案汇报，理念也很普通，他在其中故意避免介绍任何具有活力的内容，从而使这个理念本身变得索然无味，还不如将其看成是生病的症状更有趣些呢。因为如果把它作为生病症状，我们就值得开展一个关于建筑设计的讨论，当然对我们来说此时要用的是其他惯用术语，例如学术术语［奥杰迪（Ojetti）］和反学术术语［帕加诺（Pagano）］，这样就可以进行一次永无休止的辩论。

于是，有一天我们一起从高脚手架上去查看罗马梵蒂冈的西斯廷教堂（Sistine chapel）顶棚上绘画的修复甚至是保护的情况，他也一直保持沉默，一脸冷漠的表情，甚至至少是对某些情绪表现的漠不关心。他也一直保持安静，似乎是在等我开口，于是我谈到米开朗琪罗（Michelangelo）未画这里壁画的事实，其原因在于不仅要"从远处或从下面看这里"，同时还要用你的鼻子正对着这面墙。他画了一幅自画像，采用全分析的方式，先画一根根的头发，然后画脸上和眼睛周围的一条条皱纹，甚至会画到某些非常小的轮廓。这位伟人没有使用"合成法"，尽管他正在进行一项伟大的合成。即当合成存在的时候，"合成法"才是最适合的。而在自然界中并没有什么东西是合成的：例如木材的体块是由十几万片的叶片构成，这些叶片具有高度分析性（如果可以这样说的话）和复杂性的单一结构。也许米开朗琪罗能够完成一项他根本就不能完成的合成，但是，他甚至没有考虑过合成法会给他的绘画带来什么影响。他与大自然的工作方式是一样的，也就是说，所谓完美的特写需要从远处来看是完美的，而且总是非常丰富、充实和牢固。

突然，勒·柯布西耶似乎已经完成了他脑海中一直在思考的想法，他以一种冷漠而平淡的声音对我说："如果让一位现代画家用四年时间完成这项工作，他会做出类似的成果。"对这些话我的内心经历了一次激烈的反抗，因为这种诽谤式的言论令我非常震惊，仿佛我听到的是异端邪说或是对神灵的亵渎。我内心深处呼喊的抗议是："关键的问题是由米开朗琪罗亲自来画，而不是四年的问题！"但是，他的这种令人震惊的断言仿佛降服了我，因此我的这些想法并没有从嘴中蹦出来：但是，我的内心深处还是感到非常震惊，满怀吃惊又有些气恼，然而最终他的观点令我记忆深刻，难以说服，只能认输。勒·柯布西耶的观点对我们每个人来说都代表着要对自己的信仰进行一次巨大的反思。四年！事实上为什么不呢？并且我指责我自己为何如此懦弱，从来没有想过这样一件

简单、真实而又自然的事情：即这是一件坚定可靠的事情。我想到了毕加索和希罗尼（Sironi），但是也只想到了这两个人。同时，我认为艺术是一种机会。也就是说，我们自己这个时代最大的不足就是没有给艺术家提供实践检验的机会，没有通过伟大作品和决定性的事业锻炼他们的双手，没有使艺术家摆脱自己孤立而绝望的个人生活。我们只是在各种展览会出售这些艺术家。但是古人却对艺术家非常信任，并为他们提供了实现伟大作品的机会，例如有巨大而辉煌的顶棚、祭坛和宫殿等。而我们只是给艺术家提供艺术工作室，或是提供那些与黄麻一起排列的房间，这些房间就是我们的展览"大厅"，我们草率地称之为"艺术活动"，然而艺术是发生在外面的，例如艺术是伴随着莫迪里亚尼（Modigliani）、梵高和高更的生活而出现的。

其他人的教学和意大利人的幻想
（来自《住宅》杂志，1951年6月，第259页，第九届米兰三年展专题）

我们这个国家的贡献一直是既有年轻人的快乐，又有老年人的强健，并且在一定程度上说，这种情况一直令人感到非常惊讶和不安，因为我们既有恩典又有野蛮。这种国家的贡献是可以制造出来的，其目的就是要向其他人展示这个国家对待艺术的态度，即当必须有人把想象赋予具体形式的时候，我们认为自由、独立和即兴创作这些胆大妄为的天赋是非常重要的，并且确实是不可或缺的。

其他人教给我们生活的规则：我们通过这种方式来表达生活，释放生活，然而，几个世纪以来，是谁在和我们一起遵循这个规则。在意大利，人们没有"时间"的概念，只有无意识的相互指责（这也可以说是一种"愚蠢"的行为）。我们是一种临时凑成的东西，这种东西是意大利人在他们勇敢的意愿面前无法抗拒的，其目的是要让自己屈从意想不到的诱惑。在那些由意大利人手工制作的东西中，没有制作者的思想和原则，只有诱惑、罪恶和对自己的放弃。我们知道，这种贡献充满了主要是由意大利带来的热情，并且大家公认这种热情是属于意大利人的：即意大利人具有幻想和想象的能力，他们能够以最具体而直接的方式勇敢地释放自己的幻想力和想象力……他们以最具体的方式解读梦想，意大利人一直都用自己的艺术全力邀请全世界的人们，请大家从睡梦中醒来，抓住所有的梦想，不管是美丽的还是丑陋的，并且要毫不畏惧地将这些虚幻的梦想转换成诗意的现实。我们的展览是充满生命力的，因为它们极具戏剧性；它们越是这样，就越活跃，越真实。即使这些展览办得很糟糕，还是会得到人们的称赞，因为它们揭示了艺术要冲破约束力的束缚。

在三年展上，我们把所有的东西放了进去，有美丽也有丑陋（即生命）的东西。而且，也正是因为如此，外国人将会感谢我们，因为有时如果太严格的话，设计一件精品会让意识枯竭，并且我们还要从不成功的、错误的东西中吸取教训：即有时候我们会在生活中发现多少创意的萌芽啊！

勒·柯布西耶在今天这个辉煌时代的青春绽放
（来自《住宅》杂志，第320页，1956年7月）

有一位年轻人自己曾经歌颂勒·柯布西耶具有那种长久而又令人感到惊讶的青春活力，或者可以称为是"全新的青春"，因为他充满了自由、快乐、想象、"新颖"和优雅，而这都是他设计的朗香教堂和印度新建

筑所表现出来的特质。

我想说的是，事实上，这种"优雅的状态"，这些天才的表现，都是这个成熟的伟大时代典型的产物。在我们的日子里，大师们的青春都是满怀热情地通过参加斗争、辩论和运动来成就的，也是通过经营同志般的友谊获得的，而在我们的时代，根本就不存在学校和大师，此时是那些过去的大师在帮助我们寻找技术。如果所有这一切对天才的画家和雕塑家来说都是真实的话，那么对于天才的建筑师来说，甚至更加富有戏剧性，因为从某种程度上来说，绘画、雕塑、文学、音乐和戏剧都是可以不需要资助就可以创作的，而建筑必须需要一位客户提供条件支持。与此同时，在其他的艺术中，可以出现具有革命性或开创性的作品，之后也可以因为不被人们所理解而遭到反对。然而，富有创新精神的建筑作品在为人们理解之前就会被反对，因此不会建成。人们仍然在压制建筑希望创新的欲望。

正是在那个古老的时代，在那个成熟的辉煌时代，在那个个体被隔离的幸福时代，这些天才，也就是现在这些仍然精神矍铄的老人们，有勒·柯布西耶、赖特和密斯，他们是技术大师。他们不再为自己保守秘密。换句话说，他们已经摆脱了各种秘密、争论和斗争，甚至摆脱了人类与艺术相融合的野心和激情，摆脱了朋友和学生，摆脱了物质必需品，现在普通人都能够认识他们，热爱他们，并让他们创造伟大作品。正是在那个古老的时代，在那个辉煌的时代，他们最终获得了完全的自由。我会用神圣、确定和成功的方式说：幸福与设施（felicitas et facilitas）。

同时，那个时代允许大师们在最后的东西上实现自己的祝福，而这些正是他们在青年时代或是终其一生都在梦想的东西，也是当时的时代所并不需要的东西，或者是他们的同时代人还没有成熟到可以接受的东西。因为艺术家会参与到这种努力工作和争论之中，也会参与到这种实现需求和斗争之中，还会参与设计这种"梦想之物"。这种梦想之物会保留在艺术家的心中，就像是欲望，像神秘的孕育，它会保留在艺术家心中的奇怪角落，保留在每一位创造者生命的"词汇表"里，因为在那里积累和保留着思想，我们可以确定梦想之物终有一天会来临。释放它们的日子就是成就它们的那一天。因此，我们不应该将"梦想之物"的降临看成一个意外事件，而应该当作意料之中的事，它其实是勒·柯布西耶终于从他的"词汇表"里取出他曾经存储的东西，那是还没有完成的设计主题，他终于展现出了自己的"老年"青春。他把自己的"梦想之物"从心中取出来，然后赋予了朗香教堂和印度艾哈迈达巴德（Ahmedabad）生命。

对于其他人来说，在勒·柯布西耶的形式和表达中，有哪些看上去像是今天的青春或是现代青春的内容，这些内容最终展示了勒·柯布西耶的老年青春，也展示了他的时代。当首次透露某些事情的时候，这是一次完美的重聚，也是一次当时就可以看到的辉煌。

勒·柯布西耶是一位辩论家和作家，同时也是一项运动的发起人和领导者，在这项运动中，他参与了技术和制造，参与了和社会理想有关的建筑设计和城市规划（例如"光辉城市"、"绿色工厂"和"集中式住宅"），他还促使我们打破常规思维，进行深入思考，因为勒·柯布西耶是艺术家，是纯粹的、热情奔放的艺术家。只有他的绘画以一种直接的方式提醒我们打破常规，但是却有很多人误解他，甚至也许我们都会因为一个所谓的"爱好"而误解他。

然而，没有任何东西比他的绘画更加重要了，我们应该感谢他将自己作为艺术家的特质保存在了绘画中，还有那老年青春特质，他永远忠于他的青春。他过去常常对我说："我每天早上会画一个小时的画，这非常好，"这仿佛是他保持健身所要做的锻炼一样。这是他让自己沉浸在艺术中的一种方式，这可以保持他对艺术、激情和歌唱的忠诚态度（"我们需要建筑能够唱歌"，他写道）。对那些像我这样的人，我们几乎和勒·柯布西耶同龄，并且非常熟悉他的作品，这种熟悉不是因为现在研究了勒·柯布西耶的作品，而是通过终生的时间体验这些作品获得的，因此，我们会立刻认识到那个时代是勒·柯布西耶的"新精神"时代，认识到他的创新程度，认识到他与时代的呼应和协同，这种"新精神"时代就展现在今天的勒·柯布西耶中，展现在朗香教堂和印度艾哈迈达巴德（Ahmedabad）中。

朗香教堂和印度艾哈迈达巴德这两件作品并不是现在的新事物，而是勒·柯布西耶找回来的不可思议的奇思妙想，在这里实现并得以释放。在某种程度上，艾哈迈达巴德是属于"1919年"的，或者说它是1919年的成果；作为艺术，它是属于当代的，它是勒·柯布西耶早期的作品，而不是晚期作品。它与朗香教堂是一样的。朗香教堂是门德尔松（Mendelsohn）时代的产物，是近代后艺术风格的产物，同样也是1919年的产物。作为艺术，它不经意间与高迪在同一个时代存在，最终它在今天的勒·柯布西耶时代辉煌地展现出来。

（并且，我们还可以找到勒·柯布西耶与其他人关系亲密或具有相似性的证据。但是，我再一次退缩了，我不能根据历史和技术的文献和参考资料来评论他，说他的建筑形式与别人有巧合之处，与此同时，我正在考虑从关系亲密、重要性和个人的成长经历这几个方面谈论这个问题。因为个人的成长经历是艺术家自己独一无二的历史，在这个过程中，艺术家将所有的东西都赋予了一个新形象，并使它们展现、重现出来，当然了，还使它们与当时的时代和大师都共存。大师们自己的个人历史是绝对独立的，那是一个对别人关闭的领域。）

但是，我们必须指出，还有另外一件令人值得欣慰的事：即由于格罗皮乌斯和勒·柯布西耶的某些观点具有刻板的"说教性"或清教徒式的特点，公开辩论、技术、专门的经济与生产、城市规划和改变信仰，这些内容都使我们认为，由于上面提到的因素影响，一座由建筑师单独设计确定的建筑几乎都耗尽了他们所有的情感。当然，只有门德尔松和密斯·凡·德·罗还表现得比较有情感（从那时起，建筑师开始拥抱非理性主义，开始对阿尔托和尼迈耶感兴趣）。而勒·柯布西耶却帮了我们一个大忙，这不但体现在他设计的朗香教堂，还体现在印度建筑物，和他规划的新昌迪加尔市（虽然昌迪加尔是一个为古老民族设计的城市，朗香教堂也是一个古老的宗教教堂，但勒·柯布西耶在这两个实例中都揭示了永久的人性）。勒·柯布西耶强烈而勇敢地向我们揭示，建筑就是一个表达情感的实体，他的观点是真实而正确的。这就是建筑的本质。

反对艺术作品的巡展
[来自巴西的《时代（Epoca）》杂志，1956年11月11日，关于提出将文艺复兴时期的杰作送交纽约的建议]

我们如果只是重复别人的观点毫无意义，即使是像贝伦松（Berenson）那样重要的人物也是如此。当然如果一直坚持反对著名艺术作品也是没

有意义的，因为评论这些艺术作品应该把它们放在诞生的历史时代中去进行。

它们是文化纪念碑，是不可移动的永久的纪念碑，而不是能在旅行中搬运传送的物件。

对于那些有机会在家里欣赏艺术作品的人来说，根本不能在艺术作品原有的环境中欣赏它们。因此，这些人关于文化能提供多么有效的争论根本不会打动我。那些对伟大作品感兴趣的人，由于尊重和仰慕这些伟大作品，因此无论这些作品身居何处，这些人都会去欣赏它们，也会更加理解它们的内涵。

每当我们到这些伟大的艺术作品的"家"中寻找它们时，也就是到它们原来的所处环境中追寻它们时，会发现那里已经空空如也，我们中有多少人会对此感到深深的失望！而且，当我们再次寻找它们时，如果发现它们又回到了原有环境，我们又会感到多么欣慰！因此，我们要到伟大的艺术作品的"家"中去旅行，这可以增加我们的乐趣，加深对它们的了解。于是，我们只有旅游这一件事了：要么就是有很多人在我们的画廊周围来回奔波，欣赏艺术品；要么就是有很多艺术作品被运到世界各国的首都进行巡回展示，让人们欣赏。这就是我们这个时代在无休无止地做的全部事情了。因此，随着这些艺术作品被搬来搬去，当我谈论这种在"文化交流"领域非常普遍的事情时，当我讨论很多人从展示和宣传艺术作品中获得"利润"时，人们不会怀疑是我懒惰或是具有怀旧情结，因为我是一个充满活力的人。因此，为了追寻这些艺术作品巡回展示的脚步，热爱艺术的人们不得不去关注媒体报道的艺术作品的巡展行程。这种频繁的巡展活动只不过是一种肤浅的行动主义，因为这种展示完全是一种静止的宣传，它道貌岸然，盛气凌人，盲目乐观，又包含了令人痛心的真理。即人们会通过越来越增加的数字来判断这件事的成功与否，例如说到展览参加的国家时，会说有十几个国家参与；说到参加展览的观众时，会说有几百位观众参与；说到销售额时，会说有几百万里拉的门票收入。也就是说，威尼斯双年展应该会变得越来越成功。但是，在现实之中，它正处于悲哀的衰落过程中。

如果我们只是通过这种肤浅的方式对待文化，采用一种令人难以信服的宣传、推销和政治手段，是不正确的。我们不应该让自己那么焦躁不安，也不应该随意地对待这些艺术作品，而是应该暂停下来，仔细考虑一下我们所面对的艺术和文化方面的重要问题和根本问题。

现存环境与环境创造
[来自《住宅》杂志，第378页，1961年5月，关于米兰的维拉斯加塔楼（Torre Velasca）的讨论，由贝尔焦约索（Belgiojoso）、佩蕾苏蒂（Peressutti）和罗杰斯（Rogers）设计，也就是BBPR公司]

我非常欣赏维拉斯加塔楼，并对它充满了真爱（当我们积极地看待它时，这是我能推出的必然结果。）……

我知道那些启发维拉斯加塔楼产生的思想，并且非常尊重这些思想。正如内尔维所说，建筑是由思想构成，同时，也清楚其建筑风格和环境设计的动机。我之所以喜欢维拉斯加塔楼，是因为它所表现出来的建筑创造力，包括创造行为和创造性的价值，同时也是因为建筑内部所表达和展现出来的建筑形式。但是，其中不包括对建筑环境和传统文脉的传承方面。

维拉斯加塔楼严格遵守现代建筑形式规则，因为这些规则可能就是"未来的"形式。我从维拉斯加塔楼中可以看出，它创造出了一种自主的、结构性的形式，或者说，如果你喜欢的话，可以称其为一种发现，因为这种形式开拓出了无数极具吸引力的可能性。

我发现这些自主的价值观如此重要，以至于可以这样说，维拉斯加塔楼已经通过其强大的体量和独特的形式为自己创造了一种环境，确实是属于它自己的环境，这个环境具有自治性，与周边的事物也没有任何关系，既不顺应也不协调它周围的环境。于是，我的思想立刻跳到了维拉斯加塔楼所能能激发的环境创作方面了……

这是建筑设计的伟大时代
（来自《住宅》杂志，第389页，1962年4月）

……我们有一种历史文化，但是也有一种比历史文化更加具有"参与性"的文化，当然也是一种更加令人激动的文化，这种文化中包含着启示、建议和知觉，两者同样具有极大的吸引力。它是一种与认识现在和未来有关的文化，当前正处于形成期。人们在不断的研究和乌托邦理想中"实验未来"，这是一种令人兴奋的文化，征服未知世界的文化。如果另一种文化可以表现整个人类历史的传奇，这段数千年岁月的历史曾经轰动一时，无穷无尽，因此这种文化本身也会对未来充满期望，那么这就是我们的历史。因为这段历史会重现过去的故事，会神奇地重演死者不朽的传记，这一切都在我们每一个人的生命中发生，就在数小时之内，因为"今天也是历史的一部分"。因此，那些奇妙的冒险还会继续下去，并且在我们的活动和社会生活领域中，我们只是参与者和观察者。但是，如果我们不热爱历史，历史就不可能存在。因此，如果人们不热爱承载着历史的现在和未来，历史就会衰退成存在的事实，同时丧失它所承载的命运与荣誉。如果我们说奇妙的过去是它曾经的状态，那么我们就不得不说，未来是否奇妙完全取决于我们；也就是说，历史把握在我们手中，在我们的意识中，也在我们对文明的渴望之中。如果我们认为，在今天，无论多么非凡的手段，多么巨大的可能性，多么文明的任务，多少人的强烈愿望都要托付给建筑任务的话，那么建筑不仅解释并推动了这一切，而且还给这一切塑造了"美丽的形式"。因此，我们可以说，建筑所承担的任务一直都是最繁重的；并且，从来没有任何一个时代比现在更加伟大，也从来没有任何一个时代对建筑提出了如此多的要求。

黎明、觉醒和新事物的景象
［来自《住宅》杂志，第247页，1965年6月，关于安德烈·布洛克（André Bloc）的"生境3号（Habitat no.3）"的讨论］

有一些人最先将由安德烈·布洛克设计的"生境3号"发表在法国著名的《今日建筑（Architecture d'Aujourd'Hui）》杂志上（第102期和第115期）；这件事让我有机会回答一个大家都在谈论的问题，但是这个问题之所以能够成为一个学术问题，是由《今日建筑》这本杂志的声望所决定的。这个问题就是，建筑要到哪里去？

立刻，这个问题就像今天所有的艺术一样，沿着许多方向发展。一直以来，人们已经注意到建筑风格的寿命正在"缩短"，这个过程从古至今已经延续了近千年，从基督降生以来有几个世纪了，最近这些年同

样如此。

事实上，今天我们不再只表现一种风格，而是强调能够使多种风格模式并行发展；同时，我们也让各种技术、各种思维方式、各种观点和灵感都能够并存。

我曾经提到古代和现代的问题，在我们的文化中，没有古代现代之分，一切都是同时代的。例如意大利的乔托和西班牙的毕加索都是如此，因为他们都存在于我们的文化之中。对于现代所生产的一切东西来说，这一点甚至更是如此。因为在这个时代里，每一个学术流派、每一种艺术形式和每一种整合的形式都已经死亡。

如果机械化的工业文明已经导致在全世界范围内人们都采用了统一的手段和方法，那么在释放每个人的思想时（从字面意义上解除他们的束缚），在表达每个人的智力时，人类已经找到了自己的解毒良药；这就是我们的自由，并且已经使我们意识到了一点，即在建筑中有纪念碑，而不只是在纪念碑中才有纪念碑；也就是说，诗中有诗意，并不是诗中有诗；音乐在人们高贵的表达中，而不仅在这里，因为每一块土地的歌声里都有音乐；同样，那幅画是在大师的作品中，但它并不仅仅是大师自己的财产，在雕塑艺术、任何艺术门类和任何文学作品中都是如此，因为每一种艺术门类都需要无数的语言表达自己。

今天的一切就是一个创造世界的全景图，实际上我们正在创造这个世界。因此，这是一个黎明的景象，一个觉醒的景象，同时也是一个全新的景象（我们甚至可以称现在是混乱的时代，因为在所有的自然活力中，混乱就预示着创造力的产生）。

建筑设计当中的景象同样非常丰富，因为不同的建筑师同时设计出很多设计作品，并且每一件作品都彼此不同，因为每一位建筑师就不同。这些建筑师包括勒·柯布西耶、沙里宁、密斯、赖特、阿尔托、内尔维、坦格（Tange）等。因为任何一种表达都是表达，所以建筑师之间不能容忍有等级的差别。同时，因为我们面对现实的"自然力量"，在这种自然活力中，我们可以平等地与大师们一起进行表达。这些大师包括莫兰迪（Morandi）、尼迈耶、坎德拉（Candela）、索莱里（Soleri）和曼伽罗蒂（Mangiarotti），而布洛克设计的生境3号也属于这种表达。

《住宅》杂志在巴黎获奖
（从1928年至1973年，《住宅》杂志：45年来的建筑、设计和艺术名录，1973年5月至9月在巴黎的卢浮宫艺术装饰博物馆中展出的《住宅》杂志展览的目录）

《住宅》杂志在这里，你可以看到它在巴黎获奖了。

并且，我相信，这是第一次出现人们邀请一本有45周年创刊史的杂志参加了展览。

为什么会在第45周年受邀参加展览呢？例如为什么不是第50周年呢？50年的到来有一些喜庆的味道，而45年则表示一切都仍在进行之中。

在此，人们可以看到《住宅》杂志外向型的编辑结构，《住宅》杂志的过去、现在和未来是同时存在的，即所谓过去就是杂志的过去，现在则是杂志对未来的期待，而未来就处于未知与梦想之间的地方。但是，最重要的事情就是要掌握《住宅》杂志的秘密，也就是该杂志的梦想是什么。在创办者心中，《住宅》是一本梦想自己能够成为一件艺术品的

艺术杂志。那么,杂志的新鲜度如何? 这要基于这样一个事实,也就是《住宅》的出版周期是三个月,也就是每三个月编辑就能够把它编好并出版。它的成功表明,它的内容就是读者们正在寻找的东西。读者们可以与艺术家、建筑师、设计师和作家一起,可以将自己的作品委托给杂志出版,而杂志又会成就他们的声望。因此,我们非常热爱他们。

这个世界正在构成纬度上发生着变化;生活在改变,而习俗也在随之改变。人类的神秘感依然存在,而其与现存的"原始之谜"的关系也一直保持不变。那么文化呢? 文化正趋向于同时性和普遍性,其目的就是要把所有不同的表达内容统一起来。

当我相信这一点后,出于一种自然的乐观主义的想法,一直有一种要改革《住宅》杂志的冲动。也就是说,我想把它从那种曾经的米兰式即兴创作的风格中拽出来,然后变成一种多元化的模式;我要进行的这种改革不是通过转译,而是通过再现他们的原始语言文本来实现,也就是直接表达多种生动文化的同时共存。

那么,《住宅》杂志的明天是什么? 这与它的名字息息相关,即住宅。

住宅既是建筑的起源,又是艺术的起源。它是文化的原点,是城市的起点,是个人的原初之处,是追求梦想的原动力,是创造力的发源地。住宅是幸福的源头,而幸福是人类和生物都知道如何创造的东西。因此,

幸福就在生命的发源地,因为在那里人类的有限可以达到无限。

对人类来说,我们能够再一次决定自己奇妙的命运。是否能够获得幸福的感觉对生命来说至关重要。今天,当一个人谈论太多东西的时候,他就很可能会面临丧失幸福的危险:人类,人类,人类……好像他从未存在过一样!……

西班牙杰出的戏剧家卡尔德隆(Calderon)曾经写过一本著作,书名为《生活就是一场梦》。因为生活就是一场梦,而梦只是梦,其实它什么都不是。我们在梦中开始用艺术建造我们的幸福,在神秘的起源与现实之中,我们依靠自己的梦想一直坚持下去。

如果现实就是梦想,就是神秘的东西,那么为了生活让我们接受梦想吧。一位优雅的人,一位诗人 [昂格雷蒂 (Ungaretti)],在战争的夜晚会被这种"无边无际"的梦想照亮。

他说自己同样如此:"我正在寻找一个童真的国度"。因为一切都取决于我们自己。童心存在于童年时代,存在于艺术之中,而艺术又是他所创造的梦想。这些征兆是梦境吗? 还是梦境的征兆? 这些留在我们身上的征兆是非常可怕的。你相信征兆吗? 或者你在梦境里吗? 我相信梦境。

幸福是人类最后的希望,也是人类的一个梦想。但是,如果没有梦想的话,我们不可能做成任何一件事。

缩写表

P.L. Ponti Lancia
P.F.S. Ponti Fornaroli Soncini
P.F. Ponti Fornaroli
P.S. Ponti Soncini
P.F.R. Ponti Fornaroli Rosselli
A.G.P. Gio Ponti Archives
Ad' I Daria Guarnati（编辑），"吉奥·庞蒂的表达"，Aria d'Italia，VIII，1954
CSAC 帕尔马大学设计系学习中心的通信档案

注释

1920 年代

1. D. Guarnati（编辑），"吉奥·庞蒂的表达"，Aria d'Italia，VIII，1954，p. 7.
2. "这个新系统的目标是要以适中的价格提供形状简单的家具，但同时家具要具备出色的品位和考究的细节，从而赋予这些最终产品所有最现代的实用品质和完美工艺，" Domus，1928.4，pp. 29–30.
"家具经济的竞争 -Dopolavoro 国家歌剧院"，Domus，1928.4，p. 33.
"蒙扎艺术"（意大利最大的连锁百货商场——新住宅客房间中的大厅），Emporium，1927.8.
Lidia Morelli，我想要的建筑，Hoepli，Milan，1931.
A.D. Pica，三年展的历史 1918 ~ 1957，Il Milione，Milan，1957.
3. Ugo Ojetti 的女儿 Paola 提议的名字（1927 年 6 月 3 日 P.O. 给 G.P. 写信，1927 年 11 月 3 日 G.P. 的回信中写道："我们选择 'Labirinto' 这个名字，因为我们的想法一直也很错综复杂。"）(A.G.P.) 在 "Il LabIrin" 创作的作品中，详见：'La Penna d' Oca'（米兰的饭店），Domus，2，1928；Domus，10，1928；International Studio，96，1930；Emporium，1927.8.
4. 米兰，1927 年 11 月 4 日 = Ⅵ°
"亲爱的庞蒂，请读一下 Semeria 神父的这封信，告诉我该如何回答他。为什么你或是所有在 Il Labirinto 的人不一起好好爱护这本杂志？请一定在明天之前从米兰给我回信，或者也可以寄到佛罗伦萨。你亲爱的 Ojetti。"（A.G.P.）对于 Semeria 神父与 Ponti 和 Ojetti 的关系来说，这都与 Domus 杂志有关，另见 F. Irace，Gio Ponti. La casa all'italiana，Electa，Milan 1988，pp. 9 and 48–49.
5. G. Ponti，"乌戈骑士"（奉献精神），La casa all'italiana，Ed. Domus，Milan 1933.
6. 与 "堕落者的纪念碑"（在米兰的 Piazza Sant'Ambrogio，1927 ~ 1928）不同的是，这是一件庞蒂使自己脱离现实而设计的"集合"作品："……我还没有'狠狠地'反对这个项目，反对一切……我首先反对它是因为纪念碑的质

量不过关……对于 Sant'Ambrogio 大教堂而言，它具有非常严谨的建筑特点，展示着早期基督教的简约特色，比例如此完美，柱子是深褐色的……它可能只是被那笨重的毗邻建筑影响到了——从而显示出笨重的形体和颜色，还卡在三角形区域，它只能通过自己的力量来适应这一切……"，吉奥·庞蒂写给 U. Ojetti 的信，n.d.（1927 年 3 月至 4 月）(A.G.P.)．
7. G. Ponti，Autobiografia lampo- 简要自传或 Gio Ponti 的故事 /1981 年 11 月 18 日开始 / 可能在 1981 年年底，写给 James Plaut 的信，21/2/1977(A.G.P.)．

参考文献：
R.Bossaglia，L'Art Déco，Laterza，Rome–Bari 1984.
R.Barilli，F. Solmi（编辑），La Metafisica: gli Anni Venti（Bologna 1980），Bologna 1980.
R.Bossaglia，Omaggio a Gio Ponti（Milan 1980），Decomania，Milan 1980.
R. Bossaglia，"四分之一个世纪：一个世纪的历史和意大利家具编年史"，Rassegna di studi e di notizie，第二年，voi. III，Castello Sforzesco，Milan 1975.
A. Avon，'生活方式: Gio Ponti 在 1920 年代和 1930 年代之间的活动和建筑，' Casabella，253，1986，pp. 44–53.
C. De Seta，La cultura architettonica in Italia tra le due guerre，Laterza，Rome–Bari 1972.
M.C. Tonelli Michail，Il design in Italia 1925/43，Laterza，Rome–Bari 1987.

RICHARD–GINORI，1923 ~ 1930 年

1.G. Ponti，"陶瓷"，L'Italia all Esposizione Internazionale di Arti Decorative e Industriali Moderne di Parigi 1925（Paris 1925），Milan，1926，pp. 69–89.
2. Cf. U. Nebbia，"意大利参加巴黎国际博览会，" Emporium，367，1925，pp. 27–28.
3. Ceramiche Moderne d'Arte / 现代陶瓷艺术，Richard Ginori，Alfieri e Lacroix，Milan n.d.（160 pp.，500 ills.，2000 多件）。
4. Cf. G. Nelson，"今日欧洲建筑师：吉奥·庞蒂，意大利"，Pencil Points，1935.5，pp. 215–222.
5. 来自 Gio Ponti 与 Carlo Zerbi、Luigi Tazzini 在多西娅工厂的通信，Colonnata，Florence，在 1924 ~ 1925 年（Doccia 瓷器博物馆档案，Sesto Fiorentino 和 A.G.P.）。

参考文献：
Domino（R. Giolli），"副标题——经典对话，" 1927. Problemi d'arte attuale，1927.10.
N.Zanni，"从帕拉利安主义到现代主义：Robert Adam，John Soane，Giovanni Muzio"，Arte in Friuli - Arte a Trieste，supp. to no. 7 1984. G. Liverani，Il museo delle porcellane di Doccia，Richard–

Ginori 意大利陶瓷公司，Florence 1967.
Portoghesi，A. Pansera，Gio Ponti alla Manifattura di Doccia（Milan 1982），Sugarco，Milan1982.
G.C. Bojani，L'opera di Gio Ponti alla M anifattum di Doccia della Richard–Ginori（Faenza 1977），Faenza 公社，1977 年．
F. Pagliari，"吉奥·庞蒂，建筑与陶瓷：诗歌与物质"，in G.C. Bojani，C. Piersanti，R. Rava（编辑），Gio Ponti ceramica e architettura（Bologna 1987），Centro Di，Florence 1987.
A. Mottola Molfino，L'arte della porcellana in Italia，Busto Arsizio 1976，nos. 499–501.
G. Pampaloni，"品位的机会"，Gio Ponti. Ceramiche 1923–1930. Le opere del museo di Doccia（Florence 1983），Electa，Milan 1983.
P.C. Santini，"吉奥·庞蒂：一个创新者"，同前.
Catalogo della Prima Mostra Internazionale delle Arti Decorative（Monza 1923），Milan–Rome 1923.
G. Marangoni，Catalogo della seconda Mostra Internazionale delle Arti Decorative（Monza 1925），Milan 1925.
Terza Mostra Internazionale delle Arti Decorative，maggio–ottobre 1927（Monza 1927），Milan–Rome 1927.
L.R.；"Doccia 的伟大作品"，Stile，17，1942，pp. 52 ~ 59.
G.L.，"在法国广场的第 35 届国际当代艺术陶瓷竞赛"，Faenza: bollettino del Museo，5，1977，pp. 108 et seq.

9 号住宅，VIA RANDACCIO，米兰，1925 年

参考文献：
F. Reggiori，"位于米兰 Via Randaccio 大街的建筑师 Emilio Lancia 和 Giovanni Ponti"，Architetture e Arti. Decorative，VI，no. XII，1926–1927，pp 568–574.
G. Muzio，"今天在 Lombardia 的一些建筑师"，Dedalo，XI，1931.8，pp. 1082–1119.

BOUILHET 别墅，GARCHES（巴黎），1926 年

1. "……在第 5 页上删去 '与 Lancia 和 Buzzi 一起'，实际上他们并没有卷入其中，并写上 '给巴黎 Bouilhet 家族的 Tony Bouilhet 先生 '，G.Ponti，写给 Nathan Shapira 的信，1966.10.28（A.G.P.）（校正 N. Shapira 的文章证明，"Gio Ponti 的表达"，Design Quarterly，69–70，1967）．

参考文献：
M.M.，"天使的翅膀，Tony H. Bouilhet 在 Garches 的乡间别墅（巴黎）"，Domus，45，1931，pp. 24 ~ 31.

1930 年代

1.G. Ponti 写给 Nathan Shapira 的信，1966.10.28（A.G.P.）．
2. "在蒙扎三年展中的假日之家"，Domus，33，1930.
E. Persico，"趋势与成就"，La Casa Bella，29，1930.
3.G. Ponti，E.A. Griffini，L.M. Caneva，Progetti di ville di architetti italiani all'Esposizione triennale internazionale delle arti decorative e industriali moderne alla Villa Reale di Monza，Bestetti–Tumminelli，Milan 1930–1931.

参考文献：
A. Pansera，Storia e cronaca della THennale，Longanesi，Milan 1978.
P. Farina，"吉奥·庞蒂：1930 年代和周围的环境"，Ottagono，82，1986，pp. 60–65.
G. Ciucci，"关于法西斯建筑和城市的辩论"，Storia dell' arte italiana，VII，Il Novecento，Einaudi，Tu- rin 1982.
E. Persico，"意大利味道"，L'Italia Letteraria，1933.6.4.
E. Persico，"建筑师 Gio Ponti"，L'Italia Letteraria，1934.4.29.
A. Pica，Architettura moderna in Italia，Hoepli，Milan 1936.
A. Pica Nuova Architettura Italiana，Hoepli，Milan 1941.
Var.authors，Anni Trenta. Arte e cultura in Italia，Mazzotta，Milan 1982.
Var. authors，Milano 70/70, 2° dal 1915 al 1945（Milan 1971），Museo Poldi Pez- zoli，Milan 1971.
G. Pagano，"我们能够从虚假的传统和不朽的痴迷中拯救自己吗？"，Costruzioni Casabella，157，1941，pp. 2–7.
G. Nelson，"今日欧洲建筑师。1– Gio Ponti，意大利"，Pendi Points，1935.5，pp. 215–222.
G. Ponti，"在米兰装修的公寓"（Casa Vanzetti），Domus，131，1938，pp. 10–28.
G. and R. Fanelli，Il tessuto moderno，Vallecchi，Florence 1976.
The International Studio，96，1930.5，p. 65.
London Studio，9，June 1935，p. 343.

为 FONTANA 公司设计的家具和物品，米兰，自 1930 年

1. "蒙扎三年展"，Domus，1930.6，p. 36.
2. "特殊家具"，Domus，44，p. 40.
3. "在玻璃技术中最激进的现代性"，Luigi Fontana & Co. 的广告，Domus，42，1932，p. 5.
4. Ad.I，p. 120.

参考文献：
"家具中的镜子艺术"，Domus，41，pp. 80–81.
专门讨论玻璃的特刊，Stile，5–6，1941.

Cimtoo 纪念馆的 BORLETTI 教堂，米兰，1931 年

1. "建筑工程"，*Domus*，313，1955，pp. 1–3.

参考文献：

"我们墓地的艺术"，*Domus*，59，1932，p. 652.

"由建筑师吉奥·庞蒂建造的 Borletti 墓地"，*Architettura*，1932，pp. 590–593.

R. Aloi，*Architettura funeraria moderna*，Hoepli，Milan，1941，pp. 177–179.

1 号住宅，VIA DOME- NICHINO，米兰，1930 年

参考文献：

"当代建筑的等待"，*Domus*，35，1930，p. 21.

F. Reggiori，"在米兰的 via Domenichino 大街 Monterosa 角落的住宅"，*Architettura e Arti Decorative*，X（1930 ~ 1931），v. II，pp. 547–556.

F. Irace，"这间意大利风格的住宅建于 1928 ~ 1933 年之间。这是吉奥·庞蒂典型的建筑设计作品"，在 O. Selvafolta（编辑），*Costruire in Lombardia. Edilizia residenziale*，Electa，Milan 1985，pp. 183–202.

A.Avon，"生活方式"，*Casabella*，253，1986，pp. 44–53.

P. Farina，"吉奥·庞蒂，1930 年代和周围环境"，*Ottagono*，82，1986，pp. 60–65.

V. Gregotti，"意大利建筑，1900 ~ 1945"，in *Arte Italiana. Presenze*，1900–1945，Bompiani，Milan 1989，p. 272.

"小镇上的公寓建筑"项目，1931 年

参考文献：

"城市住宅项目与复式公寓"，*Domus*，41，1931，pp. 59–62.

《住宅》和《传统建筑》，米兰，1931 ~ 1936 年

1. G. Ponti，"解释现代住宅。从经济住宅到大型公寓"，*Domus*，77，1934，pp. 8–9.

2. G. Ponti，"第六次三年展的示范住宅"，*Domus*，103，1936，p. 10.

参考文献：

G.Ponti，"住宅建筑的构想"，*Domus*，52，1932，p. 187.

"更新中的意大利"，*Domus*，72，1933，p. 626.

G. Ponti，"我在一些建筑中遵循的想法"，*Domus*，84，1934，pp. 3–14.

F. Irace，"'意大利之家' 1928 ~ 1933，吉奥·庞蒂和 '典型住宅' 设计"在 O. Selvafolta（编辑），*Costruire in Lombardia. Edilizia residenziale*，Electa，Milan 1985，pp. 183–202.

"由吉奥·庞蒂建造的公寓建筑"，*Domus*，126，1938.

G. Ponti，"花卉种植者的财富"，*Corriere della Sera*，7/1/1937.

F. Irace，"Gio Ponti 和设备齐全的住宅"，*Ottagono*，82，1986，pp. 50–59.

B.Moretti，*Case d'abitazione in Italia*，Hoepli，Milan 1939，pp.111–113（通过 Cicognara）；pp. 114–115（通过 De Togni）；PP.118–119（通过 Letizia）；p. 120（通过 Coni Zugna）.

用于 FERRARIO 酒馆的陶瓷板，米兰，1932 年

1. G. Ponti，"陶瓷涂料"，*Stile*，10，1941，pp. 49–56.

参考文献：

"现代艺术带来了陶瓷涂层，并将其作为一种丰富的色彩资源技术和珐琅一起用于大型墙壁上的人物壁画"，*Domus*，50，1932，p. 100–101.

BREDA 电气列车 ETR 200，1933 年

1. Cf. G.K. Koenig，在 "铁路火车、有轨火车和电动火车的设计中"，国家铁路 1900–1940，*Rassegna*，2，1980，p. 70.

A. Nulli，"速度设计：ETR 200 型电动火车"，在 V. Gregotti（编辑）*Il disegno del prodotto industriale in Italia: 1860–1980*，Electa，Milan 1981，p. 213.

2. "迈向新的汽车装备？"*Domus*，94，1935，pp. 22–23.

3.《住宅》杂志一直反映吉奥·庞蒂对火车非常感兴趣，他一直关注从 30 年代美国创造的火车到 1948 年由 Zavanella 公司生产的意大利 OM 自推式观察火车。其中包括："由 Josef Hoffmann 提供的奥地利铁路新车"，*Domus*，51，1932，pp. 164–165；"M.10.001 纽约－洛杉矶"，*Domus*，87，1935，pp. 18–21；"架构如何转变"，*Domus*，136，1939，p. 92；"在旅行中观看"，*Domus*，229，1948，pp. 6–9.

参考文献：

C. De Seta，*L'Architettura del Novecento*，Utet，Turin 1981.

公园里的 LITTORIA 塔，米兰，1933 年

1. E. Persico，"公园中的塔"，*Casabella*，1933 年 8 ~ 9 月.

参考文献：

C. Chiodi，"米兰的 Littoria 塔"，*Politecnico*，8，1933，pp. 3–22.

A. Pica，*V Triennale di Milano*，*Catalogo ufficiale*，Ceschina，Milan 1933.

Emporium，December 1933.

"新闻"，*Ponteggi Dalmine*，2，1985.

T. Molinari，"从 Torre Littoria 到 Torre del Parco 到 Torrebranca"，*Abitare*，279，1989，pp. 172–175.

CASA RASINI，米兰，1933 年

1. A. Isozaki，"吉奥·庞蒂几十年的旅程"，吉奥·庞蒂 *1891 ~ 1979* 从人体尺度到后现代主义（东京 1986），Seibu/

Kajima，Tokyo 1986，p. 12.

2. "吉奥·庞蒂"（专题问题），*Space Design*，200，1981，p. 31.

3. A. Savinio，*Ascolto il tuo cuore, città*，Bompiani，Milan 1944，p. 76.

参考文献：

"花园中的塔楼"，*Domus*，88，1935，pp. 26–27.

"米兰的摩天大楼"，*Casabella*，1936.8.

G. Ponti，"梯田上的分隔"，*Corriere della Sera*，23/1/34.

"适用于大理石行业"（Lasa 广告），*Domus*，85，1935，p. XXI.

G. Ponti，"我在一些建筑中遵循的想法"，*Domus*，84，1934，pp. 3–14.

G. Ponti，"屋顶露台和游泳池"，*Domus*，92，August 1935，pp. 10–12.

P. Masera，"米兰有一百座建筑"，*Edilizia Moderna*，21–22，1936.

F. Irace，"悬挂建筑"，在 var. 作者，*Gli Anni Trenta, Arte e cultura in Italia*，Mazzotta，Milan 1982，pp. 217 et seq.

B. Moretti，*Case d'abitazione in Italia*，Hoepli，Milan 1939，pp. 104–110.

F. Irace，"经历 1930 年代"，*Domus*，624，1982.

在航空展览会上的 "比空气更轻的" 房间，米兰，1934 年

参考文献：

A.M. Mazzucchelli，"展览风格"，*Casabella*，80，1934，pp. 6 et seq.

V. Costantini，（关于航空展览会）*Emporium*，1934，8. pp. 119 ~ 121.

F. Reggiori，"在米兰艺术宫的意大利空军展览"，*Architettura*，9，1934，pp. 532–540.

"ITALCIMA" 工厂，米兰，1935 年

1. G. Pagano，"米兰的现代工业厂房"，*Casabella*，1933.3，pp. 43–44.

参考文献：

F. Irace，*Gio Ponti. La Casa all'italiana*，Electa，Milan 1988，p. 188.

F.Irace，"1930 年代工业建筑的一个案例：米兰的 ItalCima 工厂"，在 O. Selvafolta（编辑）*Costruire in Lombardia*，Electa，Milan 1985.

G.Nelson，"今日欧洲建筑师，1 – Gio Ponti，意大利"，*Pencil Points*，1935.5，pp. 215–222.

P. Rampa，"Luciano Baldessari，Ital Cima 工业园区，Milano，1932–1936"，*Domus*，705，1989，pp. 52–59.

CASA MARMONT，米兰，1934 年

1. G. Ponti，"一座建筑"，*Domus*，94，1935，pp. 1–16.

参考文献：

G. Ponti，"我在一些建筑中遵循的想法"，*Domus*，84，1934，pp. 3–14.

"房子中的建筑元素"，*Domus*，92，1935，p. 13.

B.Moretti，*Case d'abitazione in Italia*，Hoepli，Milan 1939，pp. 116–117.

新大学校园数学学院，罗马，1934 年

1. "罗马大学城"，*Architettura*，（特殊问题），1935.

2. Cf. G. Ponti，*Amate l'Architettura*，维塔利和橡果，Genoa，1957，p. 56.

参考文献：

R. Pacini，"罗马大学校园宏大的项目"，*Emporium*，1933.3，pp. 177–182.

A. Melis，"罗马大学数学学院"，*L'Architettura Italiana*，1936.8，pp. 171–182.

（在罗马的那所大学的校园），*Emporium*，1936.1，pp. 18–24.

G. Nelson，"今日欧洲建筑师，1–Gio Ponti，意大利"，*Pencil Points*，1935.5，pp 215–222.

"罗马大学数学学院"，*Architectural Review*，80，1936，pp. 204–206.

A. Pica，*Nuova Architettura Italiana*，Hoepli，Milan 1936.

"PALAZZO DEL LITTORIO" 竞赛项目，罗马，1934 年

1. 吉奥·庞蒂（为 "Palazzo del Littorio" 举办的竞赛）项目报告，*Casabella*，82，1934，pp. 36–39.

2. G.P.，"比赛失败但结局愉快"，*Domus*，438，1966，pp. 6–11.

3. G. Pagano，"Palazzo del Littorio：第一幕"，*Casabella*，79，1934，pp. 2–3.

4. G. Ciucci，"关于法西斯建筑和城市的辩论"，在 *Storia dell'arte Italiana*，VII，*Il Novecento*，Einaudi，Turin 1982，pp. 358–360.

参考文献：

（Domus Littoria），*Emporium*，1934.10，pp. 233–237.

（Domus Littoria），*L'Architettura Italiana*，1934.11.

米兰大型展览会的标准，1935 年

1. *Ad'I*，pp. 20–21.

参考文献：

（Ospedale Maggiore：标准），*Domus*，83，1934，p. 13.

"米兰 Maggiore 医院的 Gonfalone"，*Domus*，91，1935，pp. 6–7.

"一件刺绣纪念碑"，*Domus*，145，1940，pp. 28–31.

FÜRSTENBERG 宫殿的室内空间，维也纳，1936 年

1. "我是从阿道夫·卢斯（Adolf Loos）那里学到的，我本人认识他。他曾经告诉我，椅子和任何一件家具的脚和腿都应该 '苗条一些'，其尖顶应该 '高一些'，横梁应该 '再延展一些'：这是一种永恒的挑战，也就是成功的所在（也是方尖碑带来的经验）……，"

G. Ponti，*Amate l'Architettura*，Vitali

271

e Ghianda，Genoa 1957，p. 127.

2.Oswald Haerdtl 在维也纳的展览，未发表的文章，18/1/77（A.G.P.）.

3. "奥地利"，*Domus*，260，1951，pp. 18～21.

参考文献：

L. Langseth Christensen，*A Design for Living. Vienna in the Twenties*，献给 Carmela Haerdtl，Viking Penguin Inc.，New York，1987.

天主教会的常设展览，梵蒂冈城，1936 年

1. "一件重大事件"，*Domus*，104，1936，pp. 13–19.

G. Ponti，"天主教新闻发布会"，*Emporium*，XIV，October 1936，pp. 198–205.

2.G. Ponti，*Amate l'Architettura*，Vitale Ghianda，Genoa 1957，p. 134.

3. M. Labò，"梵蒂冈天主教新闻环球博览会"，*Casabella*，105，1936，pp.18–25.

4. M. Piacentini，"瓦里安奥市天主教新闻环球博览会"，*Architettura*，July 1936，封皮，pp. 297–309.

参考文献：

（梵蒂冈天主教出版社），*Innen-Dekoration*，1937.1.

Aloi，*Esposizioni*，Hoepli，Milan 1960，p.XXIII.

LAPORTE 住宅，米兰，1936 年

1.G. Ponti，"第六届三年展上的示范住宅"，*Domus*，103，1936，pp 14–22，以及 1934 年 Casabella，1934.4，pp.2–5；Emporium，500，1936.pp.64–115；L'architettura，1937.2，pp.65–87；Architettura Italiana，1937.5，pp.146～149.

2. 吉奥·庞蒂，"在米兰的一座有三个公寓的别墅"，*Domus*，111，1937，pp. 2–9.

3. 同上.

参考文献：

B. Moretti，"自己的建筑师公寓"，*Innen-Dekoration*，6，1937，*pp.196–207*.

T. Lundgren，"prydno 中的功能主义"，*Svenska Hem*，voi. 27，*1939*，pp.199–204.

F. Irace，"吉奥·庞蒂和设备齐全的建筑"，Ottagono，82，*1986*，pp 50–59.

在 BRUZZANO 的日托托儿所项目，米兰，1934 年

参考文献：

E. Persico，"吉奥·庞蒂的一个项目"，Casabella，*88*，*1935*.

"为产妇和儿童设计的歌剧建筑"，*Case d'oggi*，2，*1936*.

MARZOTTO 别墅项目，瓦尔达尼奥，1936 年

1.*Ad'I*，*p. 7*.

参考文献：

Ad'I，p. 13。

A. Erseghe，G. Ferrari，M. Ricci，Francesco Bonfanti Architetto，Electa，*Milan 1986*，p.78.

VANZETTI 家具，米兰，1938 年

参考文献：

"在米兰设计的公寓"，*Domus*，*131*，*1938*，pp.10–28.

第一座蒙特卡蒂尼大厦，米兰，1936 年

1. *G. Pagano*，"关于 Palazzo della Montecatini 的一些注意事项，Casabella，*138–139–140*，*1939*（专题论文），pp.3–6.

2. 参考 Ponti–Donegani 的信件，*1936～1943*（A.G.P.）.

3. 参考 "米兰的别墅"（建筑师，I. Gardella），Domus，263，1951，pp. 28–33.

4. C. Malaparte，"水和叶子宫殿"，Aria d'Italia，1940.5.

5. "这是一座安静的建筑。这是一座用凝结水建造的建筑。这是一座用糖建造的建筑物，经过霜冻后变得很光滑并稍微泛出绿色"，在 A. Savinio，Ascolto il tuo cuore，città，Bompiani，Milan 1944，p.153.

6. 参考 G. Ponti，Amate l'Architettura，维塔利和橡果，Genoa 1957，p.1490

7. Casabella，138–139–140，1939（专题论文）.

8. 参考吉奥·庞蒂，"建筑是如何诞生的"，138–139–140，1939（专题论文），p.11.

9. 参考 G. Ponti，Amate l'Architettura，维塔利和橡果，Genoa 1957，pp. 56–57.

10.G. Ponti，"思考关于办公楼的一些决定因素"，Edilizia Moderna，49，1952，pp. 11–19.

11. 参考 D. Buzzati，in Antologia Rivista Pirelli 中，pubi，by Scheiwiller，Pizzi e Pi-zio，Milan 1987，p.83.

参考文献：

"Un palazzo del lavoro"，Domus，135，1939，pp.36–43.

M. De Giorgi，"Il Palazzo Montecatini a Milano"，in 0. Selvafolta（编辑），Costruire in Lombardia，Electa，Milan 1983.

Il Palazzo per uffici Montecatini，Pizzi e Pizio，Milan 1938。

G. Zucconi，'L'imperativo del Capitolato,' Rassegna，24，1985，pp.55–66.

G. Ponti，'Ingegneria e architettura,' Domus，313，1955，pp.1–3.

Casabella，138–139–140，1939（专题论文）.

THE LIVIANO，帕多瓦，1937 年

1. G. Ponti，引用 Ad'I，p. 69.

2. S. Bettini，'Campigli al Liviano,' Calendario，Cassa di Risparmio di Padova e Rovigo，1979.

"帕多瓦广场 Capitaniate 文学院官殿的竞争，" L'Architettura Italiana，1934.9，pp.302–307.

"为帕多瓦大学建立竞争"，Architettura，9，1934，pp. 548 et seq.

R. Palluechini，"Massimo Campigli 的 Padovani 壁画"，Le Arti，V–VI，1940，pp.346–350，plates CXLIV–CXLV.

I. Favaretto，Il Museo del Liviano a Padova，Cedam，Padova，1976.

吉奥·庞蒂，"艺术家更喜欢具有持久性的作品，而不仅仅是作为奖品和参加展览"，Stile，13，1942，pp.7–28.

"大理石摄影"，Domus，292，1954，p. 'i concorsi'.

MARCHESANO 别墅，博尔迪盖雷，1938 年

参考文献：

G. Ponti，"M. a Bordighera 别墅"，Domus，138，1939，pp.36–39.

B. Moretti，Ville，2，Hoepli，Milan 1942，pp.24～29.

Ad'I，p.29.

"丛林酒店"项目，卡普里，1938 年

1. 吉奥·庞蒂在 Ad'I 中，p.25.

2. 详见吉奥·庞蒂，"在 Posillipo 的住宅"，Domus，120，1937，pp.6–15.

3.G. Ponti，"圣米歇尔酒店或卡普里岛上的树林"，Architettura，1940.6，pp.1–14.

4. 详见 B. Rudofsky，"日本简介"，Domus，319，1956，pp.45–49.

参考文献：

详见 "Ponti 和 Rudofsky 为第勒尼安海的海岸和岛屿设计的一种新型酒店，是 Dalmazia 的理想选择"，Stile，,8，1941，pp.16–19.

为 Eden Roc，Hotel du Cap 和 Antibes 设计的平房，1939 年（与 Carlo Pagani 一起），pubi，出版于 Ad'I，p.28.

为 ADRIATIC COAST 设计的酒店项目，1938 年

参考文献：

R.G.，"per il Lido Adriatico 酒店"，Casabella，125–126，1938，pp. 8～11.

另见 R.G.，"在 Lido Tirreno 的酒店项目"，Casabella，125–126，1938，pp.4–7.

ADDIS ABABA 的总体规划项目，1936 年

1. 在图纸的边缘，今天保存在 CSAC，帕尔马.

参考文献：

G. Pagano，"他是 Valle 和 Guidi 工程师 Addis Abeba 的计划"，Casabella，107，1936，pp.16–23.

阿尔卑斯山地区的城市发展规划，米兰，1937～1948 年

1. 城市发展规划方案，未发表的文章，（1937）（A.G.P.）.

参照吉奥·庞蒂，"大型建筑项目的可能性"，Corriere della Sera，30 号，1937.

吉奥·庞蒂，"米兰人认同墨索里尼时代的城市发展"，Corriere della Sera，1937.1.29.

G. Ponti，"来吧"，Corriere della Sera，1937.12.24.

2. 参照 G. De Finetti，"重建计划1944.46"，出版于 G. Cislaghi，M.De Benedetti，P.Marabelli（编辑），Giuseppe De Finetti，Clup，Milan 1981，pp.118–119.

3. 详见 "Giuseppe Vaccaro：山上的住宅和新城市"，Domus，113，1937，p.33（在 Domus 重新发表，501，1971）.

4. G.P. 的信到 Mazzocchi-Mino-beds-De Smaele-Guagliumi-Gandolfi，Milan，1948.9.4（CSAC，Parma）.（前 Sempio 站的花园区），Corriere d'Informazione，1948.10.14～15.

"Sempione 的绿岛"，L'Umanità，1948.10.14.

5. "在米兰，只有一个穿透轴通过纪念碑的特殊序列直接通向大陆。新的现代化区域是 Foro Bonaparte 直径的三倍，它被嫁接到了这个主要的城市系统中，并将成为其中宏伟的元素……" 标题错误。第 2 号，该计划的展示布局，1948年（CSAC，帕尔马）.

6.吉奥·庞蒂，"在社会住房方面——受欢迎的建筑是只是一个短暂的事实"，Domus，314，1956，p.6.

外交部的竞争项目，罗马，1939 年

1. 所有 Ponti 的评论都来自竞赛项目的演示专辑（A.G.P.）.

参考文献：

Ad'I，pp.14–15.

TATARU VILLA，CLUJ，罗马尼亚，1939 年

"教授的两个别墅项目，Tataru"，Domus，111，1937，pp.12～15.

"罗马尼亚的别墅"，Domus，136，1939.

一个理想的小房子，1939 年

1. G. Ponti，"一个理想的小住宅"，Domus，138，1939，pp.40–46.

参考文献：

庞蒂系统地在 Domus 和 Stile 发布了海边住宅项目。详见以下内容：

"海边的小住宅"，Domus，140，1939，pp.34–35.

"关于海边住宅的建议"，Domus，138，1939，pp.48–49.

"四个海边住宅项目"，Stile，8，1941，pp.24–26.

"想象一下你在海边的房子"，Stile，10，1941，pp.8–12.

"太平洋别墅的发明"，Stile，19，1942，pp.7–9.

"研究太平洋上的一所房子"，Stile，19，1942，pp.8～9.

"我们致力于 Arturo Benedetti Miche-langeli 的前战项目", *Stile*, 37, 1944, pp.36–39.

"关于在里维埃拉的房子的决议", *Stile*, 1, 1946, pp.8–11（与 V.Viganò）.

PALAZZO MARZOTTO 项目，米兰，1939 年

1. 详见"改进的起源"*Stile*, 25, 1943, p.16.
2. G. Ponti, "10 年前就像今天和建筑艺术作品一样"，*Domus*, 270, 1952, pp.18 ~ 19.

参考文献：
A. Erseghe, G.Ferrari, M.Ricci, *Francesco Bonfanti architetto*, Electa, Milan 1986, pp.78–138.
G. Pagano, "我们可以拯救自己不痴迷虚假的传统吗？"，*Costruzioni Casabella*, 157, 1941, pp.2–7.

自己的建筑，现代的建筑，米兰，1939 年

参考文献：
G. Ponti, N. Bertolaia, *Relazione del progetto* 该项目的报告参加了米兰意大利 Ente Radiofoniche Auditions 新席位的竞赛，1939（A.G.P.）.
"改进的起源"，*Stile*, 25, 1943, p.16.

"E42" 展览中水和宫殿的竞赛项目，罗马，1939 年

1. 工程图纸现在保存在 CSAC 上，帕尔马.
2. 参照陪审团报告，R. Mariani, *E4.2, un progetto per l'Ordine Nuovo*, pubi, by Comunità, Milan 1987, pp.137–139 和 160.

DOMUS，1928 ~ 1940 年

1. G. Michelucci, "古代和现代建筑之间的联系"，Domus, 51, 1932, pp.134–137.
2. *Domus*, 1930.8, pp.61–63.
3. "晶体的应用在现代家具"，*Domus*, 58, 1932, p.1603.
4. "La villa-studio per un artista" 游泳池的五彩雕塑（建筑师，Pollini 和 Figini），*Domus*, 67, 1933, p.357.
5. E. Persico, "指出并开始体系结构"，in G. Ponti, "建筑风格和适度家具"，*Domus*, 83, 1934, pp.1–9.

1940 年代

1. V. Bini, G. Ponti, *Cifre Parlanti: ciòche dobbiamo conoscere per ricostruire il Paese*, Vesta, Milan 1944.
2. Bosisio, Libera, Ponti, Pozzi, Soncini, Vaccaro, Villa, Beretta, *Verso la casa esatta*, 意大利出版，Milan 1945.

参考文献：
R. Aloi, *L'arredamento moderno*, Hoepli, Milan 1952.
M.C. Tonelli Michail, *Il design in Italia, 1925–1943*, Laterza, Rome-Bari 1987.

为 STRAVINSKY 的 "PULCINELLA" 和为 GLUCK "ORPHEUS" 的场景和服装，1940 ~ 1947 年

1. 包括：
1939 年芭蕾舞剧的场景和服装 *La vispa Teresa* by Ettore Zapparoli, 由 Walter Toscanini 编排，在 San Remo 演出。
1940 年芭蕾舞剧的场景和服装 *Pulcinella* 由 Igor Stravinsky 设计，在 the Teatro della Triennale 演出，Milan（由 Carletto Tieben 指导）。
1940 年芭蕾舞剧的场景和服装 *Festa romantica* 由 Giuseppe Piccioli 设计，在 La Scala 剧院演出，Milan（第一个舞者，Vanda Sciaccaluga）。
1945 年芭蕾舞剧的场景和服装 *Mondo Tondo* 由 Ennio Porrino 设计，在 La Scala 剧院，Milan（未演出）。
1947 年的场景和服装 为了 Gluck 的 *Orpheus* 在 La Scala 大剧院，Milan（由 Fritz Schuh 执导，由 Erika Hanka 编舞，由 Ionel Perlea 指挥的管弦乐队；奥菲斯，Ebe Stignani；Eu-rydice, Suzanne Danco）。
1951 年的场景和服饰为了 Scarlatrti 的 *Mitridate* 在 La Scala 大剧院，Milan（未演出）。
2. Ad'I, pp.60–63。
3. Ad'I, p.6。
4. 吉奥·庞蒂，"阿皮亚剧院，或艺术的生活工作"，Il Teatro, Il Convegno, Milan 1923, pp.62–81。
5. 详见 Ad'I, p.44, 以及一般来说 Ponti 为 Bellezza 杂志工作，1941 ~ 1934 年。
6. 吉奥·庞蒂 在 1920 年代（为了 Richard-Ginori）和 1950 年代绘制或绘制了许多 *Harlequins*。
7. G. Ponti, *Il Coro – cronache immaginarie*, Uomo, Milan 1944.

在 BORDIGHERA 的 DONEGANI 别墅，1940 年

参考文献：
"地中海建筑," Stile, 7, 1941, pp.2–13.

PALAZZO DEL BO 的 GRAND FRESCOED STAIRCASE，帕多瓦，1940 年

参考文献：
G. Ponti, "持久的艺术家作品，不仅仅是奖品和展览——对帕多瓦的期待," Stile, 13, 1942, pp.7–29.
L.Ponti, "提尼的最后一尊雕像," Domus, 226, 1948, pp.40–41.
Ad'I, pp.46–49.
M. Universo, Gio Ponti designer; Padova 1936–1941, Lionello Puppi 的前言，Laterza, Rome-Bari 1989.
U. La Pietra（编辑），Gio Ponti: Parte si innamora dell'industria, 体育馆，Milan 1988, pp.117–125.

哥伦布的诊所，米兰，1940 ~ 1948 年

1. Ad'I, *p.6*.
2. G. Fonti, "哥伦布的诊所," Domus, 240, 1949, pp.12–25.
3. 档案（G. Ponti), Ringrazio Iddio che le cose non vanno a modo mio, Antoniazzi, Milan 1946.

参考文献：
吉奥·庞蒂，"哥伦布的诊所," 现代建筑，43, 1949; 吉奥·庞蒂，"面," Stile, 2, 1941, pp.16–17；Stile, 8, 1942, 覆盖.

《POPOLO D'ITALIA》建筑的壁画，米兰，1940 年

参考文献：
Ad'I, pp.47.

《亨利四世》一部电影的想法，1940 年

参考文献：
Ad'I, pp.65.
U. La Pietra（编辑），Gio Ponti: l'arte si innamora dell'industria, Coliseum, Milan 1988, pp.130–31.

《BELLEZZA》，1941 ~ 1943 年，FASHION，WOMEN

1. 特别参见问题：1941 年 1 月至 7 月 / 8 月至 10 月；1942 年 4 月；1943 年 12 月。在时尚领域，Elena Celani（Parigi），Federico Berzewiczy-Pallavici-ni（Vienna），是为 Bellezza 做出贡献的设计，Ponti 对此有所偏爱，就像他为 Fili 杂志的编辑 Elena Kuster Rosselli 所做的那样。
2. 吉奥·庞蒂，"你或女人," Stile, 3, 1941, p.63.
3. 吉奥·庞蒂，"致弗兰克·劳莱德·赖特的选集," Stile, 1, 1946, pp.1–5.

PAOLO DE POLI 设计的带有 ENAME 装饰的家具，帕多瓦，1941 年

1. G. Ponti, De Poli: smalti, 警卫, Milan 1958（引言）.
2. Ad'I, pp. 64 ~ 65; "Conte Grande 的一些艺术品," Domus, 244, 1950, pp.16–17.
3. A. Pica, "保罗德波利和米兰," 在 L'Arte dello Smalto–Paolo De Poli 中，Padua 1984, pp.21 ~ 22。

CI VATE 的房子的桥梁，BRIANZA，1944 年

1. "Casa in Brianza," Domus, 245, 1950, pp.30–32.

为 VENINI 设计，MURANO，1946 ~ 1949 年

1. 详见"1920 年代"（引言）。
2. 吉奥·庞蒂，"维尼尼," Domus, 361, 1959, pp.31–48.

参考文献：
Var. 作者，Venin, Murano 1921, Franco Maria Ricci, Milan 1989.

《ASSEMBLING》和《LIGHTENING,》1948 ~ 1950 年

1. Ad'I, p.72;（对象，书籍和印刷品的集合），"Casa B., Milano," Domus, 226, 1948, p.61.
2. "床头板，仪表板," Domus, 227, 1948, pp.36–37; 吉奥·庞蒂，"家具现代性的主张," Stile, 10, 1946, pp.16–17.
3. "商务主管桌面的仪表板面板," Domus, 228, 1948, pp.22–23.
"公司高管的研究," Domus, 257, 1951, pp.30–31.
4. "带家具的窗户," Domus, 298, 1954, pp.17–20.
5. 参考 G. Ponti, "加拉加斯正在建设的 Planchart 别墅的模型," Domus, 303, 1955, pp.8–14.

LA PAVONI，咖啡机，米兰，1948 年

1. "形式," Domus, 228, 1948, p.50.

参考文献：
"意大利工业设计," Domus, 252–253, 1950, p.74.
A. Nulli, "制作咖啡的机器," p.164; G. Bosoni, "制作咖啡的机器," pp.294–295. in V. Gregotti（编辑），Il disegno del prodotto industriale in Italia, 1860 ~ 1980, Electa, Milan 1981.

在皇家酒店的游泳池，圣雷莫，1948 年

1. G. Ponti, "'功能'这个词的意思是什么（游泳池上的话语），" Domus, 229, 1948, pp.10–13.
G. Ponti, Quick self-biography..., 给 J. Plaut 的信，21/2/1977（A.G.P.）.

参考文献：
Ad'I, pp.34 和 36.
那不勒斯皇家酒店屋顶花园的游泳池项目，Domus, 291, 1954, 封面（详见 p.165）.

《娱乐》和《消费幻想》1948 ~ 1950 年

1. 吉奥·庞蒂 "对一些家具的考虑"（建筑 Cremaschi），Domus, 243, 1950, pp.26–29.
吉奥·庞蒂，"一个家永远不会结束," Domus, 238, 1949, pp.13–17.
"值得一看的一间餐厅," Domus, 252–253, 1950, pp.28–29.
2. 吉奥·庞蒂，"幻想之家"（建筑 Lucano），Domus, 270, 1952, pp.28–38.
3. "一家图形商店," Domus, 246, 1950, pp.6–9.
4. 吉奥·庞蒂，"向特殊展览致敬," Domus, 252–253, 1950, pp.25–74.

参考文献：
"房子的细节"（建筑 Ceccato），Domus, 256, 1951, pp.28–32（详见 p.145）.
"优雅的铝，橡胶传送带，橡胶"（圣雷莫赌场的室内设计），Domus, 258, 1951, pp.22–25（详见 p.144）.

M.R. Rogers, W.D.Teagne, Italy at Work: Her Renaissance in Design Today, 布鲁克林博物馆和其他各种博物馆中的展览，1950-1951，国家工匠公司，Rome，1950。

风格，1941～1947年

1. Verve（艺术和文学评论每年出现四次）。导演：E. Tériade, Editions de la Revue Verve, no.1, Paris, 1937.12.
2. 吉奥·庞蒂，"今天的故事和今天的艺术家，" Stile, 17, 1942, p.3.
3. 详见 Stile, 35, 1943, p.1; 还可以参照 Archias（吉奥·庞蒂），"建筑政策，" Idearii, Garzanti, Milan 1944. 用不同的词语，Alberto Sartoris 在他的 Stile 文章中对主题（建筑师和战后重建）进行了处理，37, 1944, "建筑的时刻"。
4. 封面上的座右铭 V. Bini, G. Ponti, Cifre Parlanti: cid che dobbiamo conoscereper ncostruire il Paese, Vesta, Milan 1944.
5. Cfr. 在 Idearii（由 Garzanti 编辑）的规划中写道，no. 2: "Dobbiamo ricostruire la Scala?"
6. "我们对 TEM 文件的意见"（信由 Van Gogh 所写），Stile, 36, 1943, p.27.
7. The young Ligurian poet，作者 andcritie, fallen in 1945.
8. Alighiero Boetti.
9. 其中有四件是在意大利艺术展上展出的 "Presenze 1900～1945"，由 Pontus Hulten 和 Germano Celant 组织，Palazzo Grassi, Venice, April–November 1989.

船舶内部，1948～1952年

参考文献：
"一些艺术上的成绩，" Domus, 244, 1950, pp.14–20.
吉奥·庞蒂，"Oro sul Conte Grande", Domus, 244, 1950, pp.21–26.
"关于比安卡马诺伯爵的一些环境的信息"，Domus, 245, 1950, pp.3–19.
吉奥·庞蒂，"对照"（Conte Grande / Ile de France），Domus, 246, 1950, pp. 2～3.
G. Ponti, "Andrea Doria 的一些室内设计，" Domus, 281, 1953, pp.17–24.
吉奥·庞蒂，"外国人必须在我们的船上学习意大利，" Corriere della Sera, 1950.3.21.
G. Pristerà, "吉奥·庞蒂海军家具设计的历史研究，" now in U. La Pietra（编辑），Gio Ponti: 爱上艺术' industria, Coliseum, Milan 1988, PP.206–225.

1950 年代

1. D. Guarnati（编辑），"吉奥·庞蒂的表达，" Aria d'Italia, VIII, 1954.2.
2. W. Gropius，: "给哈佛大学的学生，" Domus, 346, 1958, pp. 5–6.

参考文献：
O. Gueft, "苦行僧和诡计: 庞蒂的面具，" 室内设计, vol. 112, December 1952, pp. 74–77.

L.L. Ponti, E. Ritter（编辑），意大利建筑师的家具和室内装饰，编辑者 Domus, Milan 1952.
C.E.Kidder Smith, Italy Builds, Reinhold, New York, 1955.
Centro Kappa（编辑），意大利 1950 年代设计（Binasco / Milan1981），Igis Edizioni, Milan 1981.
C. Borngräber, Stilnovo, design in den 50er Jahren, Fricke, Frankfurt 1979.
Pica, Forme nuove in Italy, Bestetti, Milan 1957.
W. Hofmann, U. Kultermann, 1950 年后的意大利，Viking Press, New York 1970, pp.374–377.
P. Maenz, Die fünfziger Jahre, Du Mont Verlag, Cologne 1978.
V. Gregotti, "对现实的渴望", in var. authors, 1950 年代，乔治·蓬皮杜中心，Paris 1988.
Architectural Record, 120, December 1956, pp.155–164.
The Architectural Review, 121, April 1957, pp.272–273.

绘制字母，1950～1979年

1. S.Sermisoni（编辑），Gio ponti: 一百个字母（Milan, Galleria Jannone, 1987），Rosellina Archinto, Milan 1987.

"AMUSEM ENTS" WITH FORNASETTI IN SAN REMO, TURIN，热那亚，1950年

1. "优雅铝，聚氯乙烯，橡胶，" Domus, 258, 1951, pp.22–25.

参考文献：
"现代的清晰性，统一的可见度，" Domus, 270, 1952, pp.20–27.
Ad'I, pp.78–79, 84–85.

CECCATO 家具，米兰，1950年

参考文献：
"房子的细节，" Domus, 256, 1951, pp.28–32.

HARRAR–DESSIE 住房开发，米兰，1950年

1. 吉奥·庞蒂，"在社会住房方面，社会住房是一个短暂的事件，" Domus, 314, 1956, pp. 2–6.
2.《在我看来，城市规划的计划要通过直接实现，并且完整，一定程度的几何顺序是合理的，而某些起伏的、蠕动的布局是对"自发的一代"的非自发浪漫模仿。随后的自然发展；这些模仿是一种类猜造作》，吉奥·庞蒂，同上。

参考文献：
Ad'I, pp. 114–115.
'位于米兰 viaDessié 的 Ina-Casa 区，' Domus, 270, 1952, pp. 9～15.
G. Ponti, '米兰的现代景观，' Domus, 313, 1955, pp. 7～10.

第二蒙特卡蒂尼建筑，米兰，1951年

1. 吉奥·庞蒂，"办公楼的考虑因素，" Edilizia Moderna, 49, 1952, pp.11–18.
2. 吉奥·庞蒂，爱建筑，Vitali e Ghianda, Genoa 1957, p. 173.
3. Ad'I, pp. 106–109.

参考文献：
吉奥·庞蒂，"水晶和办公楼，" Vitrum, 51, 1954.

第9届米兰 TRIENNALE 酒店卧室，1951年

1. 吉奥·庞蒂，"酒店房间，" Domus, 264–265, 1951, pp. 12–13.

参考文献：
Ad'I, pp. 82～83.

LUCANO 家具，米兰，1951年

1.《如果值得记录我作为建筑师的生活，那么这一生（1950 年开始）可能是："对 Fornasetti 的热情"。Fornasetti 给我的是什么？凭借他惊人的印刷工艺……轻盈和令人回味的魔力效果。一切都变得轻盈……》吉奥·庞蒂，在'一个幻想的房子，' Domus, 270, 1952, pp.28–38.

参考文献：
Ad'I, pp.57–58.

爱迪生发电厂，SANTA GIUSTINA 1952 年

1. 在 Ad'I 的同一章中，只提到了七个进一步的作品：另一个发电厂，大学校园的数学学院，罗马，Casa Laporte, 哥伦布诊所，Harrar–Dessié 住房开发，米兰和两个项目，Palazzo Marzotto, 1940, 和 Mondadori factory, Milan 1943.

参考文献：
Ad'I, pp. 120–121.

阿拉塔别墅，那不勒斯，1952年

1. 广告的同一章中只有森林中的旅馆，卡普里（和鲁道斯基）和安提比斯角的伊登罗克平房（和帕加尼），马切萨诺和多尼加尼别墅，圣雷莫和那不勒斯皇家酒店的游泳池。

吉奥·庞蒂 49 号工作室，VIA DEZZA，米兰，1952年

1. "从车库到建筑学、编辑人员、学校，" Domus, 276–277, 1952, pp.59–66.
2. lisa, 如果问题已经完成，标题可以像这样写字：
摩天大楼形式；汽车的形式；形成一个有人居住的十字路口；形成一个博物馆；形成一个教堂（from G. Ponti, handwritten note for L.L.P., n.d.）（A.G.P.）.
3. 吉奥·庞蒂，"现代建筑制作被要求干预教学新的学校模式的效率"，Domus, 296, 1954, pp. 1–8.

LANCIA 建筑项目，都灵，1953 年

参考文献：
Ad'I, pp. 126–129.

TAGLIANETTI HOUSE 的项目，圣保罗，1953 年

参考文献：
吉奥·庞蒂，"在圣保罗的 T 博士家的想法，" Domus, 283, 1953, pp. 8–11.
Ad'I, pp. 130–131.

皇家酒店的游泳池项目，那不勒斯，1953 年

参考文献：
Domus 封面，291, 1954.

《PREDIO ITALIA》（意大利 – 巴西中心）圣保罗项目，1953 年

参考文献：
G. Ponti, "它完成了思想，" Domus, 379, 1961, pp. 1–30（参见 p. 2）.
G. Ponti, "Prima e dopo la Pirelli," Domus, 379, 1961, pp. 31–34（参见 p. 31）. Adi, pp. 140–145.
G. Ponti, Amate L'Architettura, Vitali e Ghianda, Genoa 1957, pp. 176–177.

1953 年在圣保罗大学获得核物理学院项目

1. "圣保罗核物理研究所"，Domus, 284, 1953, pp. 16–21.

参考文献：
Ad'I, pp. 134–39.
G. Ponti, 爱建筑，Vitali e Ghianda, Genoa 1957, pp. 174–175.

理想的标准卫生设施，米兰，1953年

"新型卫浴设备，" Domus, 304, 1955, pp. 34–35 和 70.
1. V. Gregotti,（介绍），in V. Gregotti（编辑），工业产品的设计，cit., Electa, Milan 1981, p. 138.
2. Nulli, "卫生器具，" in V. Gregotti（编辑），工业产品的设计，cit., Electa, Milan 1981, pp. 200–201.
3. "为行业设计" Domus, 283, 1953, p. 59.
4. "理想标准"（"第一个 Euro domus 最重要的图像"），Domus, 440, 1966.

参考文献：
Ad'I, pp. 92–93.
"新系列卫浴设备，" Domus, 308, 1955, pp. 55–56.
G.C. Bojani, C. Piersanti, R. Rava（编辑），吉奥·庞蒂: 陶瓷和建筑（Bologna 1987），Centro Di, Florence 1987, p. 68.
M. Goldschmiedt, "吉奥·庞蒂"，今天和明天的浴室，1985.11/12, pp. 462–465.
G. Bosoni, "卫生器具，" in V. Gregotti（编辑），工业产品设计，cit., Electa, Milan 1981, pp. 280–281.

《家具的窗户》，1954 年

1. "'装备'窗口" Domus，298，1954，pp. 17–20.

参考文献：

"在 Triennale 住宿不合时宜"，Domus，301，1954，pp. 31–35.

F. Irace，"吉奥·庞蒂和配备齐全的房子，" Ottagono，82，1986，pp. 50–59.

汽车运输的汽车车身提案，米兰，1952～1953 年

1. "1953 年由 ponti 开发的 Touring 汽车车身已经成为欧洲对底特律繁荣的一个公式……游览车身从未被引入，因为 ponti 设计了它，因而人们可以看到它在菲亚特这款车中适用度很高，这是一个程度问题，标致和奥斯汀的汽车中，大陆连贯性对美国紧凑型轿车的发展产生了影响"（Nathan Shapira，"吉奥·庞蒂的表达。" Design Quarterly，69–70，1967，pp. 9 和 13）.

2. "硼砂"，Domus，230，1948，p. 52.

3. 吉奥·庞蒂，打字文本，17/10/73 和 16/11/73（A.G.P.）.

4. Ad'l，pp. 96–97.

参考文献：

Quattroruote，February 1977，p. 135.

第 10 届米兰三角洲预制的轻量级 TOGNI 系统项目，1954 年

参考文献：

"该系列的房子原型"，Domus，297，1954，pp. 20–21.

"系列独户住宅，alia Triennale"，Domus，301，1954，pp. 23–27.

松木房，ARENZANO，1955 年

参考文献：

1. 参看 "一座理想的小住宅，1939 年" 的参考文献 p.113

"松林中的房子：植物和一些方面"，Domus，395，1962，pp. 13–19.

VILLA PLANCHART，加拉加斯，1955 年

1. 吉奥·庞蒂，"加拉加斯正在建设的 Planchart 别墅的模型"，Domus，303，1955，pp. 8–14.

2. 吉奥·庞蒂，"佛罗伦萨别墅"，Domus，375，1961，pp. 1–40.

3. 吉奥·庞蒂和 Melotti 将继续在意大利和其他地方一起工作。他们合作的成果包括位于纽约第五大道的意大利航空办事处（参见 Domus，354，1959，第 7–11 页，见第 186 页）和 Teheran 的 Villa Nemazee（参见 Domus，422，1965 年，第 14–19 页）.

4. 吉奥·庞蒂，"到德黑兰，一座村庄"，Domus，422，1965，pp. 14–19（参见 p.208）.

参考文献：

F. Irace "Caracas，Planchart 别墅"，Abitare，253，1987.

"吉奥·庞蒂的 House Planchart：就像一个巨大的抽象雕塑"，Casa Vogue，March 1987，pp. 98 et seq.

Axel Stein（编辑），Gio Ponti，1891–1979，Obra en Caracas（Caracas November'86—January'87），Sala Mendoza / Fundacion Anala y Armando I Planchart，Caracas，cat. no. 5，1986.

Johann Ossott，"吉奥·庞蒂和 Planchart 别墅"，Revista M，88，monographic issue，1988.

Roberto Guevara，"加拉加斯庞蒂的遗产"，El Nacional，1986 年 11 月 25 日。

Beatrice Hernandez，"Leticia Ponti：吉奥·庞蒂我永远爱上了加拉加斯"，El Universal，1986 年 11 月 26 日。

F.Irace，"通信：加拉加斯吉奥·庞蒂的别墅平面图"，Lotus International，60，1989，pp. 84–105.

G.Chiaramonte，"Planchart 别墅：三个教规和不可避免的杜尚"，莲花国际，60，1989，pp. 106–111.

意大利文化学院，LERICI FOUNDA-TION，斯德哥尔摩，1954 年

1. "斯德哥尔摩的意大利建筑"，Domus，288，1953，pp. 8–11.

2. 吉奥·庞蒂，"斯德哥尔摩的意大利建筑"，Domus，355，1959，pp. 1–8.

参考文献：

Ad'I，pp. 132–133.

"意大利在瑞典"，Domus，324，1956，p. 1.

CESENATICO 的城市建筑项目，1959 年

参考文献：

B. Zevi，"切塞纳蒂科反对锻铁帆，"建筑编年史，III，Laterza，Rome-Bari 1959.

米兰理工学院建筑学院，1956 年

1.（吉奥·庞蒂），"建筑的现代制作被称为干劲新的现代建筑学院的教学效率"，Domus，296，1954，pp. 1–8.

参考文献：

"建筑重建的研究大学"，Corriere della Sera，1951 年 4 月 7 日。

吉奥·庞蒂，"建筑学院的一项新纪录"，Corriere della Sera，1953 年 4 月 24 日。

吉奥·庞蒂，"建筑学院"，Corriere della Sera，1953 年 5 月 20 日。

吉奥·庞蒂，"对建筑学校现代化的贡献"，Atti del Collegio Regionale Lombardo degli Architetti，Milan 1959.

"八年后，建筑学院的所在地尚未完工"，Corriere della Sera，1961.2.22。

《SUPERLEGGERA》 主席为 CASSINA，MEDA，1957 年

1. "椅子，扶手椅，" Domus，240，1949，p. 29.

2. 吉奥·庞蒂，"没有形容词"，Domus，268，1952，p. 1.

3. "吉奥·庞蒂的 Superleggera 椅子"，Domus，352，1959，pp. 44–45.

参考文献：

Centro Kappa（编辑），意大利 1950 年代的设计历程（Binasco / Milan 1981），Igis Edizioni，Milan 1981，pp. 109–110.

G. Bosoni，"意大利风格的家居"，in V. Gregotti（编辑），工业产品的设计，cit.，Electa，Milan 1981，pp. 348–349.

E. Bellini，E. Morteo，M. Romanelli，"椅子的故事。1947 年后的意大利项目"，Domus，708，1989，pp. 94–119.

1955 年的 DOOR-PAINTING 印刷门涂装，1957 年

1. 吉奥·庞蒂，"门画"，Domus，313，1955，p. 57.

2. "在门上，面板用印花布"，Domus，330，1957，pp. 44–45.

参考文献：

P. Magnesi，1950 年代作者的纺织品（Turin 1987），Avigdor，Turin 1987.

DE POLI 的珐琅彩对象，PADUA，1956 年

参考文献：

G. Ponti，De Poli，smalti，Guarnati，Milan 1958.

P. Fantelli，G. Segato（编辑），珐琅艺术. Paolo De Poll（Padua 1984），1984.

U. La Pietra（编辑），Gio Ponti：艺术爱上了工业，Coliseum，Milan 1988，pp. 310–316，318–319.

"在巴黎的 'Formes Idees d'Italia' 展览中" Domus，329，1957，p. 25.

VILLA ARREAZA，加拉加斯，1956 年

参考文献：

吉奥·庞蒂，"加拉加斯乡村俱乐部 Arreaza 别墅的模型"，Domus，304，1955，pp. 3–5.

吉奥·庞蒂，"加拉加斯乡村俱乐部的 'La Diamantina' 别墅"，Domus，349，1958，pp. 5–19.

KRUPP ITALIANA 的钢制平板，米兰，1951 年

1. 吉奥·庞蒂，"三年展上的珐琅和金属"，Domus，263，1951，pp. 18–19.

参考文献：

"Krupp 的陈列室"，Stile，10，1941，pp. 46–47.

"在 Domus 中心：采用不锈钢和银镍"，Domus，511，1972，p. d / 545.

P. Scarzella，美丽的金属，Arcadia edizioni，Milan 1985.

A. Nulli，M. Maino，"餐具：没有明显的变化"，Domus，695，1988，pp. 60～84.

1955 年巴黎 CHRISTOFLE 的平板电脑

"在巴黎的 'Formes Idees d'Italia' 展览

中"，Domus，329，1957，pp. 25–30.

参考文献：

"关于 XI Triennale 家庭的建议"，Domus，337，1957，pp. 31–35（参见 p.33）.

U. La Pietra（编辑），吉奥·庞蒂：艺术爱上了工业，Coliseum，Milan 1988，pp. 300–309.

Patrizia Scarzella，Il bel metallo，Arcadia edizioni，Milan 1985，p. 136.

F. Alison，'Lino Sabattini，'Domus，711，1989，pp. 64–65.

倍耐力摩天大楼，米兰，1956 年

1. 吉奥·庞蒂，"米兰倍耐力大厦的表达"，Domus，316，1956，pp. 1–16（参见 p.8）.

2. R. Banham，"最新的欧洲入侵"，Horizon，1960.11.

3. 使用三个计划（底层、16 层和 31 层）；cf. Domus，316，1956，封面与第 1 页。

4.《一个巨大的广告牌》,《一些广告建筑》Reyner Banham，"倍耐力批评"，The Architectural Review，129，1961，pp. 194–200；"强大的塔，精致的外壳"（Walter McQuade，idem，Architectural Forum，February 1961，p. 90）；"它巩固了三代人的利益"（Edgar Kaufmann，"刮起意大利的天空" Art News，54，1966，p. 39）；一个滑动杆放大规模的高层建筑'（Bruno Zevi，letter to Ponti，20 November 1959 [A.G.P.] and L'Architettura，50，V，8，December 1959，p. 512）.

5. P.L. Nervi，"框架"，Edilizia Moderna（特别奉献给倍耐力中心），71，1960，pp. 35–39.

6. "倍耐力总部高层的新模型"，bollettino ISMES，Begamo，October 1955.

7. 吉奥·庞蒂，"彭西里"，Domus，379，1961，pp. 1–30.

8. Ibid.，p. 2.

9. 吉奥·庞蒂，"美洲蚕豆"，Domus，272，1952，pp. 6–10.

10. "巴西建筑师：柯布西耶柯布西耶风格法案"，Domus，229，1948，p. 1.

11. 吉奥·庞蒂，"Stile di Niemeyer"，Domus，278，1953，pp. 8–9.

12. 吉奥·庞蒂认识到天才和天赋的区别。他常说：Gaudi 是天才，Wright 是野蛮人，Niemeyer 是天才（他所有的错误都被允许了），Le Corbusier 是天才，Aalto 是一位伟大的建筑师艺术家，Mies 是一位伟大的建筑师，Neutra 是一位伟大的建筑师，Gropius 是一位非常伟大的大师（cf. Amate L'Architettura，p.230）。他对 Saarinen 的 TWA 作品的赞赏有加（"在 Domus 本身，它具有为建筑提供镜像信息的义务，我为其成本否定了不必要的架构，因为其形式愚蠢的 [建筑作品]，这也是昂贵的，比如小丑帽子的形状让美丽的旧金山变得荒谬，因此我拒绝了山崎的双重巨型主义，一切都是经济灾难。尽管 Saarinen 的 TWA 价格昂贵，但它仍然是一个无与伦比的杰作，满足了最高要求。建筑和艺术是一种包含了奇妙的形

式；它是一个开放舞台上的场景；它没有先例，也没有结果；它是一件艺术品，仅仅是其中的一件而已。

参考文献：

倍耐力中心特刊，Edilizia Moderna，71，1960。

A. Belluzzi，C. Conforti，Architettura ilaliana 1944–1984，Laterza，Romebari，1985，pp. 123–129。

C. De Carli，"倍耐力新总部"，Pirelli，3，1955，pp. 18–25。

F. Irace，Gio Ponti. La casa all' italiana，Electa，Milan 1988，pp. 162–171。

"Free floor concrete tower"，Architectural Forum，November 195，pp.138–139。

工业塔，Arts & Architecture，79，1962，pp. 10 and 28。

"Pirelli completed"，The Architecture，79，1962，p.4。

"强有力的建筑细部是米兰摩天大楼的标志，" Progressive Architecture，40，1959，p. 95。

"倍耐力大厦……"，The Architectural Review，126，1959，p4。

"吉奥·庞蒂和倍耐力大厦"，Architectural Record，120，1956，pp. 155–164。

V. Viaganò，"米兰的倍耐力大厦" Architecture d'Aujourd'hui，127，March 1956，pp. 1–5。

"米兰的办公大楼：倍耐力大厦和 Galfa 塔"，Architecture d'Aujourd'hui，30，1959，pp. 44–45。

"Pirelli 大厦在 Mailand"，Werk，October 1956，pp. 312–313。

P.C. Santini，"Deux grate–ciels a Milan"，Zodiac，1.1957，pp.200–205。

G.Veronesi，"L'architettura dei grattacieli a Milano"，Cominità，74，1959，pp.78–91。

Werner Hoffmann，Udo Kultermann，Morden Architecture in Color，Viking Press，New York 1970，pp. 374–375。

G. Ponti，"建筑的永久性"（1970），La rivista Pirelli（anthology），Scheiwiller，Milan 1988，p. 82。

"意大利摩天大楼即将完工"，The New York Times，1958.8.24。

"欧洲最高楼" The Sunday Times'，1958.10.26。

M. W. Rosenthal，"对吉奥·庞蒂的倍耐力大厦的思考"，The Journal of the RIBA，vol. 64，no. 7，1957。

R. v. O.，"欧洲最高的摩天大楼"，De Linie，1956.7.7。

"倍耐力大厦"，Informes de la Construcción，84，1956。

丹下健三（倍耐力办公大厦），Shinken-tiku，1956.3。

A. C.，"全新摩天大楼在米兰"，Stolica，Warsaw，1956.7.5。

梅兰德里之家，米兰，1957 年

梅兰德里之家，米兰，1957。

1. 吉奥·庞蒂，打印的文本，1957.10.26（A.G.P.）。

参考文献：

"住宅，楼梯"，Domus，345，1958，pp. 31–34。

G. Ponti，Amate l'Architettura，Vitali e Ghianda，Genoa 1957，p.133。

C. Perogalli，Case e appartamenti in Italia，Görlich，Milan 1959，pp. 273–276。

GORRODONA 别墅项目，加拉卡斯，1957 年

参考文献：

"委内瑞拉别墅项目"，Domus，333，1957，pp. 15–16。

位于 VIA DEZZA 的吉奥·庞蒂的公寓，米兰，1957 年

1. 可打开墙壁的住宅，' Domus，334，1957，pp. 31–35。

2. 详见 p151。

3.1977 ~ 1978 年之间，20 个由吉奥·庞蒂和 Francesca Willers 一起绘制的有机玻璃窗天使被送到香港，到了吉奥·庞蒂的心爱的客户 Daniel Koo 的手中，1978 年 12 月 16 日，Daniel Koo 将用它们作为他百货商店门面的临时装饰，然后把它们交给了城市中的天主教堂。

4. 吉奥·庞蒂，"白天与黑夜"，Domus，320，1956，p. 7。

参考文献：

"有组织的墙体"，Domus，266，1952，p. 25。

"三年展上的单一环境住宅"，Domus，301，1954，pp. 31–35。

"带有装饰的窗口"，Domus，298，1954，pp.17–20。

"第十一届米兰三年展上对于住宅的建议"，Domus，337，1957，pp. 31–35。

"门与新家具"，Domus，321，195，pp. 21–24。

"可容纳四人的单一环境住宅"，Domus，320，1956，pp. 27–28。

G. Corsini（编辑者），"与吉奥·庞蒂会面：建筑如何被看待"，Casa Vogue，1978.11，pp. 138–147。

第十一届米兰三年展的住宅方案，1957 年

参考文献：

"第十一届米兰三年展上对于住宅的建议"，Domus，337，1957，pp. 31–35。

C. Corsini，G. Wiskemannm，"在 Joo 的调查" Stile Industria，30，1961。

JSA 工厂的面料设计，布斯托阿西齐奥，1950 ~ 1958 年

1. G. Ponti，'关于绘画的预言，' Domus，319，1956，pp. 37–38。

参考文献：

Pinuccia Magnesi，Tessuti d'Autoredegli anni Cinquanta（Turin 1987），Avigdor，Turin 1987，cover and plates 60，61，and 62。

U. La Pietra（编辑），Gio Ponti: l'arte si innamora dell'industria，Coliseum，Milan 1988，pp. 292–298。

Domus，252–253，1950，p.83（"Balletto Scala" 面料）。

Rassegna Domus，Domus，313，1955（"Arlecchino" 面料）。

Rassegna Domus，Domus，322，1956（"Rilievo" 面料）。

Cover，Domus，328，1957（"Eclisse" 面料）。

"在门和面板上使用印花布"，Domus，330，1957，pp. 44–45（"Estate mediterranea" 和 "Geometria" 面料）。

"印花桌布和新面料" Domus，330，1957，pp. 46–47（"Eclisse"；"Estate"，"Cristalli" 和 "Luci" 面料）。

Rassegna Domus，Domus，331，1957（"Vita degli angeli" 面料）。

"Olmo 别墅展览"，Domus，335，1957，pp. 33–48（详见 p. 43）。

"一种全新面料"，Domus，383，1961，p. 52（"Dafne" 面料）。

BONMOSCHETTO 的加尔默罗会修道院，圣雷莫，1958 年

1. "由吉奥·庞蒂设计的 Bonmoschetto 修道院"，The Architectural Review，127，March 1960，pp. 149–150。

2.Cf. G. Ponti，"Bonmoschetto 的 Carmelo，一所在圣雷莫的赤足加尔默罗会修道院"，Domus，361，1959，pp. 1–16。

3. 未发表的信件（A.G.P.）。

4. Mothers Marie de Jesus and Marie Bernard de Jesus 的教士写给吉奥·庞蒂的手写信件，1965 年 9 月 3 日（A.G.P.）。

参考文献：

吉奥·庞蒂，"宗教和建筑师"，Domus，372，1960，insert between pp. 40 and 41。

吉奥·庞蒂，"我邀请你去 Ronchamp"，Domus，323，1956，pp. 1–2。

Une fille d'Èlie，mère Marie Bernard de Jesus au Carmel de Saint Èlie，San Remo，Editions du Cloître，Jouques 1983。

政府办公楼，巴格达，1958 年

1.G. Ponti，"Prima e dopo la Pirelli"，Domus，379，pp. 31 et seq。

参考文献：

吉奥·庞蒂，"巴格达发展委员会大楼项目"，Domus，370，1960，pp. 1–6。

时代生活大厦八层礼堂，纽约，1959 年

参考文献：

"纽约时代生活大厦八层"，Domus，383，1961，pp. 5–6。

"时代生活大厦的吉奥·庞蒂阁楼"，Architectural Forum，vol. 113，August 1960，p. 81。

N.H. Shapira，"吉奥·庞蒂的表达方式"，Design Quarterly，69/70，1967，p.13。

1950 年代的 Domus

1.吉奥·庞蒂，"Picasso 结合了陶瓷，而 Lucio Fontana 则开始发声了"，Domus，226，1948，pp. 24–38。

2. Dmous，236，1949。

3. Lucio Fontana，未发表的打字稿，1951（A.G.P.）。

4. 关于 Pirelli 的铺装，实例见 the Vembi offices in Genoa，Domus，270，1952，cover，and "Chiarezza，unità，visiblità，totale negli uffici modernissimi"，pp. 20–27；参考此处 p.152）。

1960 年代

1. 吉奥·庞蒂，"当代青年或勒·柯布西耶的辉煌时代？" Domus，320，1956，pp. 1–4。

2.吉奥·庞蒂，"Henry Van de Velde: 他对建筑和工业艺术的新贡献"（1929），Domus，373，1960，开篇页。

3. 建筑师包括里伯拉、沙里宁、李特维德、勒·柯布西耶、理察兹、格罗皮乌斯和密斯；艺术家有伊夫·克莱因、布拉克、曼佐尼、谷克多、莫兰迪、封塔纳、杜尚、米拉尼和莱昂西罗。

4. 吉奥·庞蒂，"André Bloc 的 n.3 住区"，Domus，427，1965，pp.22 et seq。

5. 吉奥·庞蒂，"用生命来庆祝这座城市，由天空照亮的明亮面庞"，Domus，469，1968，pp. 20–21。

参考文献：

Progressive Architecture，41，November 1960，p.63。

Architectural Record，139，April 1966 pp.204–206。

The Architectural Review，123，February 1968，p.149。

Architecture d'Aujourd'hui，March 1960，p.1

Architecture d'Aujourd'hui，April 1960，p.102–105。

Architecture d'Aujourd'hui，September 1960，pp. 156–158。

Arts and Architecture，84 March 1967，pp. 16–21。

Architecture d'Aujourd'hui，128，October 1967，pp. 82–83。

Craft horizon，21，March 1961。

Industrial Design，14，May 1967，pp. 48–51。

NEMAZEE 别墅，德黑兰，1960 年

1. 吉奥·庞蒂，"位于德黑兰的一座别墅"，Domus 1965，pp. 14–19。

RAS 办公楼，米兰，1962 年

1.吉奥·庞蒂，"米兰亚得里亚海西雅图会议的新总部" Domus，394，1962，pp. 1–12。

参考文献：

吉奥·庞蒂，"米兰的 RAS 新总部"，Edilizia Moderna，79，1963。

米兰贸易博览会的蒙特卡蒂尼馆大厅，1961 年

参考文献：

"配件"，Domus，382，1931，p. 42。

"为蒙特卡蒂尼馆在 1961 年博览会上的筹备工作"，Allestimenti Moderni，Görlich，Milan，1961，in particular pp.58–59.

都灵国际劳动展设计，1961 年

参考文献：

"在巨大的结构中"，Domus，374，1961，pp. 1–6.
"E.I.L.：舞台时刻，在开幕之前"，Domus，380，1961，pp. 1–18.
"都灵的 italia '61：劳动展设计的图像"，Domus，381，1961，pp. 3–12.
"由奈尔维和吉奥·庞蒂设计，意大利百年纪念馆"，Progressive Architecture，vol. 41，Novermber 1960，p.63.
"都灵 1961 年博览会新闻：奈尔维和吉奥·庞蒂设计的博览会大厅"，Interiors，vol. 120，December 1960，p. 16.

皇家公园酒店，罗马，1964 年

1. 吉奥·庞蒂，"蓝天，蓝色的大海，蓝色的小岛，蓝色的珐琅，绿色的植物，公主脚下的玫瑰，舞者的足迹"，Domus，415，1964，pp.29 et seq.（"……这一切都是真的么？这只手脑中的建筑，它并不存在与现实中一除了其中的白色和蓝色。于是他不断工作，但他并未成功地表达自己"p.33.）
2. 吉奥·庞蒂，"位于罗马的全新皇家公园酒店"，Domus，425，1965，pp.47–54.

参考文献：

U. La Pietra（编辑），Gio Ponti: l'arte si innamora dell'industria，Coliseum，Milan 1988，pp. 274–275，360–367，and 368–373.
G.C. Bojani，C. Piersanti，R. Rava（编辑），Gio Ponti: ceramica e architettura（Bologna 1987），Centro Di，Florence 1987，pp. 69，and 72–73.

位于卡波佩拉的住宅，厄尔巴岛，1962 年

参考文献：

M. Ferrari，S. Castagni（编辑），Gio Ponti. I progetti dell'Elba，1960–1962，Editrice Azzurra，Cavalese（Trento）1988.

蒙特利尔塔项目，1961 年

1. 吉奥·庞蒂，"前倍耐力和后倍耐力"，Domus，379，1961，pp. 31–34.

参考文献：

N.H. Shapira，"吉奥·庞蒂的表达方法"，Design Quarterly，69/70，1967，pp. 11–12 and 55.

为伊斯兰堡设计的可作为遮阳策略的反立面创意，1962 年

1. 吉奥·庞蒂，在 Domus 的投稿，draft，n.d.（A. G. P.）.

参考文献：

Spacd Design，200（专题：吉奥·庞蒂），1981，p. 61.

瑞兴百货公司立面，中国香港，1963 年

1. C. Mollono，F. Vadacchion，Architettura，Arte e Trcnica，Chiantore，Turin，n.d.，p.27.

参考文献：

"为香港"，Domus，385，1996，在开篇处插入.
"香港，灯火通明的立面"，Domus，459，1968，p. 16.

DANIEL KOO 别墅，中国香港，1963 年

参考文献：

Spacd Design，200，1981（专题：Gio Ponti），p. 70.

位于布里安扎，庞蒂的第二座住宅，1963 年

参考文献：

吉奥·庞蒂，"布里安扎的乡间别墅图像"，Domus，411，1964，pp. 36–42.

圣方济各教堂，米兰，1964 年

1. 吉奥·庞蒂，（圣方济各教堂），Il Fopponino，year Ⅲ，no. 4，1961（由教区每月出版）.
2. 来自 LLP 和一名狭隘的牧师进行的谈话，1988 年 7 月 11 日.

参考文献：

G.C. Bojani，C. Piersanti，R. Rava（编辑），Gio Ponti: ceramica e architettura（Bologna 1987），Centro Di，Florence 1987，pp. 70–71.

1960 年代的方尖碑

1. Domus，48，1963，封面和 "Gliobelischi di Domus"，开首版面.吉奥·庞蒂，"我们的奖品，Domus 的方尖碑" Domus，409，1963，pp. 3–4.
2. "表达方式，米兰创意商店"，Domus，415，1964，pp. 16–20. "表达方式：在米兰理想标准下的理想商店"，Domus，423，1965，pp. 44–45.

安东·布鲁克纳文化中心竞赛项目，林茨，1963 年

1. 吉奥·庞蒂，"失败比赛中的愉快结果"，Domus，438，1966，pp. 6–11.

SORRENTO 瓷砖设计，1964 年

1. 吉奥·庞蒂，"Salerno 涂层游戏"，Domus，414，1964，pp. 47 et seq.

参考文献：

吉奥·庞蒂，"蓝天，蓝色的大海，蓝色的小岛，蓝色的珐琅，绿色的植物，公主脚下的玫瑰，舞者的足迹，" Domus，415，1964，pp. 29 et seq.

"树叶下的甲虫"，1964 年

1. "树叶下的甲虫"，Domus，414，1964，pp. 17–23.

2. "家中集合"，Domus，482，1970，pp，32–36.

伊斯兰堡部门大厦，巴基斯坦，1964 年

1. 项目说明和项目报告（电子文字稿），n.d.（A.G.P.）.

圣卡罗医院教堂，米兰，1966 年

参考文献：

吉奥·庞蒂，"米兰圣卡洛新医院的小教堂"，Domus，455，1966，pp. 2–14.
G.C. Bojani，C. Piersanti，R. Rava（编辑），Gio Ponti: ceramica e architettura（Bologna 1987），Centro Di，Florence 1987，pp. 74–75.
E. Villa，"牧区规划的方法论"，Nuove chiese，4，1966，pp. 29~45（照片 p.41）

奥罗帕巴西利卡的圣礼容器，1966 年

1. 吉奥·庞蒂，"创造的建筑应适于观赏"，Domus，445，1966，pp. 16 et seq.

吉奥·庞蒂在 NIEUBOURG 画廊，米兰，1967 年

1. Tommaso Trini，"创意之人的画廊"，Domus，459，1968，pp. 42–50.
2. ……在吉奥·庞蒂主题展览期间，一部分精选的国际性新雕塑作品被组织在一起，作为展示 Udo Kultermann 的著作 Nuove dimensioni della scultura（由 Feltrinelli 出版）的一个基本框架。……这里有由 Christo，Marzot Merz，Del Pezzo，Piacentino，Mario Merz Del Pezzo，Nanda Vigo，Van Hoeydonck，和 Pizzo Greco 设计的作品。书籍由 Scottsass，Gilardi，和 Trini 公司出版，" Domus，ibid，p. 47.

参考文献：

"1977 ~ 1979"，（Galleria Toselli，位于 Castillia，28），Milan 1980，p. 27.
"1979 ~ 1982"，（Franco Toselli，位于 Carmine），Milan 1983，p. 33.

为 VENINI MURANO 设计的彩色玻璃厚窗，1966 年

1. 吉奥·庞蒂，"Venini 的庞蒂大窗，" Domus，436，1966，pp. 25–29.

CERAMICA FRANCO POZZI 正餐椅，加拉拉泰，1967 年

Domus，454，1967，封面和 "新意大利陶瓷，' pp. 41–46.

BIJENKORF 百货商店立面，埃因霍温，荷兰，1967 年

参考文献：

吉奥·庞蒂，"埃因霍温的三次推广和一次插曲"，Domus，472，1969，pp. 5–10.
吉奥·庞蒂，"埃因霍温的儿童杂技演员的广场"，Domus，511，1972，p. 8.
G，C，Bojani，C. Piresanti，R. Rava（编辑）Gio Ponti: ceramica e architettura（Bologna 1987），Centro Di，Florence

1987，p. 79.

位于圣保罗的第七号 INA 大厦立面，米兰，1967 年

1. 吉奥·庞蒂，"街道狭窄的烟雾缭绕的城市：被天空照亮的外墙"，Domus，469，1968，pp. 20–21.

参考文献：

G.C. Bojani，C. Pieranti，R. Rava（编辑），Gio Ponti:ceramica e architettura（Boligna 1987），Centro Di，Florence 1987，pp. 76–77.

ARELEX 长沙发，米兰，1966 年

参考文献：

"EuroDomus 的另一个新成员，"Domus，440，1966.

DANIEL KOO 别墅项目，马林县，加利福尼亚，1969 年

1. 吉奥·庞蒂全集

参考文献：

Space Design，200，1981（专题：吉奥·庞蒂），p. 72.
吉奥·庞蒂 1891 ~ 1979 从人类尺度到后现代（Tokyo 1986），Seibu/Kajima，Tpkyo 1986，p. 167.
U，La Pietra（编辑），Gio Ponti: l'arte si innamora dell'industria，Coliseum，Milan 1988，pp. 354–356.

三角形平面的彩色摩天楼设计，1967 年

1. 吉奥·庞蒂，"为什么不呢？高层外观，" Domus，470，1969，pp.7–11.
2. 这是 1987 年 3 月在米兰 Galleria Marcatrè 举办的展览的一个主题（"Grattacieli Immaginati"），由 Silvana Sermisoni 组织，Vittoriano Viganò 和 Guilio Ernesti 亦有所贡献。

参考文献：

Tommaso Trini，"创意之人的画廊." Domus，459，1968，pp. 44–45.
Space Design，200，1981（专题：吉奥·庞蒂），p. 72.

AUTILIA，1968 年

参考文献：

吉奥·庞蒂，"道路，车辆和家庭之间的现代关系，" Domus，461，1968（在开始：插入 Eurodomus 2）.
"Eurodomus 2：显示实验的现代住宅"，Domus，463，1968，pp. 5–6.

1960 年代的 DOMUS

1. 吉奥·庞蒂，推广 "Domus X 400"，Domus，406，1963，初始.

1970 年代

吉奥·庞蒂，"我们需要促进两种需求"，Domus 504，1971（"manifesto" for Eurodomus 4）

参考文献：

D. Mosconi，Design It α lia '70，Achille Mauri 编辑，Mi1an 1970.

A. Pica，"Gio Ponti"，I grandi designers（精选家具展览会目录），Cantù，1973.

A. Branzi，"赞美不连续性"，Modo，13，1978，p. 68.

The Architect and Building News，20，May 1970.

Connaissance des A'rts，February 1976

Industrial Design，19，July 1972，p. 47.

Newsweek，17，September 1973，pp.88–89.

progressive Architecture，53，February 1972，p. 46.

Art Journal，31–31，Fall 1971，p. 82.

Architectural Record，151，March 1972，pp.87–92.

Time，1 October 1979，p. 97.

THE "NOVEDRA" 给 C&B 的扶手椅，1968 ~ 1971 年

1. P. Vidari，"Progetto n. 114. Poltrona Nevadra"，联合每一个工业设计'，Ed. Lybra，Milan，1983，pp.52–53.

"小座椅扶手椅"，1971 年

1. "Mantuan 东坡的一个非同寻常的例子：我得到了一个来自 San Biagiõ di Mantova 漂亮的小信件，这样写道：'为什么，建筑师先生，你不为我们设计一些现代家具？我们的父亲沃尔特担心我们的传统家具不匹配'：Maria Chinaglia Ponti 敬上（庞帝？和我一样）。但这并不是全部：我去那里：可爱的人，这些 Walter Pontis 们，工作非常熟练……这家具（多么热情啊！）非常的舒适在我 20 岁的四个季节里，用 Ungaretti's 的说法。我想把这些家具叫作'Pontiponti'，就像那些著名的美国老公司'Sullivan，Sullivan，Sullivan and Co。但是，人们会认为我进入了工业，而我喜欢的是为工业工作（当他们要求我）和工匠，那些所有帮助我解决'设计'困难问题的人们，"吉奥·庞蒂，"East Po River Story"，DomUS，490，1970，p. 30.

参考文献：

"一个小扶手椅的座位，"Domus，510，1972，p. 34.

MONTEDORIA 大厦，米兰，1970 年

参考文献：

A. Mendini，"三看法和案件，"Modo，43，1981，pp. 39–45.

Space Design，200，1981（专题议题：吉奥·庞蒂），p. 16

G.C. Bojani，C. Piersanti，R. Rava（编辑者），Gio Ponti: Ceramica e architettura（Bologna 1987），Centro Di，Florence 1987，pp. 80–81.

竞争项目为一个在慕尼黑的行政中心，1970 年

参考文献：

Space Design，200，1981（专题议题：吉奥·庞蒂），p. 14

从 "LA CASA ADATTA," 到 "2 ELLE" 系统，1972 年

1. 吉奥·庞蒂，"额外的在减少表面的乐趣"，Domus，490，1970，pp. 22–24.

2. "吉奥·庞蒂设计的 Apta 家具，由沃 Walter Ponti di San Biagio Mantova 生产，销售，特别是 Rinascente"，Domus，490，1970，pp. 25–30.

3. 见注 1 到"An 扶手椅的小座椅"。

4. 吉奥·庞蒂，什么样的风格的建筑滋补未来？Stile，8，1946，p. 11.

5. G. Ponti，"Perche si？"，Domus，500，pp. 2–3.

6. 吉奥·庞蒂，"寻找新的居住空间"（Eurodomus 4），Domus，512，1972.

7. 参见书目参考"Au-tilia."

8. 吉奥·庞蒂，笔记，手写笔记，1975（A.G.P.）.

参考文献：

1. 吉奥·庞蒂，"适合的房子"，Domus，488，1970，p. 15.

2. U. La Pietra（编辑），Gio Ponti: Varte si innamora delVindustria，Coliseum，Milan 1988，pp. 378–380.

塔兰托大教堂，1970 年

1. 吉奥·庞蒂，"宗教，神圣"，Domus，497，1971，pp. 15–16.

2. Luigi Moretti，"我的 catte - 巴黎圣母 fastigio"，Domus，497，1971，pp. 11–23.

3. 吉奥·庞蒂给 Archbishop Motolese 的信函草稿，n.d.（A.G.P.）（并且"风险是，事情会以这种破旧的方式结束，与许多丑陋的房子，在视线和帆不再对天空和上帝的景观里，都是房子，房子，房子的背景。"出自信件）。最近，也可见吉奥·庞蒂家族与 Alessandro Mendini 和 Comune di Taranto 的书信往来。（夏季 1984）：这是对 negligence 的抗议，它把建筑前面的水镜像板变成了空的盆地。1989 秋季，塔兰托的人民一致反抗公社的突击行动，突击拆毁了 aban doned 盆地（A. G. P.）.

BEAUBOURG 平地竞赛项目，巴黎，1971 年

1. LLP 和 Alberto Ferrari 的谈话中，1988 年 6 月 10 日。

2. 计划现在保存在 CSAC，帕尔马。

丹佛艺术博物馆，美国科罗拉多州丹佛，1971 年

1. 吉奥·庞蒂，（"在丹佛"，Domus，511，1972，pp. 1–7.

2. B. Chancellor，"丹佛艺术博物馆"，Guestguide，winter/spring 1971，p. 62.

参考文献：

吉奥·庞蒂，"美国：快乐的丹佛博物馆"，Domus，485，1970，p. 36.

D.Davis，"博物馆爆炸"，Newsweek，17 September 1973，pp. 88–89.

E.McCoy，"西部建筑学"，Progressive Architecture，53，Febniaiy 1972，p. 46.

"所有闪光" Architectural Forum，135，July 1971，p. 5.

"西方文化"，Architectural Forum，135，December 1971，p. 5.

"丹佛艺术博物馆：精神和联合国传统，" Architectural Record，1951，March 1972，pp. 87–92.

"丹佛：堆积 galler 的笼子"，Architectural Record，139，April 1966.

H.Stubbs，"人造光艺术"，77te Architect & Building News，May 20，1970.

"丹佛新美术馆"，Design，autumn 1971，p. 12.

"丹佛美术馆"，Art Journal，3M，fall 1971，p. 82.

"西化的西方艺术"，Art in America，5，September–October 1972.

SAVOIA ASSICURAZIONI 大厦，米兰，1971 年

1. 吉奥·庞蒂，未发布文稿，15 May 1972（A.G.P.）.

发布 "WITH LEAVES"，中国香港，1974 年

参考文献：

G.C. Bojani，C. Piersanti，R. Rava（编辑），"Gio Ponti，陶瓷和建筑"（Bologna 1987），Centro Di，Florence 1987，p. 84.

Space Design，200，1981（专题议题：吉奥·庞蒂），p. 17

萨尔茨堡地板，1976 年，新加坡立面，1978 年，1970 年代庞蒂的色彩

1. G. Ponti，"La 'gaiete artificielle'"，Domus，286，1953，p. 1.

参考文献：

吉奥·庞蒂 1891 ~ 1979 从人的规模到后现代主义（Tokyo 1986），Seibu / Kajima，Tokyo 1986，pp. 170–171 and 190–191.

G.C. Bojani，C. Piersanti；R，Rava（编辑），Gio Ponti: ceramica e architettura（Bologna 1987），Centro Di，Florence 1987，pp. 85–87.

1970 年代的 DOMUS

1.C. Casati，A. Pica，C.E. Ponzio，G. Ratto，P. Restany（编辑者），1928 / 1973. Domus: ho ans d'architecture，design，art（Musee des Arts Decoratifs，Paris 1973），Ed. Domus，Milan 1973，2 vols.

吉奥·庞蒂的 Domus 分为两个阶段。第一，从它的基础是在 1928 年到 1940 年。第二次 [在庞蒂是 Stile 的编辑庞蒂从罗杰斯（1946 ~ 1947 担任编辑）那里接管] 直到 1979，吉奥·庞蒂去世的那一年。在第一个时期，该杂志的标题是 "art in the house"（1933 年时有英语、法语和德语版本）和 1937 年的 "art in the house and garden" 在 1931 年被列为佛罗伦萨的 Gherardo Bosio、热那亚的 Luigi Vietti、维也纳的 Cannela Haerdtl、罗马的 Luigi Piccinato、里雅斯特的 Gustavo Pulitzer、威尼斯的 Ugo Neb- bia 和 Naples 的 Roberto Pane。这本杂志由 Gian-carlo Palanti 编辑，直到 1933 年年底。

在第二个时期，作为杂志的主笔人员——其标题不同于 "art in the house，industrial design" 在 1952 年 "art in the house，industrial design" 1954 年，"architecture，furnishing，art" 从 1955 年起，直到英文标题 "monthly magazine of architecture，design，art" 的杂志 1977 年推出——包括 Mario Tedeschi 和 1950 年代的 Lisa L. Ponti 还有 1951 的 Enrichetta Ritter。职员是改变在 1960 年代（Gillo Dorfles 是编辑一年，在 1961 年），并且从 1965 年开始为了激活动力由 LLP（助理编辑），Cesare Casati，Marianne Lorenz，Anna Mar-chi 和 Gianni Ratto 组成。从 1965 年到 1972 年，Domus 列出了 Carmela Haerdtl，Pica，Restany，Ryk- wert，Sottsass，Ray 和 Charles Eames，Kho Liang Ie，Rudofsky，Nelson，Melotti，Trini，还有 Rut and Tapio Wirkkala 作为正式员工。同时，庞蒂仍然担任编辑，Casati 1976 年成为管理编辑，保留岗位直到 1979 年 6 月。他被编辑了杂志的 Alessandro Mendini 所替代。从庞蒂去世（1979 年 9 月 16 日）的那年开始，直到 1986 年。

3. "Piano + Rogers = Beaubourg"，Domus，503，1971，pp. 1–7.

Renzo Piano，Richard Rogers，"巴黎，巴黎人"，Domus，511，1972，pp. 9–13.

P. Restany，"新蓬皮杜中心"（Renzo Piano，Richard Rogers，和 Peter Rice 的访问），Domus，566，1977，pp. 5–37.

4. Domus，596，1979.

5. Domus，579，1978，p. 50.

6.吉奥·庞蒂，"儿童广场埃因霍温，杂技演员"，Domus，511，1972，p. 8.

参考文献

由吉奥·庞蒂撰写的部分文章

1923
'Il teatro di Appia o l'opera d'arte vivente,' *Il Teatro*, Editoriale Il Convegno, Milan

1926
'Le ceramiche,' *L'Italia alla Esposizione Internazionale di Arti Decorative e Industriali Moderne di Parigi* (Paris 1925), Milan

1928
'La casa all'italiana,' *Domus*, 1

1930
'Sul Novocomum di Terragni a Como,' *Domus*, 4
'Il Palazzo Gualino,' *Domus*, 6
'La Casa delle Vacanze,' *Domus*, 9
'Il fattore italianità nelle nostre arti applicate moderne,' *Domus*, 11

1931
'Palazzina al Lungotevere Arnaldo da Brescia' (by Capponi), *Domus*, 37
'Gli italiani alla Triennale di Milano,' *Domus*, 37
'Per l'Italia e per la modernità' (on the Triennale), *Domus*, 44
'Stile e civiltà' (on the Triennale), *Domus*, 45
'L'arredamento navale oggi e domani' (on the motorship *Victoria*), *Domus*, 46
'Occorre dare un mercato nazionale alla produzione moderna italiana,' *Domus*, 48

1932
'Quale sarà la nostra casa domani?,' *Domus*, 49
'Casa Ferrarin a Milano' (by Albini), *Domus*, 50
'Morte e vita della tradizione,' *Domus*, 51
'Nuovi vagoni per le Ferrovie austriache arredati da Josef Hoffmann,' *Domus*, 51
'Concezione dell'edificio d'abitazione,' *Domus*, 52
'Giudicare lo stile moderno,' *Domus*, 53
'Una casa di campagna per uomo di studio' (by De Renzi, Moretti, Paniconi, Pediconi, and Tufaroli), *Domus*, 55
'A proposito delle dimensioni degli ambienti nelle case,' *Domus*, 56
'Una abitazione moderna senza architetto,' *Domus*, 57
'Caratteri di interni all'estero' (on Strnad and Frank), *Domus*, 57
'Ieri e oggi' (on Lingeri), *Domus*, 58
'Una bella casa' (on Luigi Moretti), *Domus*, 58
'Verso gli artisti,' *Domus*, 59
'30 all'ora o 130 all'ora,' *Domus*, 60

1933
'Una nave. Il Conte di Savoia di Pulitzer,' *Domus*, 63
'Antico e moderno,' *Domus*, 65
'Architettura, pittura, scultura' (on the frescoes at the 5th Triennale), *Domus*, 66
'La villa-studio per un artista' (by Figini and Pollini, at the 5th Triennale), *Domus*, 67
'L'arredamento alla Triennale' (on Ulrich), *Domus*, 67
'Casa moderna, città moderna,' *Domus*, 70
'Esempio del lusso' (on Ulrich), *Domus*, 71
'Formazione del gusto,' *Domus*, 71
'Architecture of the New Italy: a Presentation of the Architectural Features of the Exposition Held Every Three Years in Milan,' *The Architectural Forum*, August
'Architettura,' *L'Illustrazione Italiana*, October
'La Triennale di Milano,' *Nuova Antologia*, 1, October
'Distribuzioni e proporzioni degli ambienti,' *Corriere della Sera*, 22 October
'Divagazioni su un ambiente,' *Corriere della Sera*, 5 November
'Ambienti in trasformazione,' *Corriere della Sera*, 21 November
'Primo ospite, la bellezza,' *Corriere della Sera*, 14 December
'I colori dell'arredamento,' *Corriere della Sera*, 31 December

1934
'Responsabilità dell'edilizia,' *Domus*, 77
'Interpretazione dell'abitazione moderna. Case economiche ad appartamenti grandi,' *Domus*, 77
'Interpretazioni della abitazione moderna. Villa del Sole,' *Domus*, 79
'Una villa alla pompeiana,' *Domus*, 79
'Verso funzioni nuove,' *Domus*, 82
'Due recenti opere di architetti milanesi' (Muzio, Albini), *Domus*, 82
'Lo stile nell'architettura e nell'arredamento moderno' (on, Persico's essay 'Punto e da capo per l'architettura'), *Domus*, 83
'Possiamo costruire delle chiese?' *Domus*, 83
'Le idee che ho seguito in alcune costruzioni,' *Domus*, 84
'Relazione del progetto di concorso per il Palazzo del Littorio,' *Casabella*, 82
'Divagazioni sulle terrazze,' *Corriere della Sera*, 23 January
'Case per famiglie numerose,' *Corriere della Sera*, 19 April
'L'arredamento semplice,' *Corriere della Sera*, 7 June
'Comperando un appartamento,' *Corriere della Sera*, 18 October
'L'ubicazione della casa in rapporto al verde,' *Corriere della Sera*, 4 December

1935
'Espressioni tipiche costruttive' (on Libera's house in Ostia), *Domus*, 86
'M.10.001 New York-Los Angeles,' *Domus*, 87
'Due ville al Forte' (by Marelli), *Domus*, 90
'Il gusto di Hoffmann,' *Domus*, 93
'Una casa' (Casa Marmont), *Domus*, 94
'Architettura per noi,' *Corriere della Sera*, 10 February
'Le porte,' *Corriere della Sera*, 22 February
'Pavimenti e tappeti,' *Corriere della Sera*, 14 June

1936
'Casa in Milano di Lingeri e Terragni,' *Domus*, 102
'Capovolgimenti' (on Vaccaro), *Domus*, 102
'Una abitazione dimostrativa' (at the 6th Triennale), *Domus*, 103
'La sala della Vittoria' (at the 6th Triennale), *Domus*, 103
'Martini e Sironi' (at the 6th Triennale), *Domus*, 103
'La battaglia di Parigi' (on the exhibition in Paris, 1937), *Domus*, 106
'La mostra della Stampa Cattolica,' *Emporium*, October
'Per la casa che costruite,' *Corriere della Sera*, 11 October
'Case comode per gente ordinata,' *Corriere della Sera*, 3 November

1937
'Una villa a tre appartamenti in Milano,' *Domus*, 111
'Casa a Posillipo' (on Cosenza and Rudofsky), *Domus*, 120
'Fortuna dei floricoltori,' *Corriere della Sera*, 3 January
'Possibilità di grandi realizzazioni edilizie,' *Corriere della Sera*, 30 April
'Consenso dei milanesi a una realizzazione urbanistica degna del tempo di Mussolini,' *Corriere della Sera*, 29 November
'Via libera,' *Corriere della Sera*, 24 December

1938
'Un appartamento risistemato a Milano' (Casa Vanzetti), *Domus*, 131
'Cieli americani,' *Domus*, 135
'Come è nato l'edificio' (the Montecatini building), *Casabella*, 138-139-140
'Introduzione alla vita degli angeli,' *Aria d'Italia*, December
'Mobilitiamo le nostre produzioni d'arte,' *Corriere della Sera*, 17 February
'Mobilitare le produzioni d'arte con un piano per potenziarle,' *Corriere della Sera*, 23 February

1940
'Strade,' *Aria d'Italia*, summer
'Albergo San Michele, o nel bosco, all' isola di Capri,' *Architettura*, June
'Vocazione architettonica degli italiani,' *Il Libro Italiano nel Mondo*, December

1941
'Oroscopi sulla moda,' *Bellezza*, 1
'Noi donne e l'arte,' *Bellezza*, 1
'La signora arredatrice,' *Bellezza*, July-August
'La casa vivente,' *Bellezza*, October
'Architettura *nel* cinema. Idee,' *Aria d'Italia*, winter
'Chiudendo queste pagine...,' *Aria d'Italia*, spring
'Presentazione', *Stile*, 1
'Progetto per una villa in città,' *Stile*, 2
'Senza architetto,' *Stile*, 2
'Una mostra perfetta' (on Scipione at Brera), *Stile*, 3
'Stile di Caccia,' *Stile*, 3
(Serangelo), 'La eccezionale stagione scenografica alla Scala. Cronache immaginarie,' *Stile*, 3
'Invito a far collezione di incisioni di Bartolini,' *Stile*, 3
'Voi o donne,' *Stile*, 3

'L'Apocalisse illustrata da de Chirico,' *Stile*, 4
'Primizie' (on Arturo Martini), *Stile*, 4
'L'età del vetro,' *Stile*, 5-6
'Un arredamento di Carlo Mollino,' *Stile*, 5-6
'Architettura mediterranea,' *Stile*, 7
'Turismo mediterraneo italiano,' *Stile*, 8
'Una casa di Libera: una opinione sulla architettura,' *Stile*, 9
'Immaginate la vostra casa al mare,' *Stile*, 10

1942
'Scelta di Bellezza,' *Bellezza*, April
'Per un gusto nostrano nelle stoffe stampate,' *Bellezza*, April
'Opere durature agli artisti, non solo premi ed esposizioni,' *Stile*, 13
'Sulla polemica Bontempelli-de Chirico,' *Stile*, 15
'Storia di oggi, artisti di oggi,' *Stile*, 17
'Stile di Libera,' *Stile*, 17
'L'arte di Marino è stile,' *Stile*, 17
'Dove noi architetti abbiamo mancato,' *Stile*, 19-20
'Italiani collezionate incisioni di Viviani,' *Stile*, 21
'Italiani aggiornatevi sulle opinioni italiane' (on Malaparte's *Prospettive*), *Stile*, 21
'Buona architettura e cattiva edilizia,' *Stile*, 24
'Industrie d'arte in tempo di guerra,' *Corriere della Sera*, 15 February

1943
'Abbigliamento e arredamento,' *Bellezza*, December
'I concorsi urbanistici della Triennale,' *Stile*, 25
'Stile di Ridolfi,' *Stile*, 25
'Due ipotesi: stazioni e ospedali,' *Stile*, 26
'Stile di Daneri,' *Stile*, 26
'Stile di Vaccaro,' *Stile*, 27
'L'architettura, le altre arti e l'uomo della strada,' *Stile*, 28
'Cieli di Giotto, maledizione di noi,' *Stile*, 28
'Civiltà' (on Albini), *Stile*, 28
'Bisogna credere alle ragioni della architettura,' *Stile*, 30
'Distruzione e ricostruzione. Industria ed edilizia futura,' *Stile*, 32-33-34
'Stile di Pagano,' *Stile*, 32-33-34
'Equivoci sulla architettura moderna,' *Stile*, 32-33-34
'Politica dell'architettura,' *Stile*, 35
'Stile di domani' (on Asnago and Vender), *Stile*, 35
'La casa deve costare meno,' *Stile*, 36
'Il monumento mausoleo ad Ataturk, opera di un architetto italiano' (Foschini), *Il Popolo d'Italia*, 25 March
'Per tutti, anzi per ciascuno. Appello di tre architetti per la Carta della casa' (A. Libera, G. Ponti, G. Vaccaro), *Il Popolo d'Italia*, 16 June
'Più bello e splendente risorgerà ciò che fu distrutto,' *Il Popolo d'Italia*, 13 April
'Umanità della casa,' *Corriere della Sera*, 2 January
'Funzione degli architetti,' *Corriere della Sera*, 12 January
'Ritratto dell'artigiano,' *Corriere della Sera*, 22 January
'Architettura dell'avvenire,' *Corriere della Sera*, 22 February

'Elogio dell'uniformità,' *Corriere della Sera*, 22 March
'La casa moderna e il restauro dei monumenti lesi,' *Corriere della Sera*, 29 March
'Esatto cioè bello,' *Corriere della Sera*, 28 April
'Poco inchiostro su molta carta,' *Corriere della Sera*, 28 May
'Architetture italiane di domani,' *Corriere della Sera*, 15 June
'Ad ogni famiglia la sua casa,' *Corriere della Sera*, 1 July
'Dicono gli architetti...,' *Corriere della Sera*, 2 December
'Invito agli scrittori,' *L'Italia*, 24 October
'Invito all'urbanistica e all'architettura,' *L'Italia*, 2 December
'Carità cristiana e solidarietà umana,' *L'Italia*, 4 December
'La città di domani e l'esempio negativo di Milano,' *L'Italia*, 28 December
'Rapporto su Budapest,' *Il Gazzettino*, 14 May

1944
'Utilità della casa,' *Bellezza*, May
'Regaliamo all'impresa X due progetti di case a piccole abitazioni,' *Stile*, 37
'È necessario il formarsi di una opinione pubblica sui problemi dell'architettura per affrontare quelli della ricostruzione' (on Sartori's essay 'Momento della architettura'), *Stile*, 37
'Architettura per l'industria,' *Stile*, 37
'Invenzione di una architettura composita,' *Stile*, 39
'Evocazione di noi,' *Stile*, 40
'Proposta generale per la ricostruzione,' *Stile*, 41
'Affrontiamo il problema della scuola,' *Stile*, 42–43
'Quanto costa preparare la ricostruzione (e chi paga?),' *Stile*, 42
'Ristabilire la rete antica delle vie o interromperla con nuclei nuovi?' *Stile*, 42
'Affrontiamo il problema del paesaggio?' *Stile*, 42
'Proposizioni architettoniche di Mollino,' *Stile*, 43
'Cimiteri,' *Stile*, 43
'Ungaretti,' *Stile*, 44
'Milanesi, come vi si rifarà Milano?' *Stile*, 9
'Offriamo ai costruttori elementi di casa popolare per centri di campagna,' *Stile*, 12
'La casa deve costare meno,' *Corriere della Sera*, 7-8 January
'Ragioni dell'architettura,' *Corriere della Sera*, 2 February
'La città di domani. Riforme che maturano,' *L'Italia*, 11 January
'Problemi della ricostruzione,' *L'Italia*, 8 February
'Richieste ai Podestà (preliminari della ricostruzione),' *L'Italia*, 22 February, 7 March, 21 March, and 4 April
'Spirito della ricostruzione,' *L'Italia*, 18 April
'Quello che il pubblico deve chiedere alla ricostruzione,' *L'Italia*, 14 May
'Proposta generale per la ricostruzione,' *L'Italia*, 1 June
'La ricostruzione è pericolosa,' *L'Italia*, 11 July
'La riunione degli architetti,' *L'Italia*, 25 July
'Quel che chiedono gli architetti al Co-

mune di Milano,' *L'Italia*, 8 August
'Gli studi delle assicurazioni sul problema fiscale e finanziario della ricostruzione,' *L'Italia*, 5 September
'L'università per i migliori,' *L'Italia*, 7 September
'Milano vera o falsa,' *L'Italia*, 17 October
'I messaggi sociali e lo spirito della ricostruzione,' *L'Italia*, 13 December
'Un milione di lire destinato agli ingegneri e agli architetti per preparare i testi per la ricostruzione,' *L'Italia*, 24 December

1945
'Chi ci darà la casa prefabbricata?' *Stile*, 3
'E dopo la guerra, che faranno gli artigiani?' *L'Italia*, 21 January
'Pratiche iniziative per la futura città,' *L'Italia*, 1 April
'Vocazione cattolica d'una civiltà italiana,' *L'Italia*, 6 May

1946
'Alle lettrici' (on Frank Lloyd Wright's *Anthology*), *Stile*, 1
'Dobbiamo trasferire lo studio della casa su altri termini,' *Stile*, 8
'In che consiste l'avanguardia americana?' *Stile*, 8
'Come sarà lo *stile* architettonico futuro?' *Stile*, 8
'In che consiste l'avanguardia russa?' *Stile*, 10
'La ricostruzione, e Palmiro, Pietro ed Alcide,' *Stile*, 10
'Una proposizione per la modernità dei mobili,' *Stile*, 10
'L'arte è un gesto prima di morire,' *Stile*, 11
'Come ricostruirebbero i partiti?' *Cronache*, 14 and 21 September

1947
'Artigianato, aristocrazia del lavoro italiano,' *Cronache*, 15 March

1948
'Picasso convertirà alla ceramica. Ma noi, dice Lucio Fontana, s'era già cominciato,' *Domus*, 226
'Brasile. Da Le Corbusier architetto allo stile Le Corbusier,' *Domus*, 229
'Che cosa può significare la parola «funzionale»' (discussion of a swimming pool), *Domus*, 229
'Il rustico è architettura' (on Moretti), *Domus*, 231
'Finestre tutte uguali nelle case del Piano Fanfani,' *Corriere della Sera*, 25 August
'Gli architetti firmeranno le case, come i pittori fanno con i loro quadri,' *Corriere della Sera*, 12 September
'Fiume verde all'ex-Scalo Sempione,' *Corriere della Sera*, 14 October
'Padrone di pagarsi il lusso chi pretende il fuori serie,' *Corriere della Sera*, 20 October
'Mancano agli italiani venti milioni di stanze,' *Corriere della Sera*, 1 December
'Un'isola verde al Sempione,' *L'Umanità*, 14 October
'Dove va l'architettura,' *Il Popolo*, 12 September

1949
'Le città debbono tornare naturali,' *Domus*, 232
'Architettura vera ed architettura sognata,' *Domus*, 233
'L'opera di Pietro Chiesa,' *Domus*, 234
'Architettura e costume,' *Domus*, 234
'Andiamo a Marsiglia?' *Domus*, 235
'Clinica Columbus,' *Domus*, 240
'L'era dell'alluminio,' *Corriere della Sera*, 12 April

1950
'Oro sul Conte Grande,' *Domus*, 244
'Un negozio «grafico»' (on the Dulciora store), *Domus*, 246
'Forma,' *Domus*, 250
'Omaggio ad una mostra eccezionale' (on the MUSA exhibition), *Domus*, 252–53
'Il Carlo Felice di Genova, progetto di Paolo A. Chessa,' *Domus*, 252–53
'Occorre che nei nostri bastimenti gli stranieri imparino l'Italia,' *Corriere della Sera*, 21 March
'Tutti sono urbanisti,' *Corriere della Sera*, 2–3 May

1951
'Eleganza dell'alluminio, della vipla, della gomma,' *Domus*, 258
'Insegnamento altrui e fantasia degli italiani' (on the 9th Triennale), *Domus*, 259
'Austria,' *Domus*, 260
'Spagna,' *Domus*, 260
'La Triennale nel suo quartiere sperimentale QT8,' *Domus*, 263
'Villa a Milano' (on Gardella), *Domus*, 263
'I mobili, l'insegnamento e la vocazione di Albini,' *Domus*, 263
'Ci vuole a Milano un museo della tecnica,' *Corriere della Sera*, 25–26 June
'Svalutando l'artificiale l'uomo svaluta se stesso,' *Corriere della Sera*, 2 September
'De divina et humana proportione. Dalle simmetrie classiche alla architettura contemporanea,' *Corriere della Sera*, 24–25 September
'Esperienze d'architetto,' *Pirelli*, 6

1952
'Giappone modernissimo: Kenzo Tange,' *Domus*, 262
'Senza aggettivi' (on the 'leggera' chair), *Domus*, 268
'Casa di fantasia' (Casa Lucano), *Domus*, 70
'Chiarezza, unità, visibilità totale negli uffici modernissimi,' *Domus*, 270
'Dieci anni fa come oggi, e la questione delle opere d'arte nella architettura,' *Domus*, 270
'Favola americana' (on the UN and Lever House), *Domus*, 272
'San Paolo cresce e divora se stessa,' *Corriere della Sera*, 21 September
'La vitrea muraglia dell'ONU ha chiuso l'era dei grattacieli,' *Corriere della Sera*, 31 August

1953
'Stile di Niemeyer,' *Domus*, 278
'Il «termine» del grattacielo,' *Domus*, 278
'Burle Marx o dei giardini brasiliani,' *Domus*, 279
'Il Pedregal di Luis Barragan a Città

del Messico,' *Domus*, 280
'Una grande esposizione semplice ideata da Niemeyer,' *Domus*, 281
'La professione dell'architetto,' *Domus*, 282
'Mobili italiani a Stoccolma,' *Domus*, 282
'Istituto di Fisica Nucleare a San Paolo,' *Domus*, 284
'La gaieté artificielle,' *Domus*, 286
'Segnano il passo le idee di molti nostri architetti,' *Corriere della Sera*, 20 January
'Più sottili i muri, più bella la casa,' *Corriere della Sera*, 1 April
'Un nuovo primato, la Scuola di architettura,' *Corriere della Sera*, 24 April
'Non monumenti ma vecchie case i grattacieli di New York,' *Corriere della Sera*, 12 July
'La vera casa moderna deve essere un organismo,' *Corriere della Sera*, 17 July
'Si faranno case fluorescenti,' *Corriere della Sera*, 25 November

1954
'Coraggio del Venezuela,' *Domus*, 295
'Idea per Caracas,' *Domus*, 295
'Espressione di Gardella, espressione di Rouault,' *Domus*, 295
'Le produzioni moderne per l'architettura sono chiamate ad intervenire nella efficienza dell'insegnamento di una nuova scuola moderna di architettura,' *Domus*, 296
'Reveron, o la vita allo stato di sogno,' *Domus*, 296
'Prototipo di casa per la serie,' *Domus*, 297
'La finestra arredata,' *Domus*, 298
'Casa unifamigliare di serie alla Triennale,' *Domus*, 301
'Alloggio uniambientale alla Triennale,' *Domus*, 301
'Alloggio uniambientale per 4 persone,' *Domus*, 302
'Considerazioni sui rapporti fra forma e funzionalità,' *Stile Industria*, 2
'Finestre e porte unificate per realizzare il Piano Romita,' *Corriere della Sera*, 27 April
'Le case d'oggi sono fatte come se si fosse tutti uguali,' *Corriere della Sera*, 3 August

1955
'Il modello della villa Planchart in costruzione a Caracas,' *Domus*, 303
'Invito a considerare tutta l'architettura come «spontanea,»' *Domus*, 304
'Una nuova serie di apparecchi sanitari,' *Domus*, 308
'Milano definita da un giornale inglese la «città più moderna del mondo,»' *Corriere della Sera*, 30 October

1956
'Sull'edilizia popolare. L'edilizia popolare è un fatto transitorio,' *Domus*, 314
'Espressione dell'edificio Pirelli in costruzione a Milano,' *Domus*, 316
'Vocazione iberica per la forma' (on Torroja), *Domus*, 317
'Profezie sulla pittura,' *Domus*, 319
'Giovinezza d'oggi o splendida età di Le Corbusier?' *Domus*, 320
'Invito ad andare a Ronchamp,' *Domus*, 323
'Esemplare strumento di civiltà il nuo-

vo regolamento edilizio,' *Corriere della Sera*, 2–3 October
'Contro i viaggi delle opere d'arte famose,' *Epoca*, 11 November
'Out of a Philosophy of Architecture,' *Architectural Record*, December
'Una mostra permanente di disegno industriale al Museo della Scienza e della Tecnica,' *Stile-Industria*, 9

1957
'Il colore nella vita moderna,' in var. authors, Proceedings 1st Congress *Il Colore dell'ambiente umano*, Padua
'Il Piano Territoriale, strumento di coordinamento e collaborazione,' *Corriere della Sera*, 27 July

1958
'Una casa, una scala' (Casa Melandri), *Domus*, 345
'Villa La Diamantina nel Country Club a Caracas,' *Domus*, 349
'Il problema dell'air terminal,' *Corriere della Sera*, 22 October
'L'architettura moderna nelle case e nelle chiese,' *Corriere della Sera*, 31 December

1959
'Espressioni di Nervi a Milano,' *Domus*, 352
'La nuova sede dell'Italia a New York,' *Domus*, 354
'Il Carmelo di Bonmoschetto, monastero delle Carmelitane scalze in San Remo,' *Domus*, 361
'Venini,' *Domus*, 361
'Inchiesta sull'artigianato,' *Zodiac*, 4
'Incompleto senza l'air terminal il nuovo sistema aeroportuale,' *Corriere della Sera*, 8 January
'Mito e realtà di Le Corbusier,' *Corriere della Sera*, 27–28 April
'Come preparare gli architetti che servano veramente il Paese,' *Corriere della Sera*, 5 November
'Contributo alla modernizzazione delle scuole di architettura,' in var. authors, *Atti del Collegio Regionale Lombardo degli Architetti*, Milan, July
'Estetica e tecnica,' inaugural lecture at the third annual congress of the *European Foundation for Culture*, Vienna, November
'Gli sviluppi di Milano,' in var. authors, Proceedings of the congress of the same name (*Collegio Regionale Lombardo degli Architetti*), ed. Politecnica Tamburini

1960
'Grattacielo sul Reno' (on Schneider Esleben), *Domus*, 362
'Grattacielo a Düsseldorf' (on Hentrich and Pettschnigg), *Domus*, 372
'Religione e architetti,' *Domus*, 372
'Per Van de Velde,' *Domus*, 373
'Divagando per la Triennale,' *Domus*, 373
'La scuola inglese alla Triennale, esemplare monito per gli italiani,' *Corriere della Sera*, 13 October
'Sugli sviluppi di Milano, secondo Convegno nel '60,' *Corriere della Sera*, 23 November

1961
'Una villa fiorentina' (Villa Planchart), *Domus*, 375

'Estetica e tecnica nei pensieri di un architetto,' *Domus*, 376
'Esistenza ambientale, Conservazione ambientale, Creazione ambientale' (on the Velasca Tower), *Domus*, 378
'Si fa coi pensieri' (on the Pirelli Tower), *Domus*, 379
'Prima e dopo la Pirelli,' *Domus*, 379
'La ceramica è un tegumento leggero...' (for Joo), *Stile Industria*, 30
'Milan: in search of the new,' *Craft Horizon*, March

1962
'Questa è la grande epoca della architettura,' *Domus*, 389
'Picasso a Barcellona,' *Domus*, 392
'Una chiesa lombarda' (on Enrico Castiglioni), *Domus*, 394
'Le «planimetrias» di Vilacasas,' *Domus*, 394
'Nuova sede della Riunione Adriatica di Sicurtà in Milano,' *Domus*, 397
'La Triennale in pericolo per i ritardi burocratici,' *Corriere della Sera*, 24 October
'Milano, ultima tappa della mostra d'arte iraniana,' *Domus*, 404
'Domus X 400,' *Domus*, 406
'Le scale di Gentili,' *Domus*, 407
'Il nostro premio, gli Obelischi di Domus,' *Domus*, 409

1964
'Su Felix Candela,' *Domus*, 410
'A Michelucci, sulla chiesa di San Giovanni,' *Domus*, 413
'Giochi con i rivestimenti di Salerno,' *Domus*, 414
'Il Pylonen, grattacielo a Stoccolma,' *Domus*, 414
'The world in Vogue,' *Domus*, 414
'Uno scarabeo sotto una foglia,' *Domus*, 414
'Cielo azzurro, mare azzurro, isole azzurre, maioliche azzurre, piante verdi, rose ai piedi della principessa, orma di danzatrice,' *Domus*, 415
'Against uniformity,' *Domus*, 416
'Tre architetture di Luigi Moretti,' *Domus*, 419
'Una moderna scuola statale d'arte in Svezia,' *Domus*, 421

1965
'A Teheran, una villa,' *Domus*, 422
'Questo è il mondo di forme meravigliose, anche enormi, nel quale viviamo' (on Arne Jacobsen), *Domus*, 423
'Sulla prima raccolta degli scritti di Persico,' *Domus*, 424
'Su Gino Ghiringhelli,' *Domus*, 426
'Il gioco del pallone,' *Domus*, 427
'Un panorama di alba, di risveglio, di inediti,' *Domus*, 427
'Su Mollino, per il Palazzo degli Affari,' *Domus*, 427
'Morte di Le Corbusier,' *Domus*, 430
(On Rauschenberg and Dante's *Inferno*), *Domus*, 431
'Architettura senza architetto,' *Domus*, 431
(On the 'proposal of a linear development for Milan'), *Domus*, 432

1966
'Il Kolleg St. Joseph, seminario a Salisburgo,' *Domus*, 433
'Le vetrate grosse alla Ponti, da Venini,' *Domus*, 436

'Risultato felice di un concorso perduto,' *Domus*, 438
'La cappella del nuovo ospedale di San Carlo a Milano,' *Domus*, 445
'Architettura di invenzione: serve per guardarla,' *Domus*, 445

1967
'Musei americani,' *Domus*, 446
'Invenzioni di Manzù,' *Domus*, 455

1968
'Tokyo: Imperial Hotel, 1922-1967,' *Domus*, 459
'Per un rapporto moderno fra strade, veicoli, abitazioni,' *Domus*, 461
'Le torri di Dreyfuss,' *Domus*, 465
'Lucio Fontana,' *Domus*, 466
'I muri di Barragan,' *Domus*, 468
'Per le città fumose con vie strette: facciate lucenti illuminate dal cielo,' *Domus*, 469

1969
'Perchè no? Apparizioni di grattacieli,' *Domus*, 470
'3 promozioni a Eindhoven, e 1 episodio,' *Domus*, 472
'Leoncillo,' *Domus*, 479

1970
'Alexandra,' *Domus*, 485
'America. The happy Denver Museum,' *Domus*, 485
'Rudofskying,' *Domus*, 486
'La casa adatta,' *Domus*, 488
'Discorso introduttivo ad Eurodomus 3,' *Domus*, 488
'Maggior spazio godibile in minor superficie,' *Domus*, 490
'East Po River Story,' *Domus*, 490
'Perpetuità di un edificio,' *Pirelli*, now in *Antologia*, Scheiwiller, Milan 1988

1971
'Nuove immagini della casa,' *Domus*, 496
'La cattedrale di Taranto,' *Domus*, 497
'Perchè sì?' (on Feal houses), *Domus*, 500
'Vogliamo promuovere due esigenze,' *Domus*, 504

1972
'A Denver' (on the Denver Museum), *Domus*, 511
'A Eindhoven, la piazza dei bimbi acrobati,' *Domus*, 511
'Ricerca di un nuovo spazio di abitazione' (on Sacie), *Domus*, 512

1973
'Fuori Parigi, costruita in tre mesi' (on Henri Bouilhet), *Domus*, 522
'Per una casa,' *Prefabbricare. Edilizia in evoluzione*, 4
'Architettura finlandese,' catalogue of the exhibition at 'Torino Esposizioni,' Turin 10–13 December

吉奥·庞蒂的著作

La casa all'italiana, Domus, Milan 1933
Il Coro, Uomo, Milan, 1944
(With V. Bini), *Cifre Parlanti*, Vesta, Milan 1944
Archias (alias G. Ponti), *Politica dell'Architettura*, Garzanti, Milan 1944

L'Architettura è un cristallo, Editrice Italiana, Milan 1945
(With A. Libera, G. Vaccaro, *et al.*), *Verso la Casa Esatta*, Editrice Italiana, Milan 1945
Ringrazio Iddio che le cose non vanno a modo mio, Antoniazzi, Milan 1946
Paradiso Perduto, Daria Guarnati, Milan 1946
Amate l'Architettura, Vitali e Ghianda, Genoa 1957 (American edition: *In Praise of Architecture*, F.W. Dodge Corporation, New York 1960; Japanese edition: *Bijutsu Shuppau-sha*, Tokyo 1963)
Nuvole sono immagini, Scheiwiller, Milan 1968

吉奥·庞蒂编辑出版的刊物

(With F. Albini), *Quaderni artigiani*, ENAPI, Milan 1932
99 e più disegni inediti di mobili d'oggi, Domus, Milan 1932
Lamberto Vitali (edited by), *Scritti e disegni dedicati a Scheiwiller*, Officina d'Arte Grafica A. Lucini & C., Milan 1937
(With L. Sinisgalli), *Italiani*, Domus, Milan 1937—39
Poesie di Lisa Ponti, and drawings by Luigi Bartolini, Massimo Campigli, Domenico Cantatore, Carlo Carrà, Fabrizio Clerici, Giorgio de Chirico, Filippo De Pisis, Leoncillo Leonardi, Leo Longanesi, Giacomo Manzù, Marino Marini, Arturo Martini, Quinto Martini, Giorgio Morandi, Mino Rosi, Aligi Sassu, Gino Severini, Mario Sironi, Orfeo Tamburi, Arturo Tosi, Giuseppe Viviani, Toni Zancanare, and Gio Ponti, Alfieri & Lacroix, Milan 1941
(With A. Libera, G. Vaccaro), *Scale pronte Montecatini*, Milan 1943
Milano Oggi, Milano Moderna, Milan 1957—60
From Gio Ponti's Clouds, book for Lyla Tyng at Lu Shahn, New York 1960—61

吉奥·庞蒂附插图的书

Oscar Wilde, *La ballata del carcere di Reading*, Editrice Modernissima, Milan 1919
Oscar Wilde, *La casa della cortigiana*, Editrice Modernissima, Milan 1919
(With Tomaso Buzzi), E.V. Quattrova (edited by), *La cucina elegante, ovvero il Quattrova illustrato*, Domus, Milan 1932 and 1978

吉奥·庞蒂选集

1921
P. Mezzanotte, 'La prima mostra d'architettura proposta dalla Famiglia Artistica di Milano,' *Architettura e Arti Decorative*, I, III

1925—26
P. Mezzanotte, 'Ancora del concorso per il ponte di Verona,' *Architettura e Arti Decorative*, V

1926
M. Sarfatti, in var. authors, *L'Italia alla Esposizione Internazionale di Arti Decorative e Industriali Moderne di Parigi* (Paris, 1925), Milan

1926—27
R. Papini, 'Sul concorso per una Ambasciata d'Italia,' *Architettura e Arti Decorative*, VI, VI
F. Reggiori, 'Villa a Milano in via Randaccio degli architetti Emilio Lancia e Giovanni Ponti,' *Architettura e Arti Decorative*, VI, XIII

1927
Domino (R. Giolli), 'Sottovoce — La Conversazione classica,' *1927 Problemi d'arte attuale*, October

1927—28
F. Reggiori, 'Padiglioni nuovi alla Fiera di Milano,' *Architettura e Arti Decorative*, VII

1928
'XVI Biennale Veneziana,' *Architettura e Arti Decorative*, October

1928—29
A. Maraini, 'L'architettura e le arti decorative alla XVI Biennale di Venezia,' *Architettura e Arti Decorative*, VIII

1929
'Gli specchi e le frecce di Christofle per la Biennale di Venezia,' *Domus*, 8

1930
H.A. Bull, 'Notes of the month' (on the restaurant La Penna d'Oca and Ponti at Richard-Ginori), *International Studio*, vol. 96, May
E. Persico, 'Tendenze e realizzazioni' (on the Monza Biennale, 1930), *La Casa Bella*, 29

1931
G. Muzio, 'Alcuni architetti d'oggi in Lombardia,' *Dedalo*, XI, August

1932
'Tomba Borletti dell'architetto Gio Ponti,' *Architettura*, pp. 590—93

1933
G. Pagano, 'Uno stabilimento industriale moderno a Milano,' *Casabella*, March
E. Persico, 'Il gusto italiano,' *L'Italia Letteraria*, 4 June
E. Persico, 'La Torre al Parco,' *Casabella*, August-September

1934
E. Persico, 'L'architetto Gio Ponti,' *L'Italia Letteraria*, 29 April

1935
Y. Maraini, 'Italy,' *London Studio*, vol. 9, June
G. Nelson, 'Architects of Europe Today: Gio Ponti, Italy,' *Pencil Points*, May
E. Persico, 'Un progetto di Ponti' (nursery school at Bruzzano), *Casabella*, 88

1936
M. Labò, 'Mostra Universale della Stampa Cattolica al Vaticano,' *Casabella*, 105
A. Melis, 'La scuola di Matematica alla R. Università di Roma,' *L'Architettura Italiana*, August
M. Piacentini, 'Esposizione mondiale della Stampa Cattolica nella Città del Vaticano,' *L'Architettura*, July
'School of Mathematics, University of Rome,' *The Architectural Review*, 80

1937
B. Moretti, 'Die eigene Wohnung eines Architekten,' *Innen-Dekoration*, 6

1939
T. Lundgren, 'Funktionalism i sin prydne,' *Svenska Hem*, 27
G. Pagano, 'Alcune note sul Palazzo della Montecatini,' *Casabella*, 138-139-140

1940
C. Malaparte, 'Un palazzo d'acqua e di foglie,' *Aria d'Italia*, May

1941
G. Pagano, 'Potremo salvarci dalle false tradizioni e dalle ossessioni monumentali?' *Costruzioni Casabella*, 157

1951
D.B., 'Across the seas collaboration for the new Singer collection,' *Interiors*, vol. 111, December
P.E. Gennarini, 'Gio Ponti: dall'architettura al disegno per l'industria,' *Pirelli*, 6

1952
J.F., 'Classicism reconsidered: the Ponti Style,' *Interiors*, vol. 111, July
O. Gueft, 'Ascetic and sybarite: the masks of Ponti,' *Interiors*, 112

1955
C. De Carli, 'La nuova sede Pirelli,' *Pirelli*, 3
R. Furneaux-Jordan, 'Skyscraper and Ox-Cart,' *The Observer*, 11 September
S. Kugler, 'Mailand baut Palazzi,' *Die Weltwoche* (Zurich), 29 July
'Free floor concrete tower,' *Architectural Forum*, November

1956
E. Kaufmann, 'Scraping the Skies of Italy,' *Art News*, 5
R.v.O., 'De hoogste Wolkencrabber van Europa,' *De Linie*, 7 July
K. Tange, (the Pirelli Office Building), *Shinkentiku*, March
V. Viganò, 'Immeuble Pirelli, Milan,' *L'Architecture d'Aujourd'hui*, 27
'Edificio Pirelli,' *Informes de la Construccion*, 84
'Pirelli Hochhaus in Mailand,' *Werk*, October
'Ponti and the Pirelli Building,' *Architectural Record*, 120

1957
A.C., 'Nowy Drapacz Nieba W Mediolanie,' *Stolica* (Warsaw), 5 July
C. Kellog, 'Apartment Plan from Italy,' *The New York Times Magazine*, 15 December
M.W. Rosenthal, 'Thoughts on Ponti's Pirelli Building,' *The Journal of the RIBA*, 64, no. 7
P.C. Santini, 'Deux gratte-ciels à Milan,' *Zodiac*, 1
'Italy' (on the Pirelli Building), *Concrete Quarterly*, 32
'Le gratte-ciel Pirelli,' *Les Nouvelles Littéraires*, Paris, 24 January
'The Pleasures of Ponti,' *Time*, 70, 9 September
'Some beautiful justifications for the decorative with Italian ceramic tiles,' *Interiors*, 116, June
'Immeuble résidentiel à Milan' (Casa Melandri), *L'Architecture d'Aujour-d'hui*, October

1958
'Europe's Tallest,' *The Sunday Times*, 26 October
'Italian Skyscraper Nears Completion,' *The New York Times*, 24 August

1959
G. Veronesi, 'L'architettura dei grattacieli a Milano,' *Comunità*, 74
B. Zevi, 'Cesenatico si ribella alle vele in ferro battuto,' *Cronache di Architettura*, III, Laterza, Rome-Bari
'Powerful construction details mark Milan skyscraper,' *Progressive Architecture*, 40

1960
R. Banham, 'The newest invasion of Europe' (on the Pirelli Building), *Horizon*, November
Edilizia Moderna, 71, special issue devoted to the Pirelli Center
'Pirelli completed,' *The Architectural Review*, 127
'Bonmoschetto, Convent by Gio Ponti,' *The Architectural Review*, 127
'Nervi Ponti Design, Italian Centennial Pavilion,' *Progressive Architecture*, vol. 41, November
'Turin 1961 Exposition news: Nervi and Ponti design Exposition Palace,' *Interiors*, vol. 120, December
'The Ponti pavilion in Time and Life Building,' *Architectural Forum*, vol. 113, August

1961
R. Banham, 'Pirelli Criticism,' *The Architectural Review*, 129
R. Banham, (review of) G. Ponti, *In Praise of Architecture*, *Arts*, May
W. McQuade, 'Powerful tower, delicate shell' (on the Pirelli Building), *Architectural Forum*, February
R.M., 'Che bella voce! A review of «In Praise of Architecture,»' *Industrial Design*, 8, March

1962
'An industrial tower,' *Arts & Architecture*, 79

1966
E. McCoy, 'Ponti — In on the Ground Floor of Inspiration,' *Los Angeles Times*, 20 November

'Denver: the cage for stacking galleries,' *Architectural Record*, 139, April

1967
C. Eames, 'Ponti is one of the rare ones,' in var. authors, 'The Expression of Gio Ponti,' *Design Quarterly*, 69/70
J.R., 'Ponti programmed,' *Industrial Design*, 14, May
P. Restany, 'Un architecte italien, Gio Ponti, réinvente la maison,' *Arts/Loisirs*, 71, February
Bulletin of the Brisbane May 1967 Convention, Brisbane (Australia), May
'The 20th-century révolution: Architecture,' *The Sunday Times*, 7 May

1968
P. Restany, 'A Gio Ponti, Commissaire du Peuple à la Lumière,' *Le Livre Rouge de la révolution picturale*, Apollinaire, Milan
W. Raser, 'Triennale City,' *Home Furnishing Daily*, 27 May
S. Watson, 'Some Considerations to Gio Ponti's Theoretical Approach to Architecture,' for the course given by N.H. Shapira at the University of California, 14 March, unpublished.

1969
M. Grieg, 'Marin Villa Planned: a Modest Tycoon Luxury Home,' *San Francisco Chronicle*, 7 July
P. Restany, 'Gio Ponti,' in *L'avant-garde au XX siècle*, André Balland, Paris
'Islamabad. Pakistans unvollendete Kapitale,' *Neue Zürcher Zeitung*, 12 August

1970
F. Frontini, 'La casa a fisarmonica,' interview with Gio Ponti, *Oggi Illustrato*, May
H. Stubbs, 'Art in artificial light' (on the Denver Museum), *The Architect and Building News*, 20 May

1971
B. Chancellor, 'Denver Art Museum,' *Guestguide*, winter-spring
L. Moretti, 'Il fastigio della Cattedrale,' *Domus*, 497
'All that glitters,' *Architectural Forum*, 135, July
'Denver's new art museum,' *Design*, Autumn
'Denver Art Museum,' *Art Journal*, 31-1, Autumn

1972
E. McCoy, 'Architecture West' (on the Denver Museum), *Progressive Architecture*, 5, February
'Denver Art Museum: spirited and unconventional,' *Architectural Record*, March

1973
D. Davis, 'The Museum Explosion,' *Newsweek*, 17 September

1976
S. Wight, 'Gio Ponti,' in *The Potent Image*, Macmillan Publishing Co., New York
R.J. Vinson, 'L'architecture du troisième quart du XX siècle: vingt bâtiments qui feront date,' *Connaissance des Arts*, February

1977
'Gio Ponti. Rückblick,' *Bauen + Wohnen*, 6
R. Bossaglia, 'Gio Ponti e l'ironia déco,' *Corriere della Sera*, 27 September

1978
A. Branzi, 'Elogio della discontinuità,' *Modo*, 13
G. Corsini (edited by), 'Incontro con Gio Ponti: l'architettura è fatta per essere guardata,' *Casa Vogue*, November

1979
V. Apuleo, 'Un moderno moderato — (per la morte di Gio Ponti),' *Il Messaggero*, 18 September
F. Bellonzi, 'Gio Ponti e la bellezza,' *Il Tempo*, 18 September
F. Borsi, 'La stanza è un mondo,' *La Nazione*, 18 September
L. Carluccio, 'Era l'architetto-poeta: scriveva col cemento,' *Gazzetta del Popolo*, 8 September
C. De Carli, 'Il grattacielo e la sedia,' *L'Unità*, 18 September
C. De Seta, 'Gio Ponti: lo invidiano ma nessuno lo studia. (Non esiste un saggio sul grande architetto scomparso),' *Tuttolibri*, 29 September
A. Dragone, 'Gio Ponti, poeta del cemento armato: dal grattacielo alla posata di ogni giorno,' *Il nostro tempo*, 30 September
R. England, 'Tragic loss of a design genius,' *The Sunday Times*, 23 September
B. Gabrieli, 'L'architetto che amava inventare un cucchiaio,' *Il Secolo XIX*, 18 September
V. Gregotti, 'Da nemico del futurismo a papà del Pirellone,' *La Repubblica*, 18 September
A. Mendini, 'Gio Ponti, 1891-1979,' *Domus*, 599
L. Michel, 'La mort de Gio Ponti. Un modernisme bien tempéré,' *Le Monde*, 18 September
F. Minervino, 'Ha grattato il cielo di Milano,' *Corriere della Sera*, 17 September
P. Portoghesi, 'Tra avanguardia e cauta saggezza,' *Avanti!*, 19 September
S.R., 'Dalla architettura al design,' *La Stampa*, 18 September
M. Valsecchi, 'Gio Ponti: un eclettico a Milano,' *Il Giornale*, 18 September
L. Vergani, 'Gio Ponti, un artista caduto fra gli architetti,' *Corriere della Sera*, 17 September
B. Zevi, 'L'inventore del Pirellone,' *L'Espresso*, 7 October
C. Borngräber, *Stil Novo: design in den 50er Jahren*, Dieter Fricke, Frankfurt
A. Mendini, 'Gio Ponti,' *Modo*, December

1980
D. Baroni, 'Gio Ponti,' *Interni*, 297

1981
J. Kremerskothen, *Moderne Klassiker: Möbel die Geschichte machen*, Schöner Wohnen, Hamburg
A. Mendini, 'Master non Master,' *Space Design*, 200
L.L. Ponti, 'A retrospect of my Father,' *Space Design*, 200
F. Raggi, 'Visto dai Japans,' *Modo*, 43
R. Rinaldi, 'L'arte della prima pagina,' *Modo*, 45

1982
R. Barilli, 'La bomboniera metafisica,' *L'Espresso*, 13 June
V. Fagone, 'Blu Ponti,' *Domus*, 630
F. Irace, *Precursors of Postmodernism*, Domus, Milan
F. Irace, 'La casa sospesa,' in var. authors, *Gli anni Trenta, arte e cultura in Italia*, Mazzotta, Milan
F. Poli, 'Piatti d'autore. Gio Ponti 1923-30,' *Il Manifesto*, 23 May
P. Portoghesi, 'Le ceramiche di Gio Ponti,' *Gio Ponti alla Manifattura di Doccia*, Sugarco, Milan
M. Spagnol, 'Svagate ragazze di ceramica,' *La Stampa*, 26 May
V. Sgarbi, 'Ma è Gio Ponti? Eccezionale,' *L'Europeo*, 31 May
'Attraverso gli anni Trenta,' *Domus*, 624

1983
M. De Giorgi, 'Il Palazzo Montecatini a Milano,' in O. Selvafolta (edited by), *Costruire in Lombardia*, Electa, Milan
G. Nicoletti, 'Gio Ponti, il designer della ceramica,' *L'Unità*, 22 March
G. Pampaloni, 'Le occasioni del gusto,' *Gio Ponti. Ceramiche 1923-1930* (Florence 1983), Electa, Florence
R. Rinaldi, 'Gio Ponti: un esempio d'eccezione,' *Ottagono*, 70
P.C. Santini, 'Gio Ponti: un innovatore,' *Gio Ponti. Ceramiche 1923-1930* (Florence 1983), Electa, Florence

1984
F. Scassellati, 'L'antiquité est contemporaine,' *Décoration Internationale*, 72

1985
A. Bangert, *Italienisches Möbeldesign: Klassiker von 1945 bis 1985*, Verlag Modernes Design Albrecht Bangert, Munich
M. Goldschmiedt, 'Gio Ponti,' *Il bagno oggi e domani*, Nov/Dec
F. Irace, 'La casa all'italiana 1928-1933: Gio Ponti e la progettazione delle case tipiche'; 'Un esempio di architettura industriale degli anni Trenta: lo stabilimento Italcima a Milano,' in O. Selvafolta (edited by), *Costruire in Lombardia*, Electa, Milan

1986
A. Avon, 'Uno stile per l'abitare: attività e architettura di Gio Ponti fra gli anni Venti e gli anni Trenta,' *Casabella*, 253
L. Bortolatto, 'Sulla cupola ridonata alla luce come Galileo Chini la ridonò a Venezia nel 1909,' *XLII Esposizione Internazionale d'Arte*, Venice
P. Farina, 'Gio Ponti: anni Trenta e dintorni,' *Ottagono*, 82
F. Irace, 'Gio Ponti e la casa attrezzata,' *Ottagono*, 82
F. Irace, 'Ovunque ponti d'oro,' *Panorama*, 1067
M. Meietta, K. Sato, 'L'architettura è un cristallo,' *Interni*, 361
L. Somaini, 'L'eredità scomoda di Gio Ponti,' *La Repubblica*, 19 November

'The Italian Taste,' *Brutus*, Tokyo, 143
'Gio Ponti,' *The Sun*, Tokyo, 299

1987
G. Dorfles, 'Torna Gio Ponti con le parole figurate,' *Corriere della Sera*, 12 March
E. Enriquez, 'Ponti d'oro,' *Panorama*, 6 September
F. Irace (edited by), 'Villa Planchart,' *Abitare*, 253
F. Irace, 'A bella posta,' *Panorama*, 1091
F. Irace, 'Domestica architettura e felicità dei tropici,' *Il Sole/24 Ore*, 18 January
C. Morone, P. Runfola, 'In cento lettere l'ingegno comunicativo di Gio Ponti,' *Il Sole/24 Ore*, 73
Johann Ossott, 'Gio Ponti y la villa Planchart,' *Revista M*, Caracas
F. Pagliari, 'Gio Ponti, l'architettura e la ceramica: poesia e materia,' in G.C. Bojani et al. (edited by), *Gio Ponti. Ceramica e architettura*, Centro Di, Florence
A. Pizzo Greco, 'Omaggio a Gio Ponti,' *Modaviva*, 170
L.L.P., 'Arata Isozaki/Gio Ponti al Seibu Museum, Tokyo,' *Domus*, 679
Fumio Shimizu, Studio Matteo Thun, in *Descendants of Leonardo da Vinci. The Italian Design*, Graphic-sha, Tokyo

1988
P.C. Bontempi, 'Un sogno per due' (Gio Ponti and Alessandro Mendini), *Who and What's Now*, 9
G.P. Consoli, 'Questioni di stile. Gio Ponti accusato e rivalutato,' *Il Manifesto*, 25 November
S. Dal Pozzo, 'Domus, dolce Domus,' *Panorama*, 1157
F. Irace, 'L'espressione della leggerezza,' *La Gola*, September
Patrick Mauriès, 'Gio Ponti,' *City*, 40
E. Tamagno, 'Un luogo comune, il gusto all'italiana di Gio Ponti,' *Il Giornale dell'Arte*, 61
F. Pagliari (review of) 'F. Irace, *Gio Ponti. La casa all'italiana*, Milano, 1988,' *Domus*, 700
P. Mauriès, 'Gio Ponti,' *Vies Oubliées*, Rivages, Paris.

1989
G. Chiaromonte, 'Villa Planchart: Arte canoni e l'immancabile Duchamp,' *Lotus International*, 60, pp. 106—111
F. Irace, 'Corrispondenze: la villa Planchart di Gio Ponti a Caracas,' *Lotus International*, 60, pp. 84—105
L. Puppi, 'Quel pioniere del design,' *Il Giornale di Vicenza*, 6 April
A. Avon, 'Gio Ponti, architetto di stile,' *Phalaris*, 4
G. Raimondi (review of) 'U. La Pietra, *L'arte si innamora dell'industria*, Milano, 1988,' *Domus*, 702
D. Paterlini, 'Itinerario Ponti a Milano,' *Domus*, 708
A. Dell'Acqua Bellavitis (review of) 'M. Universo, *Gio Ponti designer. Padova 1936—1941*, Roma-Bari, 1989,' *Domus*, 709

1990
C. De Carli, documents on Ponti in *Creatività*, CAM, Pandino

关于吉奥·庞蒂的书籍和目录

D. Guarnati (edited by), 'Espressione di Gio Ponti,' with preface by James Plaut, *Aria d'Italia*, VIII, 1954
M. Labò (edited by), *Gio Ponti*, La Rinascente, Milan 1958
N.H. Shapira (edited by), 'The Expression of Gio Ponti,' with preface by Charles Eames, *Design Quarterly*, 69—70, 1967
N.H. Shapira (edited by), 'The Expression of Gio Ponti,' *Space Design*, 3, 40, 1968
R. Bossaglia, *Omaggio a Gio Ponti* (Milano 1980), Decomania, Milano 1980
L.L. Ponti (edited by), 'Gio Ponti,' with preface by Alessandro Mendini, *Space Design*, 200, 1981
P. Portoghesi, A. Pansera, A. Pierpaoli, *Gio Ponti alla Manifattura di Doccia* (Milan 1982), Sugarco, Milan 1982
S. Salvi, G. Pampaloni, P.C. Santini, *Gio Ponti Ceramiche 1923-1930* (Florence 1983), Electa, Florence 1983
A. Isozaki (edited by), *Gio Ponti. From the Human Scale to the Postmodernism* (Tokyo 1986), Kajima/Seibu/A.G.P., Tokyo 1986
A. Stein (edited by), *Gio Ponti. Obras en Caracas* (Caracas 1986), Caracas 1986
Bojani et al. (edited by), *Gio Ponti. Ceramica e architettura* (Bologna 1987), Centro Di, Florence 1987
S. Sermisoni (edited by), *Gio Ponti. Cento lettere*, with preface by Joseph Rykwert, Rosellina Archinto, Milan 1987
F. Irace, *Gio Ponti. La casa all'italiana*, Electa, Milan 1988
U. La Pietra (edited by), *Gio Ponti: l'arte si innamora dell'industria*, Coliseum, Milan 1988
M. Universo (edited by), *Gio Ponti designer. Padova 1936-1941*, with preface by Lionello Puppi, Laterza, Rome-Bari 1989
M. Ferrari, S. Castagni (edited by), *Gio Ponti. I progetti dell'Elba, 1960-1962*, Editrice Azzurra, Cavalese (Trent) 1988
U. De Marco, *La Vela di Gio Ponti*, Scorpione, Taranto 1989

按时间順序排列的作品清单

1938	Villa Marchesano in Bordighera
1938	Villa Tataru in Cluj, Romania (with Elsie Lazar)
1938	Vanzetti furnishings, Milan
1938	Borletti furnishings on Via Annunciata, Milan
1938	Project for «a hotel for the Adriatic coast, a hotel for the Tyrrhenian coast» (with Guglielmo Ulrich)
1938	Standard for the University of Trieste
1938	«La pace» broad-striped fabric for Vittorio Ferrari, Milan
1939	Competition project for the Foreign Ministry, Rome (P.S. with Studio Ulrich and Studio Angeli, De Carli, Olivieri; Piero Fornasetti and Enrico Ciuti collaborated on the décor)
1939	Project for «an ideal small house»
1939	Buildings on Piazza San Babila, Milan (P.F.S. with De Min, Alessandro Rimini, and Casalis)
1939	Ferrania Building (now Fiat Building) on Corso Matteotti, on the corner of Via San Pietro all'Orto, no. 12, Milan (P.F.S.)
1939	EIAR (now RAI) Building at no. 27, Corso Sempione, Milan (P.F.S. with Nino Bertolaia)
1939	Competition project for the Palace of Water and Light at the «E42» Exhibition, Rome
1939	Project for the Palazzo Marzotto on Corso Vittorio Emanuele, on the corner of Piazza San Babila, Milan (P.F.S. with Francesco Bonfanti)
1939	Vetrocoke office furnishings, Milan
1939	Scenes and costumes for the ballet «La Vispa Teresa» by Ettore Zapparoli in San Remo
1940	House at no. 19, Via Appiani, Milan (P.F.S.)
1940	Casa Salvatelli on Via Eleonora Duse, on the corner of Piazza delle Muse, Rome (P.F.S.)
1940	Project for bungalows for the Hotel Eden Roc in Cap d'Antibes (with Carlo Pagani)
1940	Project for INA Casa house on Via Manin, Milan (P.F.S.)
1940	Villa Donegani in Bordighera
1940	Public Hall, Basilica and Rectorate in the Palazzo del Bo, University of Padua
1940	Frescoes along the grand staircase of the Rectorate in the Palazzo del Bo, University of Padua
1940	Scenes and costumes for Stravinsky's «Pulcinella» at the Teatro della Triennale, Milan
1940	Project for a cinematographic version of the unabridged text of Pirandello's «Henry IV,» for Jouvet and Anton Giulio Bragaglia (with the collaboration of Cesare Mercandino)
1940	Project for the Giustiniani furnishings, at Foro Bonaparte 35, Milan
1940	Door handles for Sassi, Milan
1940	Frescoes in the «Popolo d'Italia» Building, Milan
1940	Lamps for Lumen, Milan
1940	Panels in enameled copper executed by Paolo de Poli, Padua (beginning of the collaboration with De Poli)
1940~1948	Columbus Clinic for the Missionary Sisters of the Sacred Heart of the Blessed Cabrini, at no. 48, Via Buonarroti, Milan (P.F.S.)
1941	Project for «a villa in town»
1941	Flatware for Krupp Italiana, Milan
1941	Furniture with enameled decoration executed by Paolo de Poli, Padua
1943	Project for the Mondadori factory at Rho (P.F.S.)
1943	Casa Marmont «La Cantarana,» near Lodi
1943	Furnishings for Argenteria Krupp, Milan
1943	Mosca furniture, Chiavenna
1944	Casa Ponti at Civate, Brianza (first version)
1944	Garzanti Building at nos. 28–30, Via Spiga, Milan (Studi Tecnici di Architettura Riuniti/STAR: Gio Ponti, Pier Giulio Bosisio, Gigi Ghò, Eugenio Soncini)
1944	Scenes and costumes for the ballet «Festa Romantica,» by Giuseppe Piccioli at La Scala, Milan
1945	Project for the Building and Hotel of the Ferrovie Nord (Northern Railways), Milan (P.F.)
1945	Scenes and costumes for the ballet «Mondo Tondo» by Ennio Porrino at La Scala, Milan (not performed)
1946	Designs (bottles, lamps) for Venini, Murano
1946	Brustio furnishings at no. 7, Via Marchiondi, Milan
1946	Papier-mâché frames for Enrico Dal Monte, Faenza
1946	Pottery for Melandri, Faenza
1947	Scenes and costumes for Gluck's «Orpheus» at La Scala, Milan
1947	«Labirinto» table top in enameled copper (executed by De Poli, Padua)
1947	Furniture for Spartaco Brugnoli, Cantù (the chair was produced in 1989 by Zanotta, Nova Milanese)
1948	Participation in the QT8, experimental housing development promoted by the 8th Milan Triennale
1948	House on Via Lamarmora, Milan (P.F.)
1948	Lepetit monument to concentration camp victims, at Ebensee, Austria
1948	Swimming pool at the Hotel Royal, San Remo (with Mario Bertolini)
1948	Borletti sewing machine, prototype, Milan
1948	La Pavoni espresso coffee machine, Milan
1948	New pottery for Richard-Ginori, Doccia
1948	Fabric designs for Pasini, Milan
1948	Self-illuminating furniture for the Cremaschi apartment, at no. 12, Via Alberto da Giussano, Milan
1949	Villa Plodari at Rapallo (P.F.)
1949	Furnishings for Gianni Mazzocchi, at no. 15, Via Monte di Pietà, Milan
1949	«Visetta» sewing machine, for Visa, Voghera
1949	«Leggera» chair for Cassina, Meda
1949	Interiors of the transatlantic liner Conte Grande belonging to the Gruppo Finmare Italia, Genoa (with Nino Zoncada)
1949	Interiors of the transatlantic liner Conte Biancamano belonging to the Gruppo Finmare Italia, Genoa (with Nino Zoncada)
1949	Dulciora store on the corner of Via Orefici and Via Cantù, no. 1, Milan (with Piero Fornasetti)
1950	RAS Building at no. 32, Corso Vittorio Emanuele, Milan (P.F.)
1950	Urban development scheme for the INA Casa Harrar-Dessié housing unit, Milan (with Gino Pollini and Luigi Figini)
1950	Villa Marchesano on Via del Tiro a Volo, San Remo
1950	Interiors of the San Remo Casino (with Piero Fornasetti)
1950	Interiors of Villa Cremaschi, Carate Urio, Como
1950	Ceccato furnishings, Milan
1950	Vembi-Burroughs offices in Genoa, Turin, Florence, and Padua (P.F. with Piero Fornasetti)
1950	Fabrics for the Jsa factory, Busto Arsizio, Varese (beginning of the collaboration with Jsa)
1950	Furniture for M. Singer and Sons, New York
1950	«A dining room to be looked at,» for the MUSA exhibition in U.S.A.
1951	White and yellow house in the INA Casa Harrar-Dessié housing development, Milan (with Gigi Gho)
1951	Red house with duplex apartments in the INA Casa Harrar-Dessié housing development, Milan (P.F. with Alberto Rosselli)
1951	Second Montecatini Building, at no. 2, Largo Donegani, Milan (P.F.)
1951	School complex at Chiavenna, Sondrio (P.F.)
1951	Interiors of the transatlantic liner Giulio Cesare, Genoa (with Zoncada)
1951	Bedroom at the 9th Milan Triennale (with Piero Fornasetti)
1951	Prototype of hotel bedroom at the 9th Triennale in Milan
1951	Lamps for Greco, Milan
1951	Steel flatware and silver objects for Krupp Italiana, Milan
1951	Steel flatware for Fraser, New York
1952	Edison Building at no. 5, Via Carducci, Milan (P.F.)
1952	Technical school of the Istituto Gonzaga, Crescenzago (P.F.)
1952	Villa Arata in Naples (P.F.)
1952	Edison power plant, Santa Giustina (P.F.R.)
1952	Interiors of the transatlantic liner Andrea Doria, Genoa (with Zoncada)
1952	Interiors of the ship Africa, Trieste
1952	Interiors of the ship Oceania, Trieste
1952	Lucano furnishings, no. 5, Via Washington, Milan
1952	Gio Ponti's studio at no. 49, Via Dezza, Milan
1952	Edison power plant on the Mera, Chiavenna (P.F.R.)
1952	Edison power plant on the Liri, Trent (P.F.R.)

1953	Swimming pool and interiors of the Hotel Royal, Via Partenope, Naples
1953	Project for the «Predio Italia» (Italo-Brazilian Center) in São Paulo, Brazil (with Luiz Contrucci)
1953	Project for the Faculty of Nuclear Physics at the University of São Paulo, Brazil
1953	Project for the Taglianetti house in São Paulo, Brazil
1953	Project for the Lancia Building in Turin (P.F.R. with Nino Rosani)
1953	Sanitary fixtures for Ideal Standard, Milan (with George Labalme, Giancarlo Pozzi, Alberto Rosselli)
1953	Furniture for Nordiska Kompaniet, Stockholm
1953	Furniture and «organized walls» for Altamira, New York
1953	Faucets and fittings for Gallieni, Viganò & Marazza, Milan
1953	«Distex» armchair for Cassina, Meda
1953	Furniture for Carugati, Rovellasca
1953	Automobile body proposal («diamond-line») for Carrozzeria Touring, Milan
1953	Licitra furnishings at no. 1, Via San Antonio M. Zaccaria, Milan
1954	Edison power plant on the Chiesa, Cimego (P.F.R.)
1954	Aldo Garzanti Center in Forlì (P.F.R. with Pier Giulio Bosisio)
1954	Italian Cultural Institute, Lerici Foundation, Stockholm (with Ture Wennerholm and Pier Luigi Nervi)
1954	Project for the Togni system of lightweight prefabrication at the 10th Milan Triennale (P.F.R.)
1954	«One-room apartment» at the 10th Milan Triennale
1954	Scene and costume designs for Scarlatti's «Mithridates» at La Scala, Milan (not performed)
1954	Furniture for RIV, Turin (with Alberto Rosselli)
1954	Cowhide rug for Colombi, Milan
1954	Wooden floor design for Insit, Turin (with Maria Carla Ferrario)
1954	Prototypes of striped tablecloths and plates
1955	House in the pine wood at Arenzano, Genoa
1955	Edison power plant at Plantano d'Avio (P.F.R.)
1955	Edison power plant at Vinadio, Sondrio (P.F.R.)
1955	Church of San Luca on Via Vallazze, Milan (P.F.R.)
1955	Villa Marmont at Zoagli (P.F.R.)
1955	Supermarket on Viale Zara, Milan (P.F.R.)
1955	Villa Planchart in Caracas
1955	Interiors of the Galleria del Sole, on Via Sant'Andrea, Milan
1955	Projects for «painted doors»
1955	Flatware for Christofle, Paris
1955	Metal writing-desk for Rima, Padua
1955	Writing-desk for Chiesa, Milan
1955	Furniture for the exhibition at Ferdinand Lundquist, Göteborg, Sweden
1956	Faculty of Architecture at the Milan Polytechnic (with Giordano Forti)
1956	House for RAS at no. 79, Via Vincenzo Monti, on the corner of Via Nievo, Milan (P.F.R.)
1956	Edison Stura power plant, Demonte, Cuneo (P.F.R.)
1956	Pirelli skyscraper on Piazza Duca d'Aosta, Milan (P.F.R. with the Studio Valtolina-Dell'Orto; structural consultants, Arturo Danusso, Pier Luigi Nervi)
1956	Villa Arreaza in Caracas
1956	Furnishings for Villa Beracasa, Caracas
1956	Project for «one-room apartment for four persons»
1956	Objects in enameled copper for De Poli, Padua
1956	Door handles for Olivari, Borgomanero
1956	Steel flatware for Krupp Italiana, Milan
1956	Silverware for Sabattini and Christofle, Paris
1956	Tiles for Ceramica Joo, Limito, Milan
1956	Flooring sections made of marble pebbles for Fulget, Bergamo
1956	Printed fabrics for Jsa, Busto Arsizio, Varese
1956	«Lotus,» «Round,» and «Due Foglie» easy chairs for Cassina, Meda
1957	Feal prefabricated house at the 11th Milan Triennale
1957	House at no. 49, Via Dezza, Milan (P.F.R.)
1957	Casa Melandri at no. 14, Viale Lunigiana, Milan (P.F.R.)
1957	Project for the Villa Gorrondona in Caracas (P.F.R. with Maria Carla Ferrario, and Katzuky Ivabuchi)

1957	Ponti furnishings at no. 49, Via Dezza, Milan
1957	Flatware for Reed & Barton, Newport, Mass.
1957	«Diamond-faceted» tiles for Ceramica Joo, Limito, Milan
1957	Lamps for Arredoluce, Milan
1957	«Superleggera» chair for Cassina, Meda
1957	Fabrics («tondi,» «cristalli,» «diamanti,» and «estate mediterranea») for Jsa, Busto Arsizio, Varese
1958	Carmelite convent of Bonmoschetto, San Remo (P.F.)
1958	Building for government offices in Baghdad (P.F.R. with Giuseppe Valtolina and Egidio Dell'Orto)
1958	Assolombarda Building at no. 9, Via Pantano, Milan (P.F.R.)
1958	Project for the Istituto Gallini in Voghera (P.F.R.)
1958	Project for Guzman-Blanco villa in Caracas
1958	Alitalia offices, Fifth Avenue, New York
1958	Flatware for Christofle, Paris
1958	Objects in enameled copper for Del Campo, Turin
1959	Folding chair for Reguitti, Brescia
1959	Auditorium on the eighth floor of the Time and Life Building (designed by Harrison and Abramovitz), Avenue of the Americas, New York
1959	Project for the Town Hall in Cesenatico (P.F.R.)
1959	Project for the central offices of Banca Sella, Biella
1960	Hotel Parco dei Principi in Sorrento
1960	Philips Building on Piazza Monte Grappa, Rome (P.F.R.)
1960	Villa Nemazee in Teheran
1960	Second Ponti house in Civate (Brianza)
1960	Interiors of the Alitalia Air Terminal at the Milan Central Station
1960	Fabrics for Jsa, Busto Arsizio, Varese
1960	Lamps for Lumi, Milan
1961	Architectural consultation for the Hospital of San Carlo on Via San Giusto, Milan (P.F.R.)
1961	Project for the Montreal Towers, Montreal
1961	Internal layout in Nervi's Palazzo del Lavoro, Turin, for the International Exhibition of Labor («Italia '61»)
1961	Hall in the Montecatini pavilion at the Milan Trade Fair (with Costantino Corsini and Pino Tovaglia)
1962	House for the Mother Superior of Notre-Dame de Sion at no. 38, Via Garibaldi, Rome (P.F.R.)
1962	Cassa di Risparmio di Padova e Rovigo, Padua (P.F.R.)
1962	Houses at Capo Perla, Island of Elba (with Cesare Casati)
1962	Pakistan House Hotel (for members of the Pakistan Parliament) in Islamabad (P.F.R.)
1962	Jsa workshops in Busto Arsizio, Varese (P.F.R.)
1962	RAS Building at no. 18, Via S. Sofia, Milan (P.F.R. with P. Portaluppi)
1962	Hotel Storione in Padua (P.F.R.)
1963	Cassa di Risparmio on Piazza Grande, Modena (P.F.R.)
1963	Facade of the Shui-Hing Department Store on Nathan Road, Hong Kong (P.F.R. with Harriman Realty & Co.)
1963	Villa for Daniel Koo in Hong Kong
1963	Competition project for the Anton Bruckner Cultural Center in Linz (with Costantino Corsini and Giorgio Wiskemann)
1963	Project for a housing development in Varese, for the Calzaturificio di Varese (P.F.R.)
1963	«Continuum» armchair for Bonacina, Lurago d'Erba
1964	Church of San Francesco al Fopponino, at no. 39, Via Paolo Giovio, Milan
1964	Banca del Monte Building, on Via Monte di Pietà, Milan (P.F.R.)
1964	Hotel Parco dei Principi on Via Mercadante, Rome (P.F.R. with Emanuele Ponzio)
1964	Project for the «beetle under a leaf» house (Villa Anguissola)
1964	Ministries in Islamabad, Pakistan (P.F.R.)
1964	Chair for Knoll International, Milan
1964	Tiles for Ceramica D'Agostino, Salerno
1965	Project for Saint Charles City Center, Beirut, Lebanon (P.F.R.)
1965	Tiles for Gabbianelli, Milan
1966	Church for the Hospital of San Carlo, on Via San Giusto, Milan
1966	Project for the lawcourts in Verona (P.F.R.)
1966	Ciborium in the Basilica of Oropa (with Mario Negri, sculptor)
1966	«Espressioni,» exhibition for the Ideal Standard store, Milan
1966	«Thick stained-glass windows» for Venini, Murano

1966	Armchair for Frau, Tolentino
1966	Couch for Arflex, Milan
1966	Furniture for Italbed, Pistoia
1966	Sanitary fitttings for Ideal Standard, Milan
1967	Facade of the Bijenkorf Department Store in Eindhoven, The Netherlands (with Theo Boosten and the sculptors Frans Gaast and Mario Negri)
1967	INA office building at no. 7, Via San Paolo and no. 6, Via Agnello, Milan (P.F.R.)
1967	Proposal for colored skyscrapers on a triangular plan (exhibited at the De Nieubourg gallery, Milan)
1967	«The cathedral of Los Angeles,» sculpture cut out of sheets of steel, exhibited at the De Nieubourg gallery, Milan (made by Greppi, Milan)
1967	Lamps for Fontana Arte, Milan
1967	Lamp for Artemide, Milan
1967	Lamps for Guzzini, Macerata
1967	Dinner set for Ceramica Franco Pozzi, Gallarate
1968	«Autilia,» proposal for a non-stop traffic system
1968	Low-cost housing development at Pioltello, Milan (P.F.R. with Alberto Ferrari, Gaetano Angilella, Mario De Bernardinis, Giulio Ponti, Giuseppe Turchini)
1968	Design of the «Naifs» exhibition at Palazzo Durini, Milan
1968	Furniture for Tecno, Varedo
1968	«Novedra» armchair for C&B, Novedrate
1969	Project for a villa for Daniel Koo in Marin County, California
1970	Taranto Cathedral
1970	Montedoria building on Via Pergolesi, Milan (P.F.)
1970	Competition project for an administrative center in Munich (P.F.R.)
1970	Project for «La Casa Adatta» (apartment with movable partitions) for Eurodomus
1970	«Written» fabrics for Jsa, Busto Arsizio, Varese
1970	Furniture («serie Apta») for Walter Ponti of San Biagio Pò, Mantua (now produced by Pallucco, Rome)
1971	Denver Art Museum, Denver, Colorado (with James Sudler and Joal Cronenwett)
1971	Savoia Assicurazioni e Riassicurazioni building on Via San Vigilio, Milan (P.F.R.)
1971	Competition project for the Plateau Beaubourg, Paris (with Alberto Ferrari)
1971	Proposal for multistory apartment buildings for Feal, Milan
1971	«An armchair of little seat,» for Walter Ponti, San Biagio, Mantua (now produced by Pallucco, Rome)
1971	Fabric designs for Zucchi, Milan
1972	«2 Elle» system, a proposal for prefabricated housing
1972	Consultation for the competition for the University of Salzburg (with Otto Prosinger and Martin Windish) (P.F.R.)
1973	Lamps for Reggiani, Milan
1974	Facade «with leaves» in Hong Kong
1976	Floors of special D'Agostino tiles for the head office of the Salzburger Nachtrichten, Salzburg
1978	Facade of D'Agostino tiles for the Shui-Hing Department Store in Singapore
1978	Objects made of metal plate for Sabattini, Bregnano

在 1930 年代，吉奥·庞蒂还为 Fumagalli（Milan），Lio Carminati（Milan），Rubelli（Florence），Lavorazione Leghe Leggere（Milan），Lietti（Cantù），Mauri（Milan），Vanzetti（Milan），Salir（Murano），Croff（Milan），Ravasco（Milan），Proserpio（Barzanò），Radice（Milan） 和 Ferrari（Brescia）设计；

在 1940 年代，为 Ariberto Colombo（Cantù），Apem（Milan），Ambrosini（Cantù），and Ettore Colombo（Cantù），Grassotto（Milan），Calderoni（Milan）设计；

在 1950 年代，为 Coop. Ceramica（Imola），ISA（Bergamo），Hettner（Como），Fidenza Vetraria（Milan），Cagliani e Marazza（Milan），

Gosi（Cremona）和 Flexa（Milan）设计；

在 1960 年代，为 Argenteria De Vecchi（Milan），Cotonerie Meridionali（Naples），Linificio Canapificio Nazionale（Milan），Fratelli Gianoli（Vigevano），Roca（Barcelona），Childcraft（Salem, Indiana），Candle（Milan），Abet Print（Turin），John Higgins（Bury, Lancashire），Ceramica Piemme（Sassuolo），Wilhelm Renz（Stuttgart），Consonni（Cantù），Saporiti（Besnate），Bagues（Paris），Frigerio（Cinisello），Kerasav（Naples），Lyda Levi（Milan），Sormani（Milan）和 Thonet（Vienna）设计；

在 1970 年代，为 Industria Chimica per l'Arredamento（Rome），Polymer（Milan），Avelca（Caracas），Cleto Munari（Brescia），Gaffuri（Cantù）和 Balamundi（Baisieux）设计。

这份"作品编年表"中没有提及一些从未实施的竞赛作品和项目，它们的设计和图纸仍在帕多瓦大学设计系（CSAC）的 Contro Studi e Archivio della Comunicazione 整理着。在 CSAC 中保存了他以前在 Dezza 上的工作室 P.F.R. 的整套文件。

生平资料

1891 年 11 月 18 日他出生于米兰的 Enrico Ponti 和 Giovanna Rigone 的家中。1916～1918 年，在第一次世界大战期间他在 Pontonier 兵团服过兵役，军衔为上尉；曾获铜牌和十字勋章。

1921 年他毕业于米兰理工大学，获得建筑学学位，并在米兰与建筑师 Mino Fiocchi 和 Emilio Lancia 共同建立了一个工作室。后来，他与 Lancia 合作（Ponti e Lancia 工作室，P.L.：1926～1933 年）；然后与工程师 Antonio Fornaroli 和 Eugenio Soncini 合作（Ponti-Fornaroli-Soncini 工作室，P.F.S.：1933～1945 年）。

1921 年，他娶了茱莉亚·维麦卡蒂（Giulia Vimercati）：他们有四个孩子（丽莎（Lisa）、乔凡娜（Giovanna）、莱蒂西亚（Letizia）和朱利欧（Giulio），还有八个孙子。

1923 年，他在 Monza 的第一届装饰艺术展览（Biennial Exhibition Of the Decorative Arts）上首次公开亮相，随后，他参与了在 Monza 和米兰的三年一度的展览组织工作。

从 1923 年到 1930 年，他在米兰和佛罗伦萨塞斯托（Sesto Fiorentino）的马尼法图拉陶瓷公司里查德·吉诺（Manifattura Ceramica Richard Ginori）工作，并改变了公司的整体产量。

1928，他创办了 Domus 杂志。1936～1961 年间，他是米兰理工大学建筑学系的终身教授。

1941 年，他辞去了 Domus 杂志的编辑工作，并创办了 Stile 杂志，并一直作为编辑工作到 1947 年。在 1948 年，他又回到 Domus 杂志，在那里他一直担任编辑，直到生命的尽头。

1952 年，他与建筑师 Alberto Rosselli 合作（Ponti-Fornaroli-Rosselli 工作室，P.F.R.：1952～1976 年）；Rosselli 去世后，他继续与他的长期合作伙伴 Antonio Fornaroli 合作。

他于 1979 年 9 月 16 日在米兰逝世。

奖项与职位

1934	意大利学院艺术奖
1956	国家 Compasso d'Oro 设计大奖赛
1958	Kunigl 总指挥，Vasaorden，Stockholm
1968	皇家艺术学院荣誉学位，London
1968	法国建筑学会金质奖章，Paris
1927	第三届双年展理事会成员，Monza
1930	第四届三年展董事会成员，Monza
1933	第五届三年展董事会成员
1935	最高美术委员会成员
1936	第六届三年展理事会成员，Milan
1940	第七届三年展执行委员会成员，Milan
1951	第九届三年展评审委员会成员，Milan
1952～1955	米兰建筑委员会委员

1961   在 "ltalia '61" 都灵劳工馆的展览协调成员
1957 ~ 1960   地区建筑师学院院长，Milan
英国皇家建筑师学会会员，London
美国建筑师学会名誉会员，Washington
欧洲文化基金会会员，Amsterdam
伊拉斯谟奖咨询委员，Amsterdam
San Luca 国家院士，Rome
Mark Twain 骑士，Kirkwood，MO，USA，自从 1968 年
多年来，他在 Paris，Delft，Säo Paulo，Athens，Ankara，Istanbul，
Warsaw，Teheran，Prague，Madrid，Barcelona，Zurich，Karachi，
Caracas，Lisbon，London，Stockholm，Brisbane，Tokyo，Dubli，
Brussels，和 Bratislava 的建筑学院任教。他在 Madrid，Karachi，Montreal，
Barcelona，Geneva，Baghdad，Bilba，Lourdes，and Darmstadt 的建筑
设计竞赛中担任国际评审委员。

研讨会

"吉奥·庞蒂的形象与作品"。辩论说：Lodovico Barbiano di Belgioioso，
Achille Castilioni，Guido Canella，Carlo De Carli，Cesare Stevan，
Vittoriano Viganö。Aula Magna，州立大学，米兰，1984 年 1 月 25 日，
由米兰理工大学建筑学院、米兰市政府和卡西纳温泉共同组织，从 1983
年 10 月 12 日至 1984 年 1 月 25 日，大家致力于吉奥·庞蒂的建筑会议。

吉奥·庞蒂个人作品展

绘画和图纸个人展：
1937 Florence
1939 Galleria Gianferrari，Milan
1950 Galleria dell，Obelisco，Rome
1951 Galleria Gianferrari，Milan
1955 Galleria La Bussola，Turin
1956 Galleria del Sole，Milan
1959 Galleria del Disegno，Milan
1967 Galleria de Nieubourg，Milan
1978 Galleria Toselli，Milan

建筑和设计个人展：
1954 Traveling exhibition，Institute of Contemporary Art，Boston
1955 AB Ferdinand Lundquist，Göteborg，Sweden
1957 Christofle，Paris
1957 Liberty Stores，London
1966 Traveling exhibition，UCLA Art Galleries，Los Angeles

吉奥·庞蒂专场展览

"L'opera di Gio Ponti alla Manifattura di Doccia della Richard Ginori"，
展览官（Palazzo delle Esposizioni），Faenza，1977 年 7 月 31 日至 10 月
2 日；Gian Carlo Bojani，展览策展人。
"Omaggio a Gio Ponti"，Palazzo della Permanente，Milan，1980 年 4 月
24 日～ 5 月 2 日，由 Rossana Bossaglia 组织的一次展览。
"Gio Ponti alla Manifattura di Doccia" 1982 年 4 ～ 5 月，米兰 San
Carpoforo 教堂，由 Brera 国际中心组织的一次展览。
"Gio Ponti，Ceramiche 1923–1930" 1983 年 3 ～ 4 月在佛罗伦萨 Palazzo
Vecchio 的 Sala d'Armi，由佛罗伦萨公社和 Richard–Ginori 公司组织的
展览。
"Gio Ponti——From the Human Scale to Postmodernism" 1986 年 9 ～ 10
月在东京的 Seibu 艺术博物馆；由 Arata Isozaki 进行展览设计。
"Gio Ponti-Obras en Caracas"，Sala Mendoza，Caracas，1986 年 11 月
23 日～ 1987 年 1 月 18 日，由 Axel Stein 为 Fundacion Anala y Armando
Planchart 组织的展览。
"Gio Ponti. Ceramica e architettura"，在 1987 年 2 月的 Bologna 艺术博
览会上，由 Gian Carlo Bojani，Claudio Piersanti 和 Rita Rava 组织的展览。
"Gio Ponti. 100 个字母，" Antonia Jannone 画廊，Milan，1987 年 3 月至 4 月，
由 Silvana Sermisom 组织的展览。
"Gio Ponti. Grattacieli Immagmati"，GalleriaMarcatré，Milan，1987 年
3 月，由 Silvana Sermisom 组织的展览。
"Gio Ponti. 应用艺术"，1987 年 9 月 15 日，米兰 San Carpoforo 教堂，
1987 年 9 月 15 日～ 11 月 15 日，由 Brera 国际中心组织的一次展览。

博物馆中的吉奥·庞蒂

Porcellane di Doccia 博物馆，Sesto Fiorentino，Florence
Tessuto 博物馆，Prato
Ceramica 博物馆，Faenza
Scala 博物馆，Milan
大都会博物馆，New York
布鲁克林艺术博物馆，Brooklyn，New York
Vitra 设计博物馆，Weil–am–Rhein，Germany

吉奥·庞蒂作品拍卖

Salamon–Agustoni–Algranti 画廊，Milan："吉奥·庞蒂的家具，" 1984 年
4 月 11 日。
Finarte，Milan："吉奥·庞蒂：艺术与设计，" 1988 年 10 月 27 日。
Finarte，Milan："20 世纪的装饰艺术（包括 San Remo 的 Lucano 家居装
饰，由吉奥·庞蒂设计），" 1989 年 5 月 29 日。

照片

Alinari，Florence	Farabola，Milan	Porta，Milan
Ballo，Milan	Fortunari，Milan	Pozzi，Milan
Bombelli，Milan	Gasparini，Caracas	Publifoto，Milan
Bricarelli，Bordighera	Host–Ivessich Mangani，Milan	Rosselli，Milan
Cartoni，Rome	Licitra，Milan	Scherb，Vienna
Casali，Milan	Moncalvo，Turin	Sorrentino，Padua
Chiolini e Turconi，Pavia	Monti，Milan	Stefani，Milan
Clari，Milan	Mulas，Milan	Talani，Florence
CSAC，Parma	Neroblù，Milan	Vender，Milan
Danesin，Padua	Ornati，Milan	Villani，Bologna

这本书中复制的照片大部分来自米兰的 Archivio Ponti。

译后记

吉奥·庞蒂是 20 世纪最伟大的现代主义建筑师和设计师之一。他从他的祖国意大利深厚而丰富的历史与文化中汲取营养，同时又在绘画和手工艺传统中颇有建树，他不仅致力于将传统与现代联系起来并令其达到平衡，更令人叹服的是，他同时精通于艺术设计与建筑设计，并将两者之间的边界进行整合，从而促进了大设计艺术领域的创新与探索。

他还创办了著名的意大利设计杂志《住宅》和《风格》，并通过杂志表达自己的设计创新思想，同时吸引和培养年轻而有创新精神的青年建筑师在这里展示作品与才华。他成就了自己，也成就了当时众多极富创新精神的建筑师和艺术设计师。他还发起组织了意大利蒙扎设计双年展和米兰设计三年展。通过这些展览不断地展示自己和其他优秀设计师，引领设计发展的方向，提升公众对于设计的认识水平。

他对设计充满了热爱，设计精力旺盛。他自己设计的作品众多，同时又带动众多的同事与合作建筑师、结构师和艺术家等创作了数不胜数的各种品类的设计作品，涉猎广泛，成果斐然。

最重要的是，他是一位有独立创新思想的建筑师，在自己的设计生涯中不断思考，持续保持创新的精神。他最早从陶瓷开始设计，并且受到新古典主义的影响，进行了很多设计实践探索。他还提出了有限形式理论，认为形式都有自己的语言逻辑，有自己的本质、表达、幻象与结构，最终在自己最辉煌的时候提出了重要的建筑设计思想，即他认为建筑是用来看的。他偏爱三角形、菱形、水晶形，偏爱色彩、图案和绘画，并把这些元素用于建筑立面推敲；他将建筑作为街道的公共景观，形成了独特的建筑品味视角。他一直在不断地耕耘自己的艺术领地，时刻保持独立思考的状态。他的很多思想与见解都非常富有创新性与前卫性。

吉奥·庞蒂作为意大利最伟大的建筑师，在意大利建筑设计发展史上具有举足轻重的作用，产生的影响异常深远。自从 1870 年意大利统一以来，先后经历了自由派、未来主义、理性与历史主义、国际主义、新理性主义和激进派的发展历程，因此意大利的设计师都在传统和创新之间徘徊与探索。庞蒂更是如此，他既认同传统，又不拘泥于各种风格，并一直致力于寻找自己时代的现代性。2014 年由米兰理工大学教授博埃里（Stefano Boeri）设计的位于米兰市中心伊索拉区的 2015 年米兰世博会的主题地标建筑建成了，它们是一对"垂直森林"高层塔楼；建成当年，这个双塔项目就获得了世界高层建筑大奖（IHP）。博埃里继承了庞蒂的设计衣钵，应对当代的现代性，将生态平衡的理念重新植入米兰这个重工业城市，创造出全新的城市与建筑环境。可见，吉奥·庞蒂的设计思想在意大利过去百年的建筑理论发展中发挥着重要而辉煌的作用。

今天，当我翻译这位大师的设计思想与作品集的时候，又一次对他肃然起敬。对比我们国家与意大利的历史可以看出，中国与意大利在世界上的历史发展与文化构成特色非常相似，都是悠久的历史积淀了丰富而厚重的传统与文化。但是，对比反思发现，在设计领域我国在传统与现代的过渡与传承方面与意大利相比还有很大差距，本书将是一次对意大利设计之旅很好的总览，将会给我国的建筑师带来非常宝贵的借鉴与反思，同时也必将为我国的建筑设计和艺术设计发展以及设计人才的成长起到重要的启发与借鉴作用。

李春青

2019 年 3 月

著作权合同登记图字：01-2019-1047

图书在版编目（CIP）数据

吉奥·庞蒂建筑思想及作品 /（意）莉萨·利奇特拉·庞蒂著；
李春青等译 . — 北京：中国建筑工业出版社，2019.5
书名原文：Gio Ponti: The Complete Work 1923–1978
ISBN 978-7-112-23395-3

Ⅰ.①吉…　Ⅱ.①莉…　②李…　Ⅲ.①建筑设计—作品集—意大
利—现代　Ⅳ.①TU206

中国版本图书馆CIP数据核字（2019）第040684号

本书翻译获北京建筑大学北京未来城市设计高精尖创新中心
"城市历史保护与发展"（项目编号：UDC2016020200）项目支持。

责任编辑：戚琳琳　率　琦
责任校对：王　烨

吉奥·庞蒂建筑思想及作品

[意] 莉萨·利奇特拉·庞蒂　著

李春青　柴纪阳　刘奕彤　阚丽莹　译

*

中国建筑工业出版社出版、发行（北京海淀三里河路9号）

各地新华书店、建筑书店经销

北京点击世代文化传媒有限公司制版

北京富诚彩色印刷有限公司印刷

*

开本：880×1230毫米　1/16　印张：18¼　字数：706千字

2019年6月第一版　2019年6月第一次印刷

定价：175.00元

ISBN 978-7-112-23395-3

（33690）

版权所有　翻印必究

如有印装质量问题，可寄本社退换

（邮政编码 100037）